中国地质调查"DD20160060"项目资助

特殊地质地貌区填图方法指南丛书

活动构造发育区 1∶50000 填图方法指南

李振宏　陈　虹　施　炜　李明涛　公王斌　胡健民　等　著

科学出版社
北　京

内 容 简 介

我国是世界上活动构造分布广、地震活动最为强烈的国家之一，如何开展活动构造准确定时定位研究，一直是地质学家努力和探索的方向。活动构造发育区是"特殊地质地貌区填图试点"的重要调查类型之一。本次以标准图幅为调查单元，将活动构造作为一个地层-沉积-构造-地貌系统来开展填图工作。本书内容分为两部分，第一部分简要介绍了填图目标任务、工作程序及工作部署，详细论述了调查的有效技术方法组合。第二部分详细介绍了青藏高原东北缘活动构造区填图实践效果，包括地层序列调查、构造地貌调查、活动断层调查、构造应力场调查及区域地壳稳定性评价。

本书可供在活动构造发育区从事区域地质、环境地质、生态地质、灾害地质等相关工作的专业人员参考。

图书在版编目（CIP）数据

活动构造发育区 1∶50000 填图方法指南 / 李振宏等著 . — 北京：科学出版社，2020.10

（特殊地质地貌区填图方法指南丛书）

ISBN 978-7-03-066203-3

Ⅰ. ①活… Ⅱ. ①李… Ⅲ. ①活动构造—地质填图—中国—指南 Ⅳ. ① P623-62

中国版本图书馆 CIP 数据核字 (2020) 第 180576 号

责任编辑：王 运 陈姣姣 / 责任校对：张小霞
责任印制：吴兆东 / 封面设计：铭轩堂

科学出版社 出版
北京东黄城根北街16号
邮政编码：100717
http://www.sciencep.com

北京建宏印刷有限公司 印刷
科学出版社发行 各地新华书店经销

*

2020年10月第 一 版　开本：787×1092　1/16
2020年10月第一次印刷　印张：14 3/4
字数：350 000

定价：198.00元
（如有印装质量问题，我社负责调换）

《特殊地质地貌区填图方法指南丛书》
指导委员会

主　　任　李金发
副 主 任　肖桂义　　邢树文
委　　员　张智勇　　马寅生　　李基宏　　刘同良
　　　　　李文渊　　胡茂焱　　侯春堂　　彭轩明
　　　　　韩子夜

《特殊地质地貌区填图方法指南丛书》
编辑委员会

主　　编　胡健民
副 主 编　毛晓长　　李振宏　　邱士东　　陈　虹
委　　员　（按姓氏拼音排序）
　　　　　卜建军　　公王斌　　辜平阳　　蒋　仁
　　　　　李朝柱　　李向前　　梁　霞　　吕　勇
　　　　　施　炜　　宋殿兰　　田世攀　　王国灿
　　　　　王红才　　叶培盛　　于长春　　喻劲松

本书作者名单

李振宏　陈　虹　施　炜　李明涛
公王斌　胡健民　崔加伟　董晓朋
杨　勇　刘晓波　刘　锋

丛 书 序

目前，我国已基本完成陆域可测地区1∶20万、1∶25万区域地质调查、重要经济区和成矿带1∶50000区域地质调查，形成了一套完整的地质填图技术标准规范，为推进区域地质调查工作做出了历史性贡献。近年来，地质调查工作由传统的供给驱动型转变为需求驱动型，地质找矿、灾害防治、环境保护、工程建设等专业领域对地质填图成果的服务能力提出了新的要求。但是，利用传统的填图方法或借助传统交通工具难以开展地质调查的特殊地质地貌区（森林草原、戈壁荒漠、湿地沼泽、黄土覆盖区、新构造－活动构造发育区、岩溶区、高山峡谷、海岸带等）是矿产资源富集、自然环境脆弱、科学问题交汇、经济活动活跃的地区，调查研究程度相对较低，不能完全满足经济社会发展和生态文明建设的迫切需求。因此，在我国经济新常态下，区域地质调查领域、方式和方法的转变，正成为地质行业一项迫在眉睫的任务；同时，提高地质填图成果多尺度、多层次和多目标的服务能力，也是现代地质调查工作支撑服务国家重大发展战略和自然资源中心工作的必然要求。

在中国地质调查局基础调查部指导下，经过一年多的研究论证和精心部署，"特殊地区地质填图工程"于2014年正式启动，由中国地质科学院地质力学研究所组织实施。该工程的目标是本着精准服务的新理念、新职责、新目标，聚焦国家重大需求，革新区调填图思路，拓展我国区域地质调查领域；按照需求导向、目标导向，针对不同类型特殊地质地貌区的基本特征和分布区域，围绕国家重要能源资源接替基地、丝绸之路经济带、东部T型经济带（沿海经济带和长江经济带）等重大战略，在不同类型的特殊地区进行1∶50000地质填图试点，统筹部署地质调查工作，融合多学科、多手段，探索不同类型特殊地质地貌区填图技术方法，逐渐形成适合不同类型特殊地质地貌区的填图工作指南与规范，引领我国区域地质调查工作由基岩裸露区向特殊地质地貌区转移，创新地质填图成果表达方式，探讨形成面对多目标的服务成果。该工程一方面在工作内容和服务对象上进行深度调整，从解决国家重大资源环境科学问题出发，加强资源、环境、重要经济区等综合地质调查，注重人类活动与地球系统之间的相互作用和相互影响，积极拓展服务领域；另一方面，全方位地融合现代科技手段，探索地质调查新模式，创新成果表达内容和方式，提高服务的质量和效率。

工程所设各试点项目由中国地质调查局大区地质调查中心、研究所及高等院校承担，经过4年的艰苦努力，特殊地区地质填图工程下设项目如期完成预设目标任务。在项目执行过程中同时开展多项中外合作填图项目，充分借鉴国外经验，探索出一套符合我国地质背景的特殊地区填图方法，促进填图质量稳步提升。《特殊地质地貌区填图方法指南丛书》是经全国相关领域著名专家和编辑委员会反复讨论和修改，在各试点项目调查和研究成果的基础上编写而成。丛书分10册，内容包括戈壁荒漠覆盖区、长三角平原区、高山峡谷区、森林沼泽覆盖区、京津冀山前冲洪积平原区、南方强风化层覆盖区、岩溶区、黄土覆盖区、活动构造发育区等不同类型特殊地质地貌区1∶50000填图方法指南及特殊地质地貌区填图技术方法指南。每个分册主要阐述了在这种地质地貌区开展1∶50000地质填图的目标任务、工作流程、技术路线、技术方法及填图实践成果等，旨在形成一套特殊地质地貌区区域地质调查技术标准规范和填图技术方法体系。

这套丛书是在中国地质调查局基础调查部领导下，由中国地质科学院地质力学研究所组织实施，中国地质调查局有关直属单位、高等院校、地方地质调查机构的地调、科研与教学人员花费几年艰苦努力、探索总结完成的，对今后一段时间我国基础地质调查工作具有重要的指导意义和参考价值。在此，我向所有为这套丛书付出心血的人员表示衷心的祝贺！

李廷栋

2018年6月20日

前　言

从1913年成立中国第一个地质调查机构——工商部地质调查所（后来称中央地质调查所）开始，我国区域地质调查工作始终秉承"主动顺应国家经济发展形势，积极服务国家战略需求"的理念，以国家需求为首要任务，急国家所急，想国家所想，为我国经济建设和社会发展做出了积极的突出的贡献。党的十八大报告将生态文明建设纳入五位一体的总体布局，提出了大力推进生态文明建设的新要求。在新的历史条件下，如何面向生态文明建设来提高我国区域地质调查的水平已经成为摆在我们面前的迫切问题。

中国地处欧亚板块的东南，被印度板块、太平洋板块和菲律宾海板块所夹持，板块间的相互作用，加上欧亚板块内部深部动力的联合作用，活动构造十分发育，地区差异性较大。活动构造发育区填图作为"特殊地质地貌区填图试点"的重要调查类型之一，不同于传统的活动断层填图，传统的活动断层填图调查范围仅局限于断裂带及其两侧一定范围的带状区域内，调查内容仅集中于断裂本身。实际上活动断裂的形成和发育与岩石地层及地貌均存在内在联系，是一个相关作用的地质系统。因此，本次1∶50000活动构造发育区地质填图，以标准图幅为填图单位，将活动构造发育区作为一个地层–沉积–构造–地貌系统来开展填图工作，区域整体分析与典型剖面点详细解析相结合，为在该地区开展区域稳定性评价提供更为翔实具体的基础地质资料。该套方法体系的形成将为今后在类似地区开展区域地质填图工作提供借鉴。

本指南是中国地质调查局"特殊地区地质填图工程"所属"特殊地质地貌区填图试点（DD20160060）"的项目成果之一。工程与项目由中国地质科学院地质力学研究所组织实施。工程首席为胡健民研究员，副首席为李振宏副研究员；项目负责人为胡健民研究员，副负责人为陈虹副研究员。项目于2014年正式启动，其目的是对不同类型特殊地质地貌区开展填图试点，创新现代填图理论及方法，探索适合于各类特殊地质地貌区地质特征和现代探测技术的填图方法。

青藏高原东北缘弧形构造带位于祁连地块与华北地块的过渡部位，活动构造发育，地震频发，为我国主要的活动断裂带之一。《活动构造发育区1∶50000填图方法指南》主要依托"特殊地质地貌区填图试点"在青藏高原东北缘弧形构造带部署的3个子项目填图实践，以及国内外同类地区的填图经验、方法编写而成。本书分为两部分：第一部分为活动构造发育区1∶50000填图技术方法，分为五章；第二部分为青藏高原东北缘1∶50000区域地质填图实践，分为七章。第一章至第五章由李振宏、胡健民、施炜、陈虹、李明涛、公王斌编写；第六章由李振宏、施炜、李明涛编写；第七章、第八章由李振宏、刘晓波、崔加伟、董晓朋、杨勇编写；第九章由李振宏、刘锋编写；第十章由李振宏、陈虹、公王斌、施炜、李明涛编写；第十一章、第十二章由施炜编写。全书最后由李振宏、胡健民统稿。

  本指南是在中国地质调查局基础调查部及中国地质科学院地质力学研究所的支持下完成的；西安地质调查中心李荣社教授级高工、日本京都大学林爱明教授、浙江大学饶刚教授，中国地质科学院地质力学研究所叶培盛、张拴宏、刘晓春研究员等，对本指南的研究工作给予了很大的帮助和悉心的指导，并在指南修改过程中提出了很多有益的建议。笔者在此一并致以衷心的感谢！

  由于水平所限，书中难免存在疏漏之处，敬请读者批评指正。

作 者
2020 年 3 月

目　　录

丛书序
前言

第一部分　活动构造发育区 1∶50000 填图技术方法

第一章　绪论 ·· **3**

第二章　目标任务与技术路线 ·· **8**
　第一节　目标任务 ·· 8
　第二节　技术路线 ·· 9
　第三节　调查内容 ··· 10
　第四节　调查精度 ··· 13
　第五节　技术方法与手段 ·· 16

第三章　设计与预研究阶段 ·· **30**
　第一节　资料收集与整理 ·· 30
　第二节　资料数据库建设 ·· 32
　第三节　野外踏勘及设计地质图 ··· 33
　第四节　设计书编写 ·· 40

第四章　野外填图与施工阶段 ··· **42**
　第一节　野外地质填图 ··· 42
　第二节　野外验收 ··· 49

第五章　综合研究与成果出版阶段 ·· **51**
　第一节　综合研究 ··· 51
　第二节　成果表达 ··· 52
　第三节　填图人员组成建议 ··· 54
　第四节　其他相关建议 ··· 56

第二部分　青藏高原东北缘 1∶50000 区域地质填图实践

第六章　填图工作区概况 ··· **59**
　第一节　自然地理概况 ··· 59
　第二节　地形地貌特征 ··· 60

第三节　区域大地构造位置 …… 62
　　第四节　地质构造特征 …… 63
　　第五节　目标任务及调查内容 …… 66

第七章　古近纪—新近纪沉积地层调查 …… 68
　　第一节　基本层序调查 …… 68
　　第二节　遥感影像地层解译 …… 78
　　第三节　磁性地层研究 …… 80
　　第四节　古近纪—新近纪沉积充填过程 …… 88

第八章　第四纪沉积地层调查 …… 104
　　第一节　地层序列调查 …… 104
　　第二节　古气候背景调查 …… 117
　　第三节　古构造背景调查 …… 122

第九章　构造地貌调查 …… 123
　　第一节　阶地 …… 123
　　第二节　夷平面 …… 133
　　第三节　台地 …… 134
　　第四节　冲积扇 …… 137
　　第五节　现代河流分析 …… 139

第十章　活动断层调查 …… 152
　　第一节　裸露断裂调查 …… 152
　　第二节　隐伏断裂调查 …… 176

第十一章　新生代构造应力场调查 …… 191
　　第一节　构造应力场调查方法简介 …… 191
　　第二节　青藏高原东北缘新生代构造应力场演化过程 …… 196

第十二章　区域稳定性评价 …… 207

参考文献 …… 210

第一部分 活动构造发育区 1∶50000 填图技术方法

第一章 绪 论

一、活动构造概念

"活动构造"是指现在正在活动的最新构造,它被定义为晚第四纪以来一直在活动,现在还在活动,未来一定时期内仍可能发生活动的各类构造,包括活动断层、活动褶皱、活动盆地、活动隆起或岩石圈块体(邓起东,1991)。活动断层是活动构造中最重要的一种类型,它是地壳中正在发生位移运动的破裂面。活动断层包括两种运动方式:黏滑和蠕滑。黏滑往往伴随有地震。蠕滑的运动行迹尽管不是十分明显,但达到一定强度时也可引起地面破坏,产生地裂缝、崩塌、滑坡等。活动褶皱是一种比较重要的活动构造类型,它使地层、地表沉积物及其他岩石正经历着永久性的塑性变形(King and Vita-Finzi,1981;Stein and King,1984)。它一般发生在板块边界或其附近,规模较大,在板块内大活动断层附近也往往伴生有活动褶皱(邓起东等,2000)。活动盆地是相对周围块体正在做负向运动的地壳单位,它可以由活动断层、活动褶皱或者活动隆起组成。活动构造与新构造相比,更注重于探测构造活动的现在和未来,时间跨度为十万年、万年、千年甚至百年的构造活动(Embleton,1987;Pavlides,1989)。对于活动构造的活动时限,国内外不同学者的认识并不完全一致,大致可以分为四种观点:①第四纪以来;②晚第四纪以来(约50万年以来);③晚更新世或晚更新世晚期(一般用10万年或3万年)以来;④全新世(1万年)以来(Wood,1916;Willis,1923)。美国原子能委员会将活动构造的时限定为1万年以来。中国学者更倾向于将晚第四纪以来发生的构造作用称为活动构造,并且着重详细研究晚更新世—全新世期间的活动特征,采用综合手段开展活动构造的定位、定时研究。本指南将活动构造的时限定义为晚更新世(10万~12万年)以来。

二、活动构造研究前缘

活动构造是国际地学界长期关注的前沿性研究领域,也是国际减灾防灾工作的重要组成部分,是全球变化和大陆动力学研究的重要内容。

迄今为止,人们为探查地球内部结构和构造做了大量工作,如GGT(全球地学断面)大剖面和各种地震层析成像等。但对区分早期和近期构造则重视不够,也没有十分有效的方法。如何区分早期和近期构造,是地球物理学与地质学、地球化学交叉的前沿领域。

20世纪80~90年代,许多国家、国际学术团体和组织将其作为重点研究领域,设立了众多与之有关的课题或研究计划，使得活动构造研究取得了前所未有的进展。如1986年ICSU（国际科学理事会）提出的IGBP（国际地圈-生物圈计划）研究计划，使活动构造成为全球变化研究的重要组成部分。另外还有1987年IUGG（国际大地测量学和地球物理学联合会）-IUGS（国际地质科学联合会）-ICL（联合会间岩石圈委员会）提出的"全球新构造区划——实时大地构造学"研究工作；1988年IUGS构造委员会提出的"全球地球动力学"研究计划；1988年美国国家科学基金会提出的"活动构造研究"计划；1988年苏联提出的大陆岩石圈的现代运动及其对地震活动性和矿产资源分布的影响的计划；1989年英国提出的活动构造学研究计划；1991年ICL提出的"国际岩石圈计划"（ILP）；"世界大型活动断层图"项目；等等。

一系列国际学术会议也都设立了研究活动构造的专题会议。例如，1999年国际大地测量学和地球物理学联合会设立的跨5个学科的专题会议；2000年西太平洋地球物理学会议S2专题；2000年欧洲地震学会专门召开的国际多学科会议；2001年美国地球物理学联盟春季年会召开的有关板内地震活动的特别综合专题等。会议关注度的提高也显示出活动构造研究的重要意义。目前，关于活动构造研究的前缘问题主要集中在以下六个方面。

1. 活动构造变形及其形成机制

板块边界带是重要的活动构造和现代构造活动带，沿板块边界带形成新生代和现代造山带以及强烈活动的地震带和火山带。但板块内部并不是完全刚性的，还存在板内次级块体的相对运动。关于大陆内部不同性质的活动构造带的变形特征及其转换平衡的研究获得了迅速的发展（宋方敏等，1998）。

2. 青藏高原活动构造研究

青藏高原的形成演化是亚洲乃至全球新生代最重要的地质事件。青藏高原的隆升是一个多阶段、非均匀、不等速过程和多机制联合作用的产物。从活动构造变形和运动特征来看，青藏高原由南向北被主边界断裂、雅鲁藏布江断裂、班公错-怒江断裂、鲜水河-玉树-风火山-马尔盖茶卡断裂、东昆仑断裂、西秦岭-青海南山-柴达木盆地北缘断裂和祁连山北缘断裂分割成喜马拉雅、拉萨、羌塘、松潘-甘孜-可可西里、东昆仑-柴达木和祁连山六个断块（Armijo et al., 1986, 1989；国家地震局地质研究所，1992；沈军等，2000）。南部的喜马拉雅、拉萨、羌塘断块的活动构造变形主要表现为断块南北边界的南北向挤压逆冲和断块内部的东西向伸展。北部断块的活动构造变形主要表现为断块内部的南北向和NNE-SSW向挤压逆冲和断块边界的左旋走滑-逆冲运动作用。

3. 活动构造年代学研究

我国已经逐步建立完善了多种新生代年代学测年手段。主要包括 ^{14}C、K-Ar、热释光（TL）、光释光（OSL）、电子自旋共振（ESR）、裂变径迹（FT）、铀系（U）等测年方法和孢粉分析方法。新生代年代学的应用主要集中在：①与活动构造变动有关的新生代地层和沉积物的年代与研究；②断层活动产物的测年和测年方法研究；③构造热年代学研究；④火山年代学研究。

4. 活动构造和现代构造运动研究

20世纪80年代中期以来，我国已经研究了几十条活动断裂带、活动褶皱带和活动盆地带的几何学和内部结构，运动学和滑动速率，古地震和大地震重复间隔，地震破裂带和同震位移，分段性和破裂过程，最后一次大地震事件离逝时间、变形机制、动力学及地震危险性评价等（国家地震局地质研究所和宁夏回族自治区地震局，1989，1990；陕西省地震局，1996）。

5. 第四纪构造活动与地貌演化研究

自20世纪90年代以来，随着新测年技术和全球卫星定位系统（GPS）、地理信息系统（GIS）、激光雷达测距（LiDAR）等空间探测方法的快速发展和综合运用，以定量构造地貌学的兴起为标志，构造地貌学已经成为地球科学领域新的热点研究方向之一（Molnar et al., 1993; Pinter and Brandon, 1997; Avouac, 2003; 汪品先，2005; Burbank and Anderson, 2011; 孙继敏，2014）。构造地貌学研究的核心是量化和详细阐述构造活跃的造山带地区气候、地形、水文、物理和化学剥蚀、沉积和岩石变形之间的相互作用，强调地球表层的各种动态过程之间的相互作用，其已在灾害防御、环境保护、气候变迁、生物地球化学循环和新构造演化等领域展现出广阔的应用前景（刘静等，2018）。

6. 活动构造研究新技术和新方法

2000年来出现的新技术，为解决活动断裂问题提供了新的方法和机遇。从空间观测精度来说，跨断层的位移测量提供了高精度的测量数据（Willett et al., 2001; Haugerud et al., 2003; Hilley and Ramón, 2008）；全球卫星定位系统（GPS）得到了大面积重力观测多台站的地壳运动数据；现代雷达干涉技术（SAR，IN-SAR）从全场性的角度，首次提供了区域性的运动位移场数据（刘静等，2013）；数字化的地震记录，可以用来得到短时间（几秒至几分钟）的包括断层位移在内的地面位移场的数据。随着重力观测精度的提高，特别是卫星重力测量技术的进步，高精度重力观测在研究大陆活动构造方面将发挥越来越重要的作用。

三、中国活动构造格局

中国地处欧亚板块的东南，被印度、太平洋和菲律宾海板块夹持，板块间的相互作用，加上欧亚板块内部深部动力的联合作用，活动构造十分发育，类型多种多样，并且地区差异性比较大（图1-1）。

第四纪以来，由于印度板块和欧亚板块汇聚的影响，中国大陆西部的构造活动性明显强于东部。西部活动构造发育区主要围绕青藏高原及其周边地区发育，印度板块不断向北东方向的推挤作用，导致昆仑山、祁连山、天山等断块式上升，其间为压陷型大型盆地，盆地与山脉之间以压性逆断层或者压扭性走滑逆断层为主。中部活动构造带主要围绕鄂尔多斯盆地周边发育，为一系列受正断裂控制的断陷盆地。华北平原区是中国东部最强的张性活动构造发育区，以张性与剪张性活动断层及由它们控制的第四纪断陷盆地发育为主要形式。

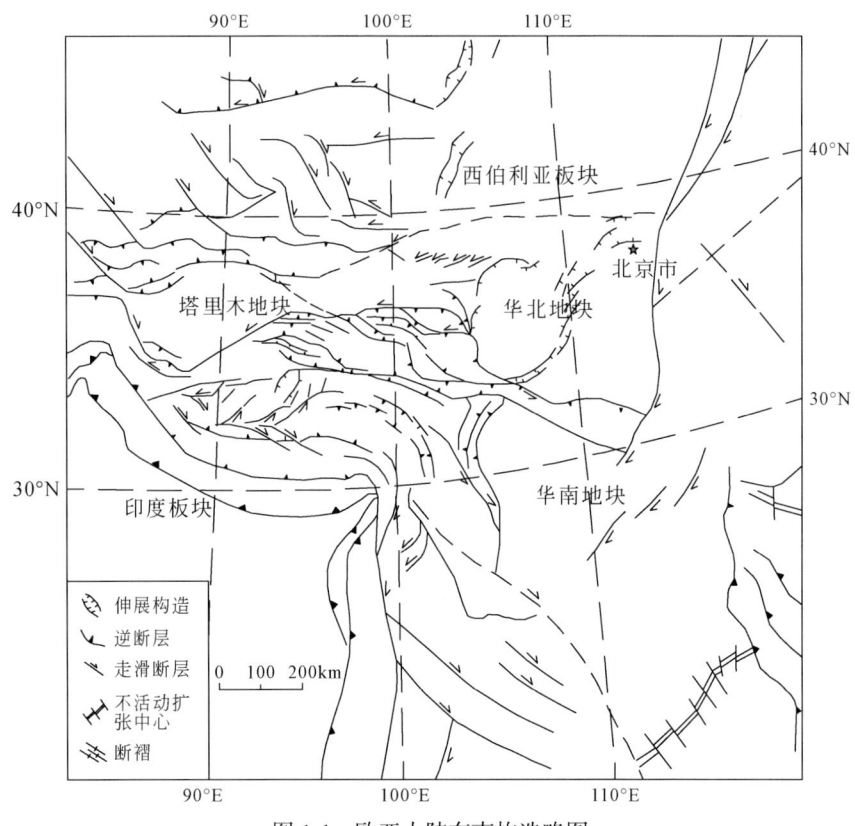

图 1-1 欧亚大陆东南构造略图

四、活动构造发育区填图现状

我国是世界上活动构造分布广、地震活动强烈和地震灾害最为严重的国家之一，地震多、强度大、分布广、灾害重。据历史记载，我国平均每 3 年就要发生 2 次 7 级地震，平均每 10 年发生一次 8 级以上地震，自汶川地震以来，我国又相继发生了鲁甸、芦山等灾害性地震。据统计，我国超过 58% 的陆地面积和将近 55% 的人口处于 7 度以上的高地震风险区。随着我国经济的高速发展，城镇化进程的不断推进，高层建筑、高坝水库、阶梯水库不断建设，高铁里程不断增加，还有大量的输油输气管道、核电站等重要基础设施的建设，都需要对活动断裂开展准确的定时定位研究。中国大陆地震环境复杂，地震活动断层广泛分布，对已知活动断层开展填图工作的尚不足 30%。如何利用有效的方法组合，准确地查明活动构造的精确位置，预测活动构造的活动习性，有效预防和减轻地震灾害给人民生命财产带来的危害，一直是地质学家努力和探索的方向。

我国活动构造普查和发现期开始于 20 世纪六七十年代，先后完成了 1∶300 万中国活动性断裂和强震震中分布图（国家地震局，1976）、1∶400 万中国地震构造图（国家地震局地质研究所，1979）。从 20 世纪 80 年代开始，中国老一辈科学家就开始了针对活动断层开展的 1∶50000 填图工作。先后完成了富蕴活动断裂带、海原活动断裂带、小江活动断裂带、郯庐断裂活动带、鲜水河活动断裂带、鄂尔多斯周缘活动断裂带、天山北麓活动断裂带的1∶50000活动断裂图。特别是针对富蕴地震破裂带、海原活动断裂带，还出版了活动断层条带状地质图。并相继出版了《富蕴活动断裂带》《海原活动断裂带》《鄂尔多斯周缘活动断裂系》《中国活动断层图集》和《西藏活动构造》等一批具有重要影响力的专著（陕西省地震局，1996；李天炤等，1997；宋方敏等，1998；丁祥焕等，1999；邓起东等，2000，2001；虢顺民等，2001）。为了规范活动断裂的填图准则，中国地震局震害防御司1992年颁布了《活动断裂地质填图工作规范（1∶50000）》，这是我国首次针对活动断裂填图制定的规范。在该规范的指导下，在全国范围内选择了20条活动断层进行了1∶50000地质填图。

进入21世纪，随着新技术、新方法的应用，活动断裂填图标准在不断地更新和完善中。2005年，中国地震局组织有关科技人员编写并颁布了《中国地震活动断层探测技术系统技术规程》（JSGC-04），在该规范的指导下，顺利完成了全国20个大城市活动断层1∶10000或1∶50000填图，为城市的规划建设及防震减灾起到了重要的作用。2005年、2009年和2013年，中国地震局相继发布了《活动断层探测方法》（DB/T 15—2005）、《活动断层探测》（DB/T 15—2009）和《1∶50000活动断层填图》（DB/T 53—2013），它们是在《中国地震活动断层探测技术系统技术规程（JSGC-04）》的基础上编写的地震行业标准。

《1∶50000活动断层填图》（DB/T 53—2013）是我国地震行业目前活动断层填图执行的行业标准。与1∶50000区域地质填图最大的区别在于该标准中规范的活动断层填图不是按照标准的1∶50000图幅进行，而是沿着活动断层地表出露迹线及其两侧一定范围内填图，获取活动断层的空间分布、活动参数等。条带状填图范围针对断裂的性质不同略有不同。单条正断层的条带状填图范围应为目标断层两侧各扩展2～4km；不伴随活动褶皱的逆断层的填图范围与单条正断层相同，伴随活动褶皱的逆断层填图范围应覆盖地表的活动褶皱带，且向两侧各扩展2～4km；单条走滑断层填图范围应为目标断层两侧各扩展2～4km。本标准主要适用于确定裸露地表的活动断层或者埋藏较浅的活动断层的位置。

区域地质调查工作经历了长期的传统区域地质填图，对国家社会经济建设做出了重要贡献。近年国家对地质调查工作提出了新的更高要求，区域地质调查工作除开展三维地质填图试点、专题地质填图之外，为满足经济发展新常态对地质调查工作的新要求、国家经济建设对能源资源依赖的需求，以及区域地质调查工作方式与方法技术创新的需要，中国地质调查局于2014年启动了"特殊地质地貌区填图试点"项目。活动构造发育区填图作为"特殊地质地貌区填图试点"的重要调查类型之一，与传统的活动断层填图不同，传统的活动断层填图调查范围仅仅局限于断裂带及其两侧一定范围的带状区域内，调查内容仅集中于断裂自身。实际上，活动断裂的形成和发育与岩石地层及地貌均存在内在联系，是一个相关作用的地质系统。因此，本次1∶50000活动构造发育区地质填图，以标准图幅为填图单位，将测区地质体作为一个地层-沉积-构造-地貌系统开展填图工作，为更好地理解新构造与活动构造提供了有利条件。

第二章 目标任务与技术路线

第一节 目标任务

活动构造发育区填图的目标任务是通过遥感资料综合解译、野外路线地质调查，结合钻探、物探等工程揭露，查明填图区内岩石、地层、地貌、活动构造以及其他地质体的基本特征和典型地区的三维地质结构，突出活动构造相关要素的图面表达，将构造演化与沉积充填过程相结合，重建测区内晚新生代以来的地表作用过程，为活动构造发育区的区域地壳稳定性和资源环境承载力评价提供基础地质资料。

1. 目标任务

（1）融合多学科、多手段，系统开展地表多要素基础地质调查，查明浅地表风化层的物质组成、结构构造、物理化学性质及其相互关系等，解决制约自然资源和生态环境的关键基础地质问题；阐明自然资源生成、赋存、分布的地质主控因素及生态环境演变规律、发展趋势和地质演化过程。

（2）拓展开展土壤、水、植被等综合自然资源调查，阐明浅地表风化层的成因及其对山、水、林、田、湖、草等综合自然资源生成、赋存、分布的主控因素，解决制约自然资源和生态环境的关键基础地质问题。

（3）以高精度多源遥感综合解译为基础，识别和建立测区河流阶地、阶地陡坎、冲洪积扇、河流与冲沟等各种线状和面状地貌体，系统开展测区构造地貌研究。

（4）以高分辨率层序地层学理论为指导，以高精度年代学测试为手段，系统开展测区晚新生代地层多重划分与对比，建立区域地层等时对比格架，查明地层之间的接触关系、沉积物源空间分布、岩性及岩相的横向变化，恢复不同演化阶段的岩相古地理格局。

（5）充分消化吸收国内外活动构造调查新技术、新方法、新概念，地（地质）、物（地球物理）、化（地球化学）、遥（遥感）及钻探等多种方法相结合，查明区内裸露及隐伏活动断裂、活动褶皱、活动隆起等活动构造的位置、性质、几何学特征、运动学特征以及活动参数等，系统开展活动构造准确定时、定位研究。

（6）积极探索新时代"云环境"下活动构造发育区地质调查新模式，建立活动构造数据库及信息化平台，积极引导地质调查、研究、服务理念与方式的变革。

（7）综合构造地貌、沉积岩性、活动构造及深部地球物理场等研究成果，选择合理的指标及评价方法体系，开展测区区域稳定性综合评价，为国土空间规划与管理提供基础地质资料。

2. 基本准则

（1）以地球系统科学理论为指导，坚持山、水、林、田、湖、草是一个生命共同体的理念，综合地、物、化、遥、钻探等多种方法手段，系统开展区域地质调查。

（2）以国家重大需求为导向，优选部署标准图幅，一般采用 1∶50000 国际标准分幅的多幅联测，覆盖整个活动构造带，提交整装 1∶50000 区域地质调查成果。

（3）以解决问题为导向，重点部署工作量（不平均使用工作量），增加科学研究在填图中的比重，形成概念性填图，局部重点地区可以部署 1∶1000、1∶2000 大比例尺填图。

（4）野外工作底图可以充分应用符合精度要求的航空、卫星等影像图，成果地质图采用 1∶50000 地形图。

（5）充分利用基础地质大数据、云计算和人工智能技术，加强新技术、新方法的综合运用。

3. 预期成果

（1）提交 1∶50000 区域地质图、数据库及说明书、联测区基岩地质图及联测区区域地质调查报告。

（2）提交重点区带地质图（比例尺按照实际情况确定，可以跨图幅成图）及相关专题图件。

（3）按中国地质调查局《地质图空间数据库建设工作指南》和《数字地质图空间数据库标准》（DD 2006-06）的要求，提交数字区域地质调查系统原始数据资料（含实际材料图数据库）、最终成果图件空间数据库和报告文字数据。

第二节 技 术 路 线

一、总体思路

以地球系统科学理论为指导，把地层－沉积－构造－地貌作为一个填图系统综合考虑，按照标准图幅而非构造单元开展填图工作。系统开展测区多源遥感资料综合解译，划分测区地貌单元，采用分区填图原则，分别部署相应的工作路线。基岩裸露区按照 1∶50000 区域地质填图准则，以穿越路线为主，细化填图单元；活动构造带以追踪路线为主，逐一落实遥感解译成果；第四系覆盖区以工程施工为主，优选、合理部署工作量，查明覆盖区构造格局、隐伏断裂分布情况以及第四纪地层结构。

二、技术路线

按照资料收集与整理、野外填图与施工、室内成图和研究三个阶段进行划分，强化填图前期准备阶段，明确每个阶段的产品（图 2-1）。在填图前期准备阶段，系统收集填图区及相邻区域地质、地球物理、遥感、地形等资料，完成遥感构造－地层－地貌解译，在野外踏勘的基础上，划分地貌单元与不同类型填图区，完成设计地质图与工作部署图，针对不同地貌单元确定具体填图方法与技术手段。在野外填图阶段，依据地质剖面实测，结合区域构造－地层对比分析，划分测区地层－构造－地貌填图单元，并通过野外路线调查与地球物理、钻探施工，开展野外填图工作，完成实测地质剖面图、地层柱状图与实际材料图，并形成野外地质图。在填图成果形成阶段，完成室内资料整理、数据录入、岩矿测试综合分析等工作，编制1：50000新构造－活动构造区成果地质图及图幅说明书。在项目实施的三个阶段，每个阶段的产品明确，分别为设计地质图、野外地质图和成果地质图。

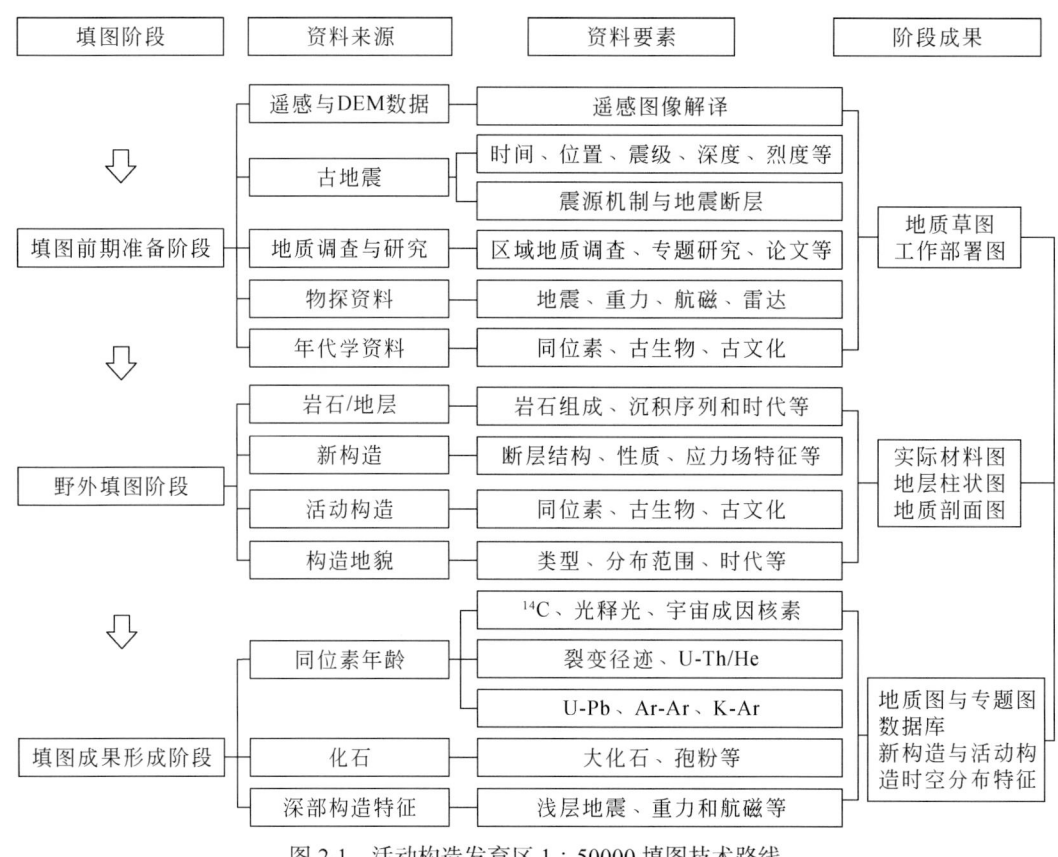

图 2-1　活动构造发育区 1：50000 填图技术路线

第三节　调查内容

一、区域活动构造背景调查

通过区域重力、航磁、电法以及地震深反射剖面等，分析区内深部构造特征，结合区域新构造运动特征、区域活动构造特征以及地震活动特点等资料的系统收集整理分析，归纳总结区域范围内深部构造与浅部构造的耦合关系，编制区域构造纲要图，分析区域活动构造形成的地质背景。

二、构造地貌调查

通过断层谷地、断层陡坎、褶皱陡坎、断塞塘、闸门脊、河流阶地、冲洪积扇、河流、冲沟、断头沟、弃沟、夷平面、古溶洞、水系格局及相关建造分析，重塑现今构造地貌形成演化过程、侵蚀-堆积过程，剖析其活动构造运动历史。以数字高程模型（DEM）和Landsat等卫星遥感数据为基础，系统提取相关典型河流流域的河道剖面以及亚流域盆地地貌参数，结合已有研究资料进行系统综合分析，实现宏观尺度层面上对各水系流域地貌的整体认识，定量研究构造地貌各类要素。并结合野外对活动构造带的地质调查，总结现代地貌形成与活动构造带的关系。

三、活动构造调查：断层、褶皱

调查主要活动断裂分布、性质和活动性，并收集古地震、地震监测、地面变形监测等资料，分析其对地质环境的影响，以及对地热等矿产的控制作用。

1. 几何学特征

以野外观测为基础，对活动断层、活动褶皱的产状进行测量，针对活动断层和褶皱的宽度、组成、结构进行详细记录，并利用高精度GPS测量仪和测距仪对活动断层的延伸长度、断距等特征进行测量。

2. 运动学特征

通过野外地质观察与实测，辅以高精度遥感图及地貌标志分析，确定断层的活动方式与活动量。对于活动断层的活动方式主要通过断层面上的擦痕、阶步以及派生的各类运动指向标志来确定，同时包括断层破碎带内本身的变形特征（如破碎带内构造角砾变形格局、长轴排列方式等），以及各类地貌标志（如河流、山脊等）的错断和延伸特点。对于断层的活动量，重点是实测活动断层的水平位移量与垂直位移量。实测过程中，需要选取可靠的、被错断的地貌边界或地质标志层，并利用高精度的激光测距仪进行准确测定。在断层的运动学研究中需要详细研究活动断层的断裂带内变形特征，从野外与显微构造两方面开展研究，分析判断断层的活动特征。

尽管褶皱作用本身不诱发大地震，但有许多地震发生在活动褶皱区，它们是位于活动褶皱之下深达数千米的盲逆断层突发性错动的产物，在地表常常出现同震褶皱隆起。所以活动褶皱与活动断层多配套出现，其深部存在的盲逆断层系由滑脱面和断坡组成，正是滑脱盲逆断层的活动导致表层活动褶皱和次生断层的形成。所以对于活动褶皱的研究主要是在野外判断褶皱类型、大小及与周围断层或古地震的关系。

3. 构造应力场

构造应力场研究主要通过两类途径：一是已有资料综合分析；二是野外断层擦痕实测反演。野外断层擦痕的实测反演，是选择活动断层面上断面与擦痕产状的系统实测，根据野外实际确定的断层运动形式，用当前先进小构造反演软件（SpheriStat3 与 MyFault）进行反演，得出三个主应力的方向及有关应力参数。并结合当前已有 GPS 监测数据、地表实测应力数据及震源机制解成果等，确定断裂带周边的区域应力状态，进而分析研究区不同活动构造带运动的应力场背景及其规律。

4. 年代学

年代学主要包括三个方面：一是通过被错断第四纪沉积层的时代限定活断层的活动时代；二是应用被错断的地貌标志限定活断层的时代；三是直接运用断层泥进行定年。对于第四纪沉积层和地貌标志等间接标志的定年方法，将选择出露条件较好的地方，采集各类年代学样品，应用 ^{14}C 法、热释光法、宇宙核素、裂变径迹和 U-Th/He 等方法确定沉积层的时代及隆升历史。对于断层泥定年，将选择较好样品进行 Ar-Ar 法、光释光法、热释光法、ESR 法等，直接确定断层的活动时代。对于沉积厚度较大，出露条件一般的地区，将进行浅钻采样，获取完整的沉积物质组成和演化序列，并结合相关年代学测试，获取研究区系统的年代学格架。

四、沉积盆地充填记录调查

调查沉积盆地晚新生代地层与下伏地层、晚新生代地层之间的接触关系，特别注重不整合面的调查。查明不整合面的形态，上下地质体的组成、产状及时代，确定不整合的类型、性质和构造意义，明确不整合的区域大地构造意义和局部构造意义。

调查新生代不同岩性层、岩性组合层的垂向叠置关系和横向变化规律，查明地层结构、层序、沉积特征；重视沉积微相的划分与刻画，填绘山前冲洪积扇、河道（河床、边滩、心滩）、河漫滩或称泛滥平原（河漫滩、河漫湖、河漫沼泽）、堤岸（天然堤、决口扇）、牛轭湖、湖沼、三角洲、河口扇、海侵层，以及河流阶地等不同地貌单元或沉积微相的沉积物类型、时空分布及其叠覆关系。

通过野外露头、岩心或岩屑样品分析测试以及地球物理勘探、测井等方面资料的收集，利用垂直相序列、沉积模式、物源与古流向分析和层序地层等沉积学方法，在获得各类物理、生物和化学等沉积学参数的基础上，恢复不同时代沉积地层的沉积环境、沉积相以及沉积充填过程。

五、重要气候与环境变化事件的地质记录调查

新生代是全球气候与岩石圈构造变动强烈的地质时期，无论是全球板块尺度的陆块开启与闭合，还是区域尺度的青藏高原及其周缘造山带的隆升，对全球冰期气候的形成、东

亚季风的演化、中亚内陆干旱化的出现均有深刻的影响。而且中国大陆的总体格架在早新生代时期已经基本形成，但是总体地貌格局的形成则与青藏高原的强烈隆升和太平洋板块的俯冲相关，并且形成了中国大陆具有地域特色的新生代陆相地质记录。因此，针对晚新生代以来重要湖盆与气候环境变化事件密切相关的地质记录开展调查，有助于认识区域生态环境恶化的地质本底，预测发展趋势。

六、地质灾害地质背景调查

黄土高原与沉积盆地过渡带是活动断裂的主要发育区，也是黄土塌陷地质灾害易发的重点地区。黄土塌陷一方面受控于过渡区黄土台塬的活动断裂，另一方面与黄土台塬的沉积特征及沉积序列密切相关。查明沉积盆地湖相序列与黄土台塬黄土沉积序列的过渡关系，建立等时地层格架，遥感解译、野外地质调查与地球物理勘探新方法相结合，查明地质灾害形成的地质背景、发展过程、发展趋势及地质主控因素。

七、"人类世"与古文化层

"人类世"是指地球的最近代历史，"人类世"并没有准确的开始年份，可能是由18世纪末人类活动对气候及生态系统造成全球性影响开始。人类的活动，尤其是工业革命后的人类的活动，已经成为一种地质营力。人类造成的地质变化，主要体现在地质沉积率改变、碳循环的波动和气温变化、生物变化和海洋变化四个方面。调查人类地质作用现象，分析总结人类地质作用对现代地质作用过程的影响。

第四节 调查精度

地质填图精度要求按照《区域地质调查技术要求（1∶50000）》（DD 2019-01）、《数字区域地质调查技术要求（试行）》（2016年2月）有关规定执行。

一、地质图地理底图

按照《区域地质调查技术要求（1∶50000）》（2019年1月）：野外工作底图可采用符合精度要求的航空、卫星等影像图，或据此编制的符合区域地质调查工作的图件；成果地质图底图采用1∶50000地形图。活动构造发育区填图的主要任务是查明活动构造的区域分布情况，因此对地理底图的精度要求较高，通常采用高精度DEM数据（等值线间距0.5m）和SPOT6或者高分二号数据相结合作为地理底图。

二、地质路线调查

对于活动构造发育区 1∶50000 填图应采用遥感解译路线和地表追索验证路线相结合的方法合理部署调查路线。路线的长度以有效控制地质体、观察研究地质体内在关系、解决地质问题为原则，路线总长度不做具体要求。

三、地质剖面

浅表地质剖面：第四系野外实测剖面的垂向比例尺一般不小于 1∶200。地层连续出露地段测制剖面的间隔可根据地质复杂程度和研究意义确定，但对剖面之间的地质变化要进行追踪观察素描。编制地质剖面图垂直比例尺可比水平比例尺放大 2～5 倍；缺乏天然剖面的地区，充分利用前人钻孔剖面资料。缺乏前人钻孔剖面资料时，适量布设少量浅钻，使调查区的主要填图单位、含矿层、古人类古文化层等至少有 1 条剖面控制。

地质剖面图编制：编制地质剖面图的水平比例尺和垂直比例尺设定一般以能表现出地层厚度、岩性或成因类型的变化为原则，但水平比例尺一般不小于 1∶25000。

四、钻探布设

钻孔剖面：一个图幅范围内至少应有 1 个标准孔揭穿第四系，系统采集各种测试样品，开展年代地层和综合地层学研究。标准孔要全取心（系统采集古地磁样、孢粉及其他微体古生物、光释光、^{14}C 测年、粒度分析等测试样品），岩心采取率要求在 90% 以上。钻孔斜度偏差每 50m 应小于 1°；钻孔取心、采样、编录、岩心保留与处理、简易水文地质观测、水文地质试验、封孔和钻孔坐标的测定等按工程地质钻探、水文地质钻探有关规程执行。

五、填图单元划分

基岩填图区参照邻区 1∶50000 区域地质图填图成果，按照湖盆充填序列、沉积旋回划分的原则，细化填图单元。第四系覆盖区结合松散沉积物的古生物群组合特征、地层测年数据等特征，将区内地表第四系划分为冲积相、洪积相、洪冲积相和风积相等填图单位，并加强亚相、微相等次一级填图单位的划分。除正式填图单位外，充分应用非正式岩石地层单位，有一定厚度（几百米或几十米）和延伸的一定类型岩石以及有特殊标志和物性的岩层，如区内全新世的泥炭层、软土层、液化砂土、文化层等需作为非正式填图单位填绘在图上。

六、地质体标定

基岩裸露区：直径大于 50m 的闭合地质体，宽度大于 25m、长度大于 50m 的线状地质体，长度大于 250m 的断层及褶皱构造均要标绘在野外手图上。1：50000 地质图只标定直径大于 100m 的闭合地质体，宽度大于 50m、长度大于 100m 的线状地质体，长度大于 250m 的断层及褶皱构造。

第四系覆盖区：地表第四系地质体标定直径大于 200m 的闭合体，宽度大于 100m、长度大于 500m 的线状地质体。过渡型地质界线应综合考虑 1m 深度岩性特征，统一标准采用内插法标定。出露狭窄或面积较小具有重大地质意义的特殊地质体、矿层、微地貌等均应夸大到 2mm 标定。基岩残留露头不论大小都应标出，小露头夸大到 2mm 表示。

七、样品采集与测试

样品的选定、采集及测试视需要解决的地质体问题而定，按照以实测剖面系统采集为主、路线采集为辅的原则，保证样品采集的合理性、全面性，避免重复取样。样品采集严格按有关要求保证样品的大小、重量、数量和规格，取样位置按规定标示于相应的地形图图层上。难以分析鉴定的古生物门类、同位素年龄测定等样品应及时送交有关实验室进行鉴定、测试和分析，要求样品分析鉴定单位必须经过国家质量认证，仪器设备先进，分析测试鉴定成果质量高，有一定权威性。各类分析项目及精度要求如下：

^{14}C 测年：在钻孔 60m 深度内的泥炭层或含碳层取样。含碳量极高岩心取 5cm 长；含碳量不高者最多取 20cm 长。为避免样品受污染，用刀刮去泥浆，阴干后用双层塑料袋包装。

光释光测年：在岩心未劈开前，在岩心横切面中心，用铁皮罐砸入岩心中避光采取光释光样品，并及时用黑色塑料袋包装，避免阳光照射。主要取均匀的细砂，样品质量为 200～250g。在钻孔 120m 深度内取样，取样间距控制在 20m 左右。

孢粉：对照岩心实物和照片，确定采取孢粉以及其他微体古生物化石样品的位置，一般选用还原环境下的黑灰色土层取样，但也得兼顾氧化环境下的地层。若大样只用于采取微体古生物、孢粉样品，孢粉样取大样剩余部分的 2/3、微体古生物取 1/3，或微体古生物样取 2 个核桃大小（约 50g），孢粉样取 4 个核桃大小（约 100g）。

粒度分析：在粗砂、中砂、细砂、粉砂等砂层中取样，最好在砂层韵律层中采取，如某一回次岩心中砂层可见粗 - 中 - 细 - 粉砂韵律层，采取不同粒度样品，取样量 10～50g（或 5cm 长岩心）。取样数量与密度视情况而定。

在活动构造发育区，为了建立年代地层格架的需要，限定新构造与活动构造的时限，每个构造带至少要有 1 个新生代完整的古地磁剖面或者钻井柱状剖面。

第五节 技术方法与手段

活动构造发育区填图的核心目标是综合分析构造地貌、沉积充填过程及活动构造,评价区域地壳稳定性,服务于区域环境承载力评价。针对这一核心目标与任务,除了常规的地质填图手段以外,填图技术方法的有效组合包括遥感资料综合解译、物探技术、钻探、槽探、微地貌测量、低温年代学研究、第四纪古环境研究。

一、遥感资料综合解译

活动构造的研究与地形地貌密切相关,而遥感影像表现得最直接的是地形地貌特征,因此遥感影像目视解译就是识别受构造活动影响的地形地貌。如果将侵蚀地貌定义为正常地貌,将侵蚀等正常地表过程不能形成、主要受构造控制的地貌定义为异常地貌,那么寻找异常地貌就是遥感目视解译的最基本原则(何宏林,2011)。例如,流经断裂带的水系,水系的异常弯曲是常见的判别断层活动性的标志;盆山等不同地貌体截然相交的线性影像、色调和微地貌差异,都可以反映出断裂的形迹,而对于识别活动构造长期累积的构造地貌特征,三维遥感影像可视化是一个有效的方法。

1. 遥感数据选择及融合

利用 Aster 遥感影像,通过色调、形态、纹理结构等识别出地质构造的位置、走向及相互切割关系(包括新老关系、主干、伴生、派生构造之间的关系)等,同时在影像上追索断裂带的走向延伸和了解其空间展布规律。通过 Aster 影像提取水系类型、水系密度、切割深度、平面形态及流动方向等,反映区域构造活动空间特征,因为水系的发育与岩性、构造变形等地质因素密切相关。除此之外,通过分析 Aster 影像上地表岩性特征、构造地貌特征、第四纪地层含水程度、植物生态等信息识别各种隐伏构造。Aster 除了具有获取多光谱遥感数据的能力,还具有立体成像的功能。三维图像生成及可视化技术,将 Aster 卫星多光谱图像信息与 DEM 数据有机融合,生成地质体三维可视化图像,再现地质体的三维空间特征,可从整体上直观、综合地对活动地质构造及其构造地貌特征进行三维可视化分析研究。

Aster 最大空间分辨率只有 15m,适合从宏观上揭示区域断层几何特征及其相关的构造地貌现象。而对地震尺度的相关的构造变形及地貌特征,还需高分辨率的遥感影像,如空间分辨率全色波段为 0.31m 和多光谱波段为 1.24m 的 Worldview-2 影像。使用 Worldview-2 影像可以识别出冲沟、冲洪积扇体和河流阶地等微观地貌体的位错,达到精细研究与地震活动相关的构造变形。值得注意的是,受卫星采集数据时间、气候条件的影响,单一的高分辨率遥感数据可能不一定覆盖关键研究区,还需补充使用其他类似的高分辨率遥感影像,如 SPOT、QuickBird 和 IKONOS 等。

DEM 是指对地球表面地貌的数字表达和模拟，以 DEM 数据为基础可以获取研究区高程图、坡度图、地形起伏图和水系图，定量分析断层构造变形、构造地貌演化，进行古地貌恢复。例如，地形起伏度是研究地表侵蚀度的重要指标，可以用来指示研究区构造带的活动情况和夷平面的空间分布特征。断裂活动往往会造成断裂两侧地形或地貌的强烈反差，表现为断裂两侧地表坡度和高程的差异。因此，可以从坡度和高程数据上获取地貌成因、地貌的发育阶段及程度等重要信息。活动构造区填图过程中可以使用新一代高精度 WorldDEM 的 DEM 数据，来精细刻画地表形态，获取上述地貌指标，开展活动构造和构造地貌研究。

在第四纪沉积物覆盖的隐伏断裂区，特别是现今人为改造比较严重，已经很难区分天然露头和人工堆积的地区，仅仅依靠单一的高分辨率遥感影像很难从区域上识别断裂的存在。因此，利用不同分辨率、不同波段的遥感数据进行融合处理，生成既具有多光谱又具有高分辨率的融合影像，更能直观地观察到活动断裂的形态，有助于活动构造发育区隐伏断裂的解译。与单一的遥感影像数据相比，多源遥感数据的融合处理增加了数据之间的冗余性、互补性和合作性，有效提高了单一遥感数据的可用性。

2. 遥感影像标志建立

在遥感图像上，不同地物具有不同的特征，用来区分和识别不同地物或确定其属性的特定影像特征称为遥感影像标志。遥感影像标志的建立原则：①代表性。解译标志必须是某一或某一类地质体影像标志，可作为区域解译的类比标准。②稳定性。解译标志必须具有一定的规模和相对清晰的边界，且延伸稳定。③重现性。解译标志必须满足同等技术人员解译建立的一致性。按影像特征显示形式可分为色调（彩）、形态、影纹结构、地形地貌和水系 5 种类型等（方洪宾等，2007）。其中活动断层的影像标志对地形地貌标志的反映最为明显。

3. 遥感解译路线

在典型遥感影像标志发育地区，以及影像标志不明显的地区，选择 2～3 条贯穿各类影像标志的路线，进行野外追踪研究，验证解译标志的完整性和正确性，并对各类遥感解译标志予以确认。尤其是需要确认各种解译线性构造标志的可信度，并排除人为作用的影响。

4. 遥感解译地质图

综合遥感影像解译标志和遥感解译路线的野外验证，结合各种地理、地质、地球物理等相关资料，编制遥感解译地质图。遥感解译地质图要详细表达各类第四纪沉积体系的分布特征以及沉积期次，尤其是不同时代冲积扇、河流阶地等沉积体系的分布特征，以及各种线性构造的分布特征及其相互之间的叠加关系。

二、物探技术

1. 重力资料处理解译

重力勘探作为一项较为成熟的物探技术广泛应用于资源勘探、基础地质调查、工程地质调查等领域（王懋基等，1997；曾华霖，2005；中华人民共和国国土资源部，2006）。近年来的理论研究和实践表明，重力资料在解译断裂构造中发挥着很大的作用，对于3000m 深度上 30m 断距的断层，利用 50mGal（$1Gal=1cm/s^2$）精度的重力资料完全可以解译。显然，对于埋藏深度较小的断层，高精度重力资料解译断层的能力会更强。对于断裂构造解释，重力勘探具有以下优势：一是理论研究表明，重力勘探作为体积勘探技术，当断层切割多套密度层时，其重力效应等同于一条断层的断距被扩大到多套密度层叠加的效果倍数，在常规的地球物理勘探方法技术中，重力勘探对断层构造的灵敏度最高；二是重力资料处理解释技术的进步，能够十分有效地提取出断裂构造的异常信息，现代信号处理中的边缘增强技术、模式识别技术、图像处理技术可以形象地将断裂构造的信息直观地展现在解译者的面前，供分析和解释；三是利用重力勘探技术既可研究大的、深部的断裂构造，也可研究小的、浅部的断裂构造，只是后者的测网密度应大些。

区域重力资料是研究区域大地构造的基础地质资料，通常用于深部构造解释的图件包括布格重力异常图和剩余重力异常图。布格重力异常是地下不同深度的各种密度异常体在重力场上的综合反映。由于浅部和局部的密度变化产生的重力异常为小幅值的高频成分，与深部和区域性的地质因素产生的重力场叠加后常常被淹没。所以布格重力异常图上显示的测区的重力异常形态和大小的总体趋势，主要是地壳厚度变化以及岩石圈中下部或较大的区域性地质构造特征的反映。剩余异常是从布格异常中去掉一定范围的平均值后的剩余部分，即布格异常的相对高频成分。它提高了异常的横向分辨率，突出了局部异常的特征，较好地显示了重力异常的细节变化。一般认为，剩余异常主要反映地壳浅部的地质构造特征。经过分析比较认为，剩余重力异常同时包含浅部地质构造的异常和深部异常的高频成分，而且浅部构造异常往往是深部地质构造运动的结果。因此，剩余重力异常不仅详细地反映了浅部，同时也反映了深部地质构造的特征。

2. 磁法调查

磁法调查是通过观测和分析由岩石、矿石（或其他探测对象）磁性差异所引起的磁异常，进而研究地质构造和矿产资源（或其他探测对象）的分布规律的一种地球物理勘探方法（管志宁，1997；李怀良等，2012；马金勇，2018）。其中磁异常是指磁性体产生的磁场叠加在地球磁场之上而引起的地磁场畸变。在活动构造区地质调查中主要进行活动断裂的深部特征调查，进行大地构造分区，并研究深大断裂、接触带、断裂带、破碎带和基底构造，同时也可用于划分沉积岩、侵入岩、喷出岩以及变质岩的分布范围。

根据磁法勘探规范，磁测精度可分为三个等级：高精度，均方误差≤5nT；中精度，5nT＜均方误差＜15nT；低精度，均方误差≥15nT。磁测精度需要根据地质任务综合考虑，一般依据磁测比例尺的选择而定。在小比例尺、大面积普查时一般采用中、低精度；在大比例尺详查时采用高精度。

3. 电法调查

1) 连续电磁剖面法

连续电磁剖面法（CEMP）是由大地电磁测深派生出来的方法，根据预期的探测深度选出一个或几个固定的频率，沿剖面同步测量电场与磁场，并求出它们的比值，用于研究地下电性沿剖面的横向变化。它用一组邻接的电场探头（传感器）所组成的阵列和一组或多组磁场探头（传感器）进行数据采集。用低通滤波器沿剖面对所取得的数据进行处理，以减少地表不均匀性引起的静态偏移，从而获得相对较深处的二维电阻率断面，来研究地下地质体的分布规律（于鹏等，2003；刘宏等，2004）。近年来，该方法在一些复杂地区取得了很好的勘探效果，在方法处理、解释手段、理论研究方面已有很大发展。与地震勘探方法相比，连续电磁剖面法不受高电阻层的屏蔽，野外施工方法灵活多变，勘探深度大，除在一般地质条件下能充分发挥其深层勘探的作用，还可在碳酸盐岩和火成岩覆盖区、山前砾石发育区、逆掩断裂带、高倾角地层区等复杂地貌区开展工作，为地震处理、解释工作提供辅助信息。

2) 可控源音频大地电磁测深

可控源音频大地电磁测深（CSAMT）是一种以接地水平电偶源为信号源的电磁测深法（董泽义等，2010；谭章坤，2013；崔中良等，2016）。该方法的工作频率为音频，其原理和常规大地电磁测深法类似，其实质是利用人工激发的电磁场来弥补天然场能量的不足。可控源音频大地电磁测深具有野外数据质量高、重复性好，解释与处理方法简单、解释剖面横向分辨率高、方法不受高阻层屏蔽及工作成本低廉等优点。近年来，该方法不仅在我国南方和西北地区油气勘探中得到了广泛应用，而且在工程物探、电法找水和地热与金属矿勘探方面受到了地球物理工作者的青睐。

3) 高密度电阻率法

高密度电阻率法，又称电阻率层析成像法，是一种阵列勘探方法，它以岩、土导电性的差异为基础，研究人工施加稳定电流场的作用下地下传导电流分布规律（董浩斌和王传雷，2003；罗登贵等，2014；陈实等，2019）。野外测量时只需将全部电极置于观测剖面的各测点上，然后利用程控电极转换装置和微机工程电测仪便可实现数据的快速和自动采集，当将测量结果输入计算机后，还可对数据进行处理并给出关于地下断面分布的各种图示结果。与常规电阻率法相比，高密度电阻率法具有以下优势：①电极布设一次完成，这不仅减少了因电极设置而引起的故障和干扰，而且为野外数据的快速和自动测量奠定了基础；②能有效地进行多种电极排列方式的扫描测量，因而可以获得较丰富的关于地下断面结构特征的地质信息；③野外实现了自动化或半自动化数据采集，不仅采集速度快而且避免了由于手工操作出现的错误；④可以对资料进行预处理并显示剖面曲线形态，脱机处理后还可自动绘制和打印各种成果图件；⑤与传统的电阻率法相比，成本低，效率高，信息丰富，解释方便。高密度电阻率法主要是通过视电阻率的差异来寻找各种目标地质体，通常第四纪覆盖层视电阻率与基岩之间存在明显的差异。因此，可以利用高密度电阻率法来确定第四纪地层厚度的变化。高密度电阻率法在解决100m以浅的浅部地质问题中具有良好的应用效果。由于第四纪地层中电阻率的差异，如果有活动断裂的存在，在满足高密度电阻率法勘探分辨率的情况下，完全可以捕捉到隐伏活动断裂的信息。

4）瞬变电磁法

瞬变电磁法是利用不接地回线或接地线源向地下发射一次脉冲磁场，在一次脉冲磁场间歇期间利用线圈或接地电极观测地下介质中引起的二次感应涡流场，从而探测介质电阻率的方法（刘国兴，2003；牛之琏，2007）。瞬变电磁法的施工效率高，纯二次场观测以及对低阻体敏感，对深部水文地质特征反应敏感，而且在高阻围岩中寻找低阻地质体也是最灵敏的方法，且无地形影响（宋伟健等，2018）。该方法采用同点组合观测，与探测目标有最佳耦合，异常响应强，形态简单，分辨能力强。剖面测量和测深工作同时完成，能提供更多有用信息。

4. 浅层地震勘探

国内最早开始城市活断层探测的福州市选用了多种探测手段，特别是地球物理勘探，先后选用了高密度电阻率法、瞬变电磁法和高分辨率的浅层地震勘探等手段（朱金芳等，2005）。从实际效果分析，浅层人工地震"勘探深度范围大，分辨率和精度最高，在城市活断层探测中，无论在初勘阶段还是详勘阶段，都是最主要的地球物理探测手段"，其他方法相对差一些（邓起东等，2007）。在浅层地震勘探中，根据地震波类型的不同可以分为纵波勘探（可控源激发、重锤激发）、横波勘探、面波勘探和地震纵横波联合勘探。浅层地震勘探可以进一步细分为浅部勘探、中部勘探和深部勘探。80m以浅的称为浅部地震勘探，使用横波反射法，震源多采用锤击扣板；80～200m为中部地震勘探，震源多用锤击和轻型震源车；200～2000m为深部地震勘探，震源多采用可控震源车。为了查明测区断裂的深部结构以及断裂上断点的位置，建议采用可控震源与锤击和横波反射相结合的方法。利用可控震源查明断裂200m至基底的结构，锤击与横波反射相结合可以查明30～200m的断裂和地层结构，但对于30m以浅的断裂结构通常采用钻井逼近法来查明断裂的上断点，也可以采用后面所叙述的三分量共振技术进行尝试性的探测。

浅层地震勘探（200m以浅）要求采用点实验激发工具，如人工重锤激发，道距2m，接收道数200道，采样间隔0.25ms，记录长度3s。以重锤（100kg、200kg、300kg）下落距离1m、1.2m、1.5m、1.8m分别进行激发，选取较好的记录，作为浅层地震施工的参数。

深部地震勘探（200m至基底）：施工采用可控震源进行激发。用大吨位、新式大吨位可控震源对测区进行充分试验，道距20m，接收道数180道，采样间隔0.5ms，记录长度3s。检波器主频60Hz检波器，2并2串。可控震源供选择的参数有震动台次、扫描方式、扫描频率、扫描长度等。可控震源的扫描方式有线性扫描、非线性扫描及变频扫描，为了提高分辨率，增强高频成分能量，试验要求将非线性扫描和线性扫描进行对比。线性扫描是扫描时各频率的扫描时间相等，即可控震源的震动能量均匀分布于扫描频率段；而非线性扫描是通过选择具有特定形态的频谱的非线性扫描信号，对特定频带实行频谱补偿，实现能量再分配,加强高频段能量,从而达到提高分辨率的目的。非线性扫描的试验内容包括扫频、扫描次数、扫描长度、陡度、斜坡、震动次数及台数等,而线性扫描仅对扫频、扫描长度和斜坡进行试验即可。

5. 航空物探

航空物探方法有航空磁测、航空放射性测量、航空电磁测量(航空电法)和航空重力等。航空物探速度快,不受地面条件(如海、河、湖、沙漠)的限制,大面积工作精确度比较均一,可在一些地形条件比较困难的地区开展工作。

目前应用最广的航空物探方法是航空磁测或航空磁力勘探,简称航磁(AEM)。航空磁测用的仪器有两类:一类是测总磁场模数的变化 ΔT,另一类是测总磁场模数变化的梯度。在生产中应用的测总磁场模数变化的仪器主要是核子旋进磁力仪和光泵磁力仪,也有用磁通门磁力仪的。测总磁场模数变化梯度的是航空磁力梯度仪,它用距离固定的两个磁力仪探头(如光泵磁力仪探头),同时测量地磁场并记录其差值(即磁力梯度,可测垂直梯度或水平梯度)。航空磁法在地质工作中应用较为广泛,用于以下几个方面的地质效果较好:一是在大片研究程度很低的地区和海上,可用小比例尺的航空磁测研究地质构造。二是许多火成岩和老变质岩都具有磁性,根据磁异常场的特征可以区分并圈定它们的范围,包括在沉积盖层下伏的部分,它们的分布、排列、组合有一定的规律,并且常常可见到一些线形特征。例如,串珠状或雁行排列的局部异常,条带形或弧形的异常带,异常带的错动,异常场区域性特征的线形分界线等,据此可以发现或追索各种断裂、断裂带、褶皱构造等,然后划分地质构造单元。三是沉积岩一般磁性很小,但其下常有磁性岩体组成基底,对航空磁测资料进行定量计算,可以算出磁性体顶面距飞机的高度,减去航高,就可得到沉积岩层的估计厚度,从而圈出沉积盆地的范围,并研究它的特点。

航空电磁法简称航电。主要是音频电磁法,仪器有几十种,可以有多种分类法,如果按工作原理结合工作特点可分为硬架式和直升机电磁系统、异相(虚分量)系统、甚低频和天然音频电磁系统、无限长导线法和土莱尔系统、超导电磁系统5类。航空电磁法常用于找寻良导性矿体、地质填图、找地下水,以及分辨航磁异常。在地质填图、找地下水、解决工程地质问题方面,通过均匀布置的航电测量结果,可以推算出地表(一定深度内)的视电阻率图,有的还可以得出几种深度或几层的视电阻率图,用以填制地质图,研究包括地表覆盖层在内的几层的地质情况。大片的地下水体,充填有水的断裂带,含水的砾石层及褐煤层,采用此法能得到清楚的显示。

航空重力测量从1957年开始试验以来,遇到了许多困难。首先要克服运动着的飞机所产生的扰动,这种扰动的加速度比有意义的重力异常值大10万倍甚至100万倍。其次要做厄缶效应改正(即飞机绕地球飞行时产生的离心力的变化)。这种厄缶效应与飞行速度、航向和所处纬度位置有关。例如,在中纬度地区,当飞行速度为300km/h,东西向飞行的厄缶改正值约1000mGal,南北向飞行的厄缶改正值约130mGal。因此,航空重力法的观测精度不高,而成本较高,除非很特殊的情况,一般还不能大面积应用。半航空的方法是较易实现的,一般将海底重力仪用直升机悬挂在选定的测点上,将重力仪吊落到地面进行读数。在海滨、湖滨、沼泽地区试用已有成效，将来可望在浩瀚的沙漠地区应用。

6. 地质雷达

地质雷达又称为探地雷达，英文简称 GPR（Ground Penetrating Radar），是一种无损的物理勘探设备。1904 年德国科学家 Hulsemeyer 提出了利用无线波探测地面下异常结构的构思，开启了探地雷达方法的最初研究，但直到 20 世纪 50 年代这种想法才得以实现（El-Said，1956）。20 世纪 90 年代以来地质雷达逐渐被应用于环境工程调查、岩土工程勘查、工程质量无损检测、水文地质调查等多个领域（王承强等，2005）。如德国将地质雷达应用于环境工程，对地下垃圾场进行调查，确定垃圾的掩埋深度及厚度（杜树春，1996）；1996 年瑞士在高速公路质量检测中应用了地质雷达（蒋焜，2016）；1999 年吕绍林等在高速公路的建设中进行了大量地质雷达的测试，并分析地质雷达图像特征，对高速公路进行质量评估（宋晓明，2009）。近年来，地质雷达探测以其分辨率高、定位准确、快速经济、灵活方便、剖面直观、实时图像显示等优点，在地质勘探中逐渐发展成为一种地球物理高新技术方法，得到广泛应用，适用于浅覆盖活动构造区隐伏断裂调查以及对第四纪地层层序的划分。

地质雷达是利用雷达电磁波探测地下物质的形态、结构及构造特征的物理设备。地质雷达由主机笔记本电脑、发射与接收电路、发射与接收天线、测距滚轮及光缆组成。地下介质相对均匀时，雷达波的反射很弱，或者几乎没有（晏华平，2016），所获得的波形特征相似（Bristow and Jol，2003）；而在不同介质中，由于介电性差异较大，电磁波的波形、路径以及电磁场强度均不同，雷达波在两种物质界面处发生反射后被接收天线接收，另一部分能量则透过界面继续向下传播，并在更深处的界面上产生反射（张彪，2014），电磁波波形出现不同的特征，体现出反射界面及地质体的结构（薛建等，2008）。主机电脑利用电磁波双程旅行时间及电磁波实际速度来核算距离。因此，记录发射雷达波到接收反射波 - 雷达波的双程时间，就能够得出雷达波在反射时间内的路程，从而求出反射面与天线之间的距离。

前人研究表明，地质雷达波遇到破碎带时会产生波异常现象，地质雷达波从未破碎的岩体传递到破碎带后，电磁波能量发生增强改变，电磁波振幅增大，波形变得紊乱（田洪义，2016）；并且断层带中还容易产生裂隙带，裂隙带可能再次混入不均匀的充填物，介电性加大，断层两侧地层进一步加厚，致使波异常（Malik et al.，2007；薛腊梅等，2010）。在断层破碎带内，岩体遭到破坏，混入泥、地下水等，电性差异较大，雷达波出现绕射、散射，雷达图像中波形杂乱，同相轴错断（肖宏跃等，2008）。

地质雷达探测时，将雷达天线紧贴在实测地面上，沿着测线向前移动。测距滚轮随着雷达天线移动，可以记录地质雷达探测的实际距离。在行进过程中，由控制面板执行发射电磁波命令，地质雷达借助天线将地质雷达脉冲波无损地耦合到地下，反射回来的电磁波被接收天线所接收。其中雷达天线的选择最为关键，要考虑雷达的探测深度和垂直分辨率。垂直分辨率是指垂向上能够区分开两个层的最小距离，其与雷达天线的中心频率成反比，雷达天线的中心频率越高，分辨率越好，但相应的地质雷达探测深度则会减小（表2-1）。

表2-1 不同频率天线的探测深度和分辨率

中心频率/MHz	探测深度/m	分辨率/cm
10	60	200
25	50	100
40	40	50
100	25	25
200~250	12	12.5
350~500	7	5
800	2.5	3
1000	1.5	2.5
1200~1600	1	1.5
2000~2500	0.5	0.8

7. 三分量共振成像技术

自然界中的任何物体都有其自身的固有振动频率。影响物体固有振动频率的因素很多，主要包括尺度、形状、密度、纵波速度以及横波速度等。地下空间中赋存的各地质体也都具有其自身的固有振动频率，如花岗岩、变质岩和砾岩固有频率较高，粉砂岩、泥岩频率较低（王思雯等，2010）。当有一个宽频带的震动传播到该地质体，特征固有频率能量将被放大，通过观测被放大的特征频率信号，对特征频率信号成像，最终获得地下空间的精细成像效果。如果将地下地质体假设成一系列的层状均匀介质，每一个地层等效为一个阻尼弹性系统，一系列的地层将组合成一个复合的弹性系统，通过观测获取该弹性系统的多模态共振频率，由于固有频率与各地质体尺度（层状模型下是厚度）、硬度等因素有关，而硬度与弹性模量有关，地质体的纵波速度、密度、横波速度等参数也与弹性模量有关，所以实际上可以得到固有频率与地质体的厚度、纵波速度、横波速度以及密度等有关。目前，三分量共振成像技术已经在很多地质调查领域中得到了应用，主要包括覆盖层组成与基底探测、熔岩裂隙带/断层破碎带物质组成研究、地下疏松区（或陷落柱、采空区、地下空洞、溶洞等）探测、地层赋水性和导水条件分析、地下构筑物调查、城市地下水和浅层地热调查、垃圾填埋场周边水土污染监测等多个方面，并取得了很好的应用效果。

三分量共振成像的精度要求可以根据所反映的地质体的大小来确定采样间距。一般情况下以2m间距为主，局部构造变化剧烈的地区，适当加密到1m间距。线与线之间的间距一般采用5m间距，根据所反映的地质体的情况，可以采用2m的间距。

活动构造发育区为了查明断裂深浅组合特征，最为有效的方法组合是浅层地震与三分量共振成像相结合，利用可控震源车浅层地震勘探查明 200～2000m 断裂深部结构，采用锤击纵波勘探查明 80～200m 断裂的中部结构，采用锤击纵波勘探查明 0～80m 断裂的浅部结构，三分量共振成像一般可以探测的深度为 0～100m，地震勘探越浅层探测难度越大。为了保证浅层断裂探测的精度，可以采用多种方法组合，如三分量共振成像和高密度电阻率法都是相对比较有效的方法。

三、钻探

利用钻探可连续取心的技术特点，可查明第四纪地层序列，控制基岩顶面埋深与起伏，验证推测模型，研究地质构造，圈定地质体间的重要接触关系，服务于填图。第四纪地层多为松散无胶结或弱胶结的土层、砂层和砂砾层及少量卵砾层。第四系取心钻探不同于普通矿山地质岩心钻探，在钻探工艺方面要求很严，施工难度很大，需要采取多项针对性很强的钻进措施。钻进措施主要集中在以下三个方面：一是采用底喷式隔水单动双管钻具，对钻具的单动性及挡水环与钻头内台阶之间的间隙有严格要求，稍有疏忽就会影响采心率。二是对泥浆质量有严格要求，所用泥浆必须对岩心有很好的保护作用，当钻头钻开地层形成岩心后泥浆能够瞬间在岩心表面形成泥皮，防止泥浆冲刷岩心。同时对泥浆的失水量有严格要求，通常情况下失水量不要大于 24mL/h。三是对操作技术有严格要求，钻遇砂砾层多用复合片钻头，转速适中、压力适中，泵量偏小。对于土层及弱固结泥岩，可采用硬合金或金刚石复合片钻进，转速可适当偏高，泵量适中，压力偏小。取心方法也很重要，通常采用干钻法，若固结紧密也可采用卡簧取心。另外，可以开展多孔联合地质剖面勘探来探测隐伏断层。与浅层地震勘探相比，多孔联合钻探的优势是可以通过钻孔岩心直接揭示地层岩性，甚至可以揭示断层面或断层破碎带。

1. 标准孔

主要目的是建立一个地区地层的划分对比标准，用以进行地层、岩（土）层、水文单元层等划分、对比，地质时代和沉积环境等研究的钻孔，谓之标准孔。标准孔一般应打穿第四系，重要地区建议钻穿新生代地层，全取心且应系统采样进行测试分析，对地层进行综合分析与研究。

2. 控制孔

地质填图过程中，新施工钻孔中控制隐伏地质单位边界、范围和约束物探反演的钻孔为控制孔。

钻探要求全井段套管取心，取心率要求达到 90% 以上，进行综合录井，提交 1：200 综合录井图及完井总结报告。对于回次采心率低于 80% 的井段，在孔附近补采岩心直至达到要求。岩心在塑料内管中一起保存，避免岩心与泥浆直接接触，污染岩心。按要求 50m 校正一次孔深，每百米进行一次测斜，倾角不大于 2°，若超过立即采取纠偏措施，保证整个钻孔的垂直度。要求对每个钻孔开展综合地球物理测井，测井序列至少包括侧向电阻率、自然伽马、井径、密度、自然电位、声波时差。综合地球物理测井采样间隔0.05m，提交1：200综合测井图及测井总结报告。

四、槽探

槽探是开展活动断层定时定位研究，查明活动断层古地震习性，定量获取大地震复发周期及其特征、离逝时间及同震位移量等数据的一种行之有效的方法。在断裂带上利用开挖的槽探，可以比较直观地建立古地震的识别标志，结合相应的年代学测试，进一步可以计算出相应事件的离逝时间和重复间隔，从而探讨古地震在时间和强度上的重复规律，揭示出大地震的原地复发周期及同震位移特征，并用来预判未来大地震中长期时间尺度的危险性，为预防地震灾害决策提供科学依据（Crone，1987；冉勇康和邓起东，1999；邓起东等，2004）。经过多年的探索，槽探技术已经由早期仅仅在方格纸上对探槽壁进行人工素描及关键现象拍照记录，逐步发展成为引进了全站仪和镶嵌数字摄影制图记录，并采用基于图像建模技术构建探槽的三维图像模型，从而使得探槽古地震信息资料记录得更加完整和客观（高伟等，2017）。探槽古地震的识别标志主要包括崩积楔、构造充填楔、断塞塘、断落塘沉积、古砂土液化、不同层位的断距差、断层下降盘的负地形堆积或超覆等标志。

古地震槽探工作流程主要包括前期资料准备、开挖地点选择、探槽施工、野外记录、采样与定年、古地震识别与成果产出等重要环节（冉勇康等，2012a，b，2014a，b）。前期准备工作偏重于基础资料收集、遥感影像综合解译和野外现场踏勘，掌握备选地点附近地区的地层、构造、地形和气候条件等资料，应使用分辨率优于1m的遥感影像资料来确定适合槽探开挖的地点，预选地点地貌应为天然露头，不应该受到人为改造的影响，应对预选地点进行详细的野外踏勘，分析场地条件，排除可能存在的安全隐患，如滑坡和泥石流影响的区域。探槽地点宜选择断层结构简单、堆积连续、堆积物分层清晰，以及有可能采集到年代测试样品的地点进行开挖，宜避开坡度陡峭、坡脚堆积粗粒物质的部位。探槽开挖前应对周围的地形地貌进行详细的测量，测量成图时等高线间隔应根据实际测量范围和相对高差进行适当调整，达到能够清晰反映探槽及其附近区域微地貌形态的特征。探槽的开挖规模、布设和开挖样式应依据断层的性质决定。走滑断层宜先开挖一条跨整个断层带的探槽，根据揭露的断层位置分别平行或垂直开挖组合探槽；逆断层应布设不少于一条垂直断层且跨整个断层带的探槽，在坎前存在复杂地貌或堆积样式的地点宜布设组合探槽；正断层应布设不少于一条垂直断层且跨整个断层带的探槽，在坎前存在地堑等复杂构造部位可布设组合探槽。探槽开挖好后，应该首先使用镐、刮刀和毛刷等进行探槽壁修整，确保平整无浮土覆盖、地层界线和构造变形清晰可辨，砂土层应刮平，清除挖掘刮痕和其他人为印痕，砾石层应确保基本平整。随后建立1m×1m基准网格坐标，重点部位宜加密至0.5m×0.5m，以网格为单位拍照，进行拼接成图，在照片拼解图上勾画地层单元，标注成因类型信息、构造变形和古地震信息、样品信息、化石和特殊堆积物等信息。采集确定古地震事件的年代样品，应对探槽揭露的地层进行逐层采样，优先使用 ^{14}C 测年，其次考虑释光和宇宙核素测年，在采样点和样品存储容器上同时标记并拍照。槽探成果应包括图件、文字和数据入库三部分，数据入库格式按照中国地质调查局数字化填图的有关要求执行，并录入数字化系统。

五、微地貌测量

与活动构造相关的断层坎、阶地位移、冲沟位错等微地貌特征，是研究古地震的重要依据之一。如何准确反映出地震微地貌形态特征及三维空间结构是微地貌测量的一个重要方面。为了获得精确的断层位移量，需要对上述地貌参数进行精准测量，包括垂直断距和水平位移等地形特征。根据地貌特征可采用全站仪、差分 GPS、陆基 LiDAR 和无人机航测等测量手段，也可采用各种测量手段的联合作业模式实施外业数据采集，获得上述地貌特征的精确地貌参数（任治坤等，2007；马超等，2013）。

六、低温年代学研究

新构造与活动构造的定量或半定量研究很大程度上依赖于对地层序列及其时间标尺的确立，获取相对精确的地层年龄和事件的发生年龄是决定新构造与活动构造定量研究程度的最主要因素，也是进行断裂活动性研究、第四纪年代地层格架建立及填图单元确定的基础。目前，用于第四纪年代学测试的主要方法包括放射性碳（^{14}C）、光释光（OSL）、热释光（TL）、铀系法（U）、电子自旋共振（ESR）、宇宙核素（表 2-2）。

放射性碳（^{14}C）：该方法是目前第四纪定年中精度最高、用途最广且最成熟的一种同位素定年法，可用于对所有含碳物质的定年（包括无机碳和有机碳）。应优先采集种子、树叶、小的树枝端部、动物毛发、炭屑、泥炭等富含有机质的砂土等，宜使用小型刮刀采集，使用自封袋或小型透明玻璃瓶进行存储，在潮湿地区样品需要保存在冰箱中，干燥地区样品需要保存在阴凉处。主要适用于对距今 5 万年地质体及地质事件的年龄测定。近年来，随着 AMS 技术的应用，大于 5 万年的定年成为可能。

释光测年法：包括热释光（TL）和光释光（OSL）测年法，测试对象为沉积物中广泛存在的石英和长石矿物。由于热释光信号在沉积物释光测年中的误差和不确定性较大，热释光技术逐渐退出了用于第四纪定年。光释光测年法是自矿物上一次受热或者曝光事件后埋藏至今的时间，时间归零机制相对简单，地质意义明确，已经成为除 ^{14}C 测年以外的首选方法。宜采集有充分"退火"条件的物质，如火山灰、烘烤层、古陶（瓷）片、古砖瓦、风成黄土、湖相砂黏土、河流相细粉砂等，保存时应该避免来回晃动，避免阳光直接照射，尽量放在阴凉处。光释光测年范围为距今 10 万年左右，随着技术的不断更新，测年范围有望达到 20 万年左右。

表 2-2　第四纪年代学测试方法及适用范围

测试方法	测试对象	可测年限/a	地质条件	最小需要量	应用范围	误差率/%	可信程度
放射性碳（^{14}C）	含碳淤泥、方解石、骨骼、碳化木、贝壳等	$0 \sim 5 \times 10^4$	地层断层带充填物、崩积物、钙华	木头、树根、纸张、谷物25g，钙质结核、贝壳、泉华150g，泥炭、淤泥500g，骨头1000g，土壤2000g	断层活动年龄区间、地层沉积时代	1.5～2.5	可信度高，代表真实年龄，但应注意老碳效应
光释光（OSL）	石英、方解石、碳酸钙沉积物、风积物、冲洪积、河湖海相沉积层、冰碛物	$0 \sim 20 \times 10^4$	风成沉积物、地层断层带充填物、崩积物、钙华	风积物（黄土、沙丘砂等）300g，碳酸盐（溶洞方解石、方解石脉）250g，构造-热事件（断层泥）300g	断层活动年龄区间、断层最晚一次强烈活动年龄、地层沉积时代	5～15	可信度高，基本接近真实年龄
热释光（TL）	石英、方解石、碳酸钙沉积物、烘烤层、陶瓷	$0 \sim 1 \times 10^6$	风成沉积物、地层断层带充填物、断层破碎物、钙华	焙烧物（砖、陶片、窑炉等）100g，风积物（黄土、沙丘砂等）300g，碳酸盐（溶洞方解石、方解石脉）250g，构造-热事件（断层泥）300g	断层活动年龄区间、断层最晚一次强烈活动近似年龄、地层沉积时代	40（仅供参考）	可信度一般，作为参考数据使用
铀系法（U）	方解石、火山岩、碳酸钙沉积物	$1 \times 10^4 \sim 1 \times 10^5$	地层断层带充填物、钙华	火山岩、碳酸盐（钙华、钟乳石、石笋、泉华、珊瑚、贝壳）、湖积物、海洋沉积物等100g	断层活动年龄区间	5～10	可信度较高
电子自旋共振（ESR）	碳酸钙类、贝壳、石英、长石、磷灰石、火山灰、石膏	$1 \times 10^3 \sim 1 \times 10^6$	沉积或沉淀结晶物、断层带充填物、断层破碎物、钙华	化学沉积物（石灰质、硅质、盐类）200g，生物化石（珊瑚、贝壳、骨头等）100g，碎屑沉积物（石英长石颗粒）1000g	断层活动年龄区间、断层最晚一次强烈活动近似年龄	20	可信度一般，作为参考数据使用
宇宙核素	碳酸钙类、贝壳、石英、磷灰石	$1 \times 10^2 \sim 3 \times 10^6$	暴露的地质条件	AMS，纯石英200g	阶地、台地、古地震灾害、地表破裂年龄	20	可信度较高，用其他方法校正

不平衡铀系定年法（U）：该方法是以天然放射性铀系中母体与子体处于不平衡状态及子体的不足和过剩为前提，测定年轻地质样品年龄的一种同位素定年方法。铀所产生的

衰变系列包含多种不同元素的放射性同位素，其中可用于定年的同位素包括 $^{230}Th/^{234}U$ 和 $^{234}U/^{238}U$（测年时限在 600000a 范围内）、$^{231}Pa/^{235}U$（测年时限在 10000～120000a）、U-Th/He（测年时限在 0～2Ma）。碳酸盐矿物是铀系测年的主要对象，目前已被广泛应用于珊瑚、洞穴堆积物、年轻火山岩和湖泊沉积物等的定年。其中，用铀系法来测定珊瑚礁的年龄是最为成功的。应用铀系法来测定碳酸盐样品的年龄，可以了解第四纪古气候、古水文及构造地貌的演变，还可以了解断层活动的历史。

电子自旋共振（ESR）：该方法是在热释光（TL）测年的基础上发展起来的，其基本原理与光释光测年类似。测年物质主要为含石英沉积物、碳酸盐类和断层物质等，测年范围为2Ma内，但误差较大。目前，最成功的应用主要是对牙齿和碳酸盐类等盐类物质的应用，解决了一系列考古和地质事件的测年问题。

宇宙核素测年法：包括暴露测年和埋藏测年，用石英作为测年对象，该方法在干旱、半干旱地区陆相碎屑物沉积测年方面有着广泛的应用前景。可以广泛地应用于冰川地貌、构造地貌、岩石风化、侵蚀与风化壳形成，河流侵蚀与搬运过程，阶地、台地以及喀斯特地貌的研究。其有效测年范围可以从几万年至 5Ma，填补了 ^{14}C 测年、U 系测年和光释光测年的空白，是除了光释光以外，更适用于地表过程研究的测年方法。

古地磁测年法：该方法是一种校正定年方法，将实测得到的古地磁序列与古地磁标准极性年表对比后，便可以得出数值年龄，它适用于整个晚新生代的定年。古地磁学研究的重要目的之一是恢复分布于地球之上的各个块体在不同历史时期的古纬度，从而帮助重建地质历史演化过程中的块体之间的碰撞消亡过程。古地磁测年主要依赖于实测极性柱和标准极性柱的对比，同时需要有化石校正年龄或者绝对年龄控制点来保证对比方案的可靠性。

七、第四纪古环境研究

第四纪古环境研究的常用方法包括粒度分析、孢粉分析、磁化率及黏土矿物分析等。

粒度分析：沉积物粒度分布特征是判别沉积环境的一个重要物理标志，粒度分析往往是进行沉积古环境分析的首选方法，以 2 为底指数的粒度分级方法、C-M 图解法、粒度概率图通常是粒度分析的传统方法（Udden，1914；Passega，1957；Sahu，1964；Visher，1969）。随着计算机技术的不断发展和激光粒度仪的出现，粒度分析法不断完善，其中激光粒度分析的优点尤为突出，其测试的粒度范围广、速度快、效率高，能给出一个连续的粒径信息，使沉积物粒度表征方法更趋于科学。所测数据利用 SigmaPlot 软件绘制出沉积物粒度频率曲线、概率累积曲线和粒度众数曲线。根据曲线变化情况，结合地质背景、岩性等相关资料，就可以对测区第四纪沉积环境进行综合分析解释。

孢粉分析：在自然界中，植物对生存环境的反应最为敏感，孢子和花粉由于其个体小，易于保存而成为第四纪古气候、古环境研究的重要代用指标（Sugita，1994；Chen et al.，2006）。目前，运用孢粉重建古气候的方法主要包括主成分分析法、聚类分析法、降趋势对应分析法、多元回归分析法等，以及趋势面分析、转换函数、生物群区和联合指数等。

通过对孢粉数据的研究，建立孢粉－古植被－气候序列，进而推测气候环境演化的过程。

磁化率：磁化率能反映自然界中土壤、岩石、沉积物等物质的磁性特征，可用来分析磁性矿物在环境系统中的迁移、转化和组合规律，还可以利用物质在磁性特征上的联系及其反映的环境内涵研究不同时空尺度的环境问题、环境过程和作用机制（Thompson and Oldfield，1986；Oldfield，1991；Walden et al.，1999）。磁化率在重建污染历史、监测污染区域、评价污染程度、追踪污染源、分辨人类活动对环境的影响、分离不同的污染源等方面也可以发挥作用（张普纲等，2003；闫海涛等，2004；符超峰等，2008）。在土壤研究方面，磁化率可以判断土壤记载的环境变化信息，还可用来研究水土流失的程度。磁化率在黄土－古土壤研究中得到广泛的应用，黄土－古土壤剖面磁化率具有明显的气候指示意义，磁化率的高值对应着暖湿环境，较低的磁化率值对应着冷干环境。

黏土矿物分析：黏土矿物组分变化是古环境、古气候变化的重要指针（Fagel et al.，1994；Stern et al.，1997；Thirry，2000；陈涛等，2003；李祥辉等，2008）。黏土矿物通常包括蒙脱石、高岭石、伊利石及绿泥石等，因形成环境不同而具有代表性。伊利石主要是云母等矿物风化的中间产物，常见于冰川附近的冰碛物中，它的存在表明气候较为寒冷而干燥，当经历了干湿交替环境时，伊利石可能经历伊蒙混层变成蒙脱石。蒙脱石一般是在碱性环境下经脱钾水化作用而成，它的出现同样反映气候较为干燥，但比伊利石要湿润些。绿泥石是层状硅酸盐矿物，它的出现表明气候温凉偏干（Gingele et al.，2001；Winkler et al.，2002）。高岭石类矿物是长石等矿物在高温多雨的酸性条件下形成的，它的出现，反映气候温暖湿润。黏土矿物用来分析气候和环境，重要的是区分黏土矿物是否经历了成岩改造，是碎屑黏土还是成岩黏土，这个需要做系统的电镜扫描分析。

第三章 设计与预研究阶段

第一节 资料收集与整理

在填图前期准备阶段，主要系统收集填图区内地质、地球物理、遥感、地形等资料，完成遥感构造–地层–地貌解译，在野外踏勘的基础上，划分地貌单元与不同类型填图区，完成新构造与活动构造区设计地质图与工作部署图，并确定具体填图方法与技术手段。

一、地理地貌资料

1. 遥感及地理数据

收集填图区及邻区不同分辨率的空对地遥感影像图像，如 Google Earth，SPOT-5 卫星 2.5m 分辨率全色和 10m 分辨率多光谱数据，同时结合 1∶5 万地形图、1∶20 万区域地质图、1∶25 万区域地质图，开展活动构造和构造地貌解译。在几何校正、不同图幅影像镶嵌的基础上，对图像进行线性影像图像增强处理与特征提取，编制典型地段 1∶10000～1∶5000 遥感综合解译图。对研究区断裂形迹，尤其是冲沟发育状况及其对断裂活动的响应特征、断裂控制的拉分盆地的几何结构特征进行判读与解译，重点解译活动断裂的线状地貌特征、沿断裂带年轻地质体和构造地貌的错动标志，如水系、冲沟、河流阶地、冲洪积扇体等的错动、地质体的错动、线状河谷地貌等，编制联测区遥感综合解译图。

2. 地貌资料

利用不同精度的 DEM、激光雷达和差分 GPS 等方面的数据，同时结合遥感影像特征，编制三维遥感影像图。结合不同比例尺地形图校正，通过断层陡坎、河流阶地、冲洪积扇、河流、冲沟、断头沟、断尾沟等各种地貌标志的解译和验证，开展活动构造地貌解译，突出各种地貌标志，编制反映不同地貌的外部形态特征及成因、年代、发展过程、发育程度以及相互关系的构造地貌解译图。

二、基础地质资料

1. 基础地质调查

收集测区内 1∶20 万、1∶25 万及相邻 1∶5 万区域地质填图成果，结合相关区域地质志及岩石地层的研究成果，编制测区区域地质草图，初步厘定测区的填图单元，划分构造格局。根据区域地质草图初步分析区内断裂的活动性、隐伏断裂存在的可能性等，及时发现图幅内存在的相关地质问题，并进行系统梳理。

2. 水工环专题类调查

收集测区及邻区范围内区域构造、水文地质、环境地质、土壤地球化学、地质灾害和活动断裂等方面专题调查的成果报告，初步分析各类山、水、林、田、湖、草等综合自然资源分布的地质背景，编制测区地质地貌图，初步厘定测区的地表生态环境系统及地貌单元。

3. 公开文献

收集测区范围内各类公开文献，详细了解测区基础地质特征和存在的问题，重点收集各种同位素测年、磁性地层柱、古生物特征等年代学数据，以及区域构造格架、区域断裂特征及活动性，建立测区总体年代地层格架及基本构造格架。

三、各类地质勘探资料

1. 地球物理

收集区内重力、航磁及地震资料，分析资料的可利用程度，有针对性地开展测区内重力、航磁资料重处理及解译工作。编制测区布格重力异常图、剩余重力异常图及断裂解译推断图。根据重力资料重处理结果，分析测区内深部构造格局，划分构造单元。断裂解译推断图与收集的相关地震剖面相结合，进一步分析覆盖区内隐伏断裂存在的可靠性。

地球物理测井是利用岩层的电化学特性、导电特性、声学特性、放射性等地球物理特性，测量地球物理参数的方法，属于应用地球物理方法（包括重、磁、电、震、测井）之一。地球物理测井资料提供了地下空间岩性物性变化的规律，是地球物理方法选择的基础。如电阻率曲线存在较大的变化，可以为电法勘探的选择提供依据；声速和密度在纵向上存在较大的变化，可以为地震方法的选择提供充分的依据。

2. 地球化学

对测区内土壤地球化学资料进行详细的分析，依据地球化学元素与岩性的相关性，划分岩性分区，编制覆盖区岩性分区预测图。

3. 钻孔及探槽

钻探资料是了解覆盖区地层结构的基础。重点收集区内水文、工程、地热等相关钻井资料，建立单井综合柱状图、连井对比剖面图，划分区域对比标志层，初步建立测区第四纪沉积单元。

四、工作程度评价

1. 工作程度及存在的问题

通过区域地质资料、遥感资料和多目标地球化学资料，可以了解活动构造发育区地表地质特征，多目标地球化学资料可以辅助刻画第四系覆盖区的岩性分区。同时，利用重力、航磁及地震资料，可以了解活动构造发育区的深部构造分区、构造特征，进而分析深部构造对地表地质的控制作用。

2. 工作程度图编制

对收集到的资料进行归类，综合分析各类资料的可利用程度，编制测区工作程度图。工作程度图除了表达传统的区域地质调查程度（1∶20万、1∶25万）、水文地质调查程度（1∶10万、1∶5万、1∶2.5万等）外，重点应将已有的工程施工位置及剖面线、钻孔的相关信息（深度、分层及标准岩性柱状图）标注在工作程度图上。详细分析地球物理资料是否满足查明目标地质体的需求、钻孔的位置是否代表了测区完成的地层序列和沉积相带，为后续物探工作量和钻探工作量的合理部署奠定基础，争取以有限的经费最大限度地解决工区存在的地质问题，进而以需求和问题为导向开展区域地质填图工作。

第二节　资料数据库建设

一、数据库框架

1. 平台选择

活动构造发育区填图数据整理、汇总和储存贯穿于整个填图过程的各个阶段，对数据库进行规范化管理是构建活动构造发育区大数据智能平台的需要。根据当前地质调查数据结构特征，选择中国地质调查局自主开发的地质云智能地质调查工作平台进行活动构造发育区相关资料数据库建设。该平台由中国地质调查局统一管理，使用地质云账号密码登录。

2. 模块建立

根据活动构造发育区填图的资料需求，建立地质资料、地球物理资料、公开发表文献、基础地理数据、地震、遥感、地貌、钻孔、年代测试和三维建模等资料库模块，规定每个数据集包含的点、线、面要素类，以及属性表、关联表及类别信息。

二、各类资料数字化处理

1. 资料数字化

根据不同模块的地质数据特征对各种数据进行数字化，尤其是大量非结构化数据需要根据地质云平台的格式要求进行数字化和格式化。

2. 数据处理

数据处理是利用地质云平台所提供的高性能云主机来进行数据处理。该平台提供了三维建模物理机、并行计算、空间数据挖掘、智能编图和数字地质调查等类型的虚拟机。云主机均安装了"MapGIS6.7"和"数字地质调查信息综合平台"软件，用来对数据做基础处理；

三维建模（物理机）是真实的物理实体机，有高性能的独立显卡，用来进行三维建模数据处理；空间数据挖掘有两台，其中一台是 Server 2012 的操作系统，另外两台是 Windows7 操作系统，均安装了 ArcMap 软件。

3. 数据资源包创建

对测区所在模块的用户组数据进行罗列，然后选择需要的地质报告和地质图件组成离线资源包，下载后可以在移动端访问。

三、数据服务发布

具有相应服务发布权限的用户可以在固定模块下的"我享有的数据资源目录"下一键式快速发布野外路线服务、非结构化数据服务和三维数据服务。发布的数据可以在相应模块的数据服务页面看到。

第三节 野外踏勘及设计地质图

一、野外踏勘

野外踏勘的主要目的包括：①初步验证资料收集、整理及综合分析结果，对存在的主要地质问题（地层之间的接触关系、隐伏断裂存在的可能性等）进行实地调查，从整体上了解测区的构造格局及地层分布特征；②明确野外地质调查及物探、化探和钻探工程施工的工作重点；③了解测区自然地理概况（是否存在自然保护区）、重大工程设施及人为地理环境，明确物探、钻探、槽探施工的可行性；④对测区内的人居环境进行调查，选择并确定野外调查期间的营地。

野外踏勘执行的行业标准：《区域地质调查总则（1∶50000）》（DZ/T 0001—1991）、《1∶250000 区域地质调查技术要求》（DZ/T 0246—2006）、《区域地质调查技术要求（1∶50000）（DD 2019-01）》。

活动构造发育区野外踏勘应该遵循的基本原则：①每个图幅应有 2 条以上贯穿全图幅的野外踏勘路线。踏勘路线设置应根据覆盖区内的地貌特征合理部署，应穿越代表性的地质体和地貌单元，观察自然露头、人工揭露露头，了解不同成因类型第四纪地层的发育特征、基岩区地层发育特征、基岩区地层与第四纪地层之间的过渡关系，完善测区地质草图；②对于基岩裸露区的踏勘路线应结合遥感解译成果，垂直于地层走向部署，观察地层之间的接触关系，划分沉积旋回，采集岩石样品，进行高光谱分析，建立遥感解译标志，明确遥感解译界线的地质意义，初步建立填图单元；③对于第四系覆盖区踏勘路线的选择，应结合地貌特征，尽量选择冲沟部署，并且以盆地长轴和短轴方向进行十字交叉部署（沉积盆地内地层较为平缓，往往存在不同方向的地层超覆尖灭现象），注意地层之间的接触关系及岩性、岩相之间的横向变化，建立典型剖面点的地层综合柱状图，采集关键层位的年代分析样品；④针对综合分析得出的隐伏断裂带沿线，应该设置追踪踏勘路线，注重地表地质地貌的变化；⑤针对基岩出露区的断裂，应结合遥感解译成果，对重点地段进行踏勘，注重收集断裂的几何学及运动学标志，确立断裂的性质；⑥野外踏勘还需要了解地裂缝、地面沉降、地表沙漠化等与环境地质问题息息相关的要素，考虑图面表达及推广应用的突破点；⑦针对目标地质体开展的钻探、物探工作，踏勘要着重解决地表施工的可行性问题，分析是否存在人文干扰、交通条件、物资供给和安全保障方面的问题。

1. 地形地貌特征调查

1）自然地理及交通状况

实地勘查测区自然地理及交通情况，以及人文习俗等特征。自然地理调查包括测区总体地形地貌、温度、湿度、地表植被、水系与水体、自然保护区或特别管理区、人为改造和建筑物等特征。交通状况调查主要针对卡车、越野车、挖掘机及震源车等不同种类交通工具的可通行情况，以便于后期探测手段选择和施工位置的部署。人文习俗调查需要考虑当地民族或民俗习惯，确定野外基地位置和建造方式。

2）遥感影像标志野外验证

对建立的所有色调（彩）、形态、影纹结构、地形地貌和水系等解译标志进行野外验证，确定标志的准确性。遥感影像解译标志的野外验证无须按照固定路线展开，但需要覆盖所有遥感影像解译标志。

2. 填图单位建立

1）实测剖面

对于地表出露条件较好的地层，应选择代表性地段进行重点踏勘与实测，建立该地层的总体格架和层序特征，采集古生物和必要的年龄样品，进行鉴定和测试，初步建立地表出露地层的填图单位。

2）标准孔

对于被地表覆盖层掩盖的第四纪或新生代地层，为了建立测区整体地层格架和沉积过程，需要根据测区的地质背景和研究目标，选择钻探深度，建立标准孔。标准孔至少需要钻穿第四纪或新生代地层，从而初步建立测区深部三维地质格架的填图单位。

3. 构造格架建立

1）遥感解译野外验证

对遥感解译地质图的所有地质单元和线性构造进行野外验证，确定各种地质单元的地质地貌特征和物质组成，采集典型年代学和其他测试样品，进一步完善遥感解译地质图，确定测区总体地质体分布特征。

2）主干地质路线

根据遥感解译地质图，选择穿越路线，踏勘不同地质单元之间的接触关系、先后次序和基本时代，以及主要活动构造带或构造地貌标志的叠加改造序列，从而建立测区总体构造格架和演化过程。

二、填图方法组合试验与选择

根据测区不同地质地貌单元的发育特征，开展遥感、物探、化探和钻探技术方法试验，针对主要目标任务和不同方法的试验结果，选择有效的填图方法组合，对于某些简单可操作的试验可以优先开展，比如比较容易实现的地质雷达探测、三分量共振成像和槽型钻钻探，在条件允许的情况下，也可以开展部分物探对比试验研究。

（1）遥感融合解译与槽型钻验证相结合。利用遥感融合解译划分岩性单元，对不同的岩性单元采用槽型钻钻探进行验证，查找二者之间的吻合程度。

（2）以已知钻井为中心，做三分量共振成像及地质雷达探测十字剖面，并震结合，分析三分量共振技术在填图区的适用程度，标定不同岩性的反射特征，建立填图区合理的解释模型。

（3）三分量共振成像和高密度电法所能探测的深度基本相同，可以以已知井点为中心，分别做试验剖面，优选合适的方法开展地下100m空间的探测。

三、设计地质图与工作部署

1. 设计地质图

设计地质图是活动构造发育区预研究阶段的主要成果。

设计地质图编制的依据：①1：20万、1：25万区域地质资料；②重力资料重处理解译的相关图件，重点包括布格重力异常图、剩余重力异常图和断裂解译推断图；③磁法资料重处理解译的相关图件；④收集的其他地球物理资料，如地震剖面、电法剖面；⑤工程地质、水文地质、矿产地质及石油地质相关研究成果；⑥遥感综合解译图；⑦野外踏勘相关成果；⑧公开发表的文献。

设计地质图的应用：①设计地质图是野外地质调查路线规划、工程施工部署的基础；②通过设计地质图分析测区存在的主要地质问题，以问题为导向，选择合理的解决手段，确定工作的重点区域。

2. 工作部署

本次活动构造发育区1：50000填图主要是以图幅为单元进行填制，为了搞清第四纪地层分布及活动断裂带的整体活动特征，建议采用连片部署、分幅实施的原则，合理部署物探、钻探工作量。

1）地表地质填图工作部署

基岩裸露区：按照《区域地质调查技术要求（1：50000）（DD 2019-01）》部署填图路线。路线总长度、路线间距不做具体要求，以解决地质问题、控制有效地质体精度为目的，合理部署工作量。野外手图采用符合精度要求的航空、卫星等影像图。路线布置原则上必须符合客观实际，具有可操作性，路线的稀密根据地质复杂程度而定，不平均使用工作量。对重点工作区，填图路线应适当加密，地质观察点也要适当加密，填绘1∶10000，甚至1∶5000区域地质图（表3-1）。基岩路线调查中，要重视各类沉积构造的测量，如砾石产状、斜层理产状、交错层产状等，注重岩性、岩相的变化，为沉积旋回的划分及岩相古地理图的编制奠定基础（表3-2）。

表3-1 基岩区填图观察路线要求表

编号	名称	技术要求	工序类别	主要操作内容及要求	控制点	注意事项
1	例行记录	明确	一般	责任人、工作日期、天气、地点、路线性质、名称	分工明确、清楚	
2	定点	准确	较重要	地质体界线、岩性岩相界线、断层线、褶皱轴、矿点、化石点及重要取样点等	准确	
3	观察与记录	认真、全面、详细、通顺	重要	点号；点位；点性；路线地质；记录内容；岩性、岩相、层序、接触性质、构造、产状、变形、蚀变、矿化样品、航卫片影像特征等	全面、详细	点间观察与记录
4	手图	要素齐全、客观美观	重要	地质点和地质路线；地质体、界线、产状、代号；矿点、化石、样品位置及符号；构造线及产状等	要素齐全	与记录、信手剖面一致
5	素描与照相	有重要意义	较重要	地层不整合；岩体侵入关系；主要构造变形现象；沉积构造现象，古生物生态现象；特殊地貌；矿化蚀变现象等	有意义	照片登记
6	采样	有意义和代表性	较重要	样品编号；种类：标本、光薄片、化石、硅酸盐、矿产化学样、人工重砂、同位素、稀土、微量元素等	代表性、有意义	规格、重量等符合要求
7	信手剖面	要素齐全、美观	一般	自然地形线；岩性分界线；地层分界线、构造线；点位；岩性层位、注记；化石、样品点位；地质体产状等	要素齐全	
8	路线小结	内容齐全、综合总结程度较高	较重要	地层；构造；矿化、存在问题等	内容齐全	及时进行
9	自检及整理	自觉认真	较重要	在PRB库中进行自动检查，做到有错立即改正，各类样品结果批注于图幅PRB库中	依据充分、到位	

半基岩裸露区：指第四系覆盖层零星分布，基岩地层多出露在沟谷体系中的地区。该类填图区填图路线的部署主要依靠遥感解译成果，以部署遥感验证路线为主。验证路线的部署参照基岩裸露区地层的出露情况，与基岩裸露区穿越路线基本平行。通过验证路线的野外填图，重点揭示第四纪地层与基岩地层之间的接触关系，查明重要的不整合面出露情况。对于重点观察点，建立典型的柱状综合剖面，剖面的比例尺根据地层出露的实际情况

表 3-2 陆相沉积相各类沉积特征统计表

相类名称		岩石特征	晶粒结构	分选	圆度	常见层理和构造	层面特征	常见生物化石	旋回韵律特征
冲积相	冲积扇	砾岩及砂泥岩，常见氧化条件下的红色泥岩及花斑，"扇根"粗，多为泥石流，"扇中"中，砂泥岩互层，"扇端细"	砾石角砾较多	较差	棱角次圆	冲刷、充填构造，泥砾构造，花斑构造及压扁状构造	底部多冲刷面	植物根碎片等	正韵律
河流相	河床相	砂砾岩	粗砾	差-中	差-次圆	大型板状交错层理，槽状交错层理，波状变形层理	底部多冲刷面	富含炭屑及植物根茎	多旋回正韵律
河流相	点砂坝	砂泥间互层	细-粉砂	差-中	圆-次圆	大型板状交错层理，槽状交错层理，波状变形层理及水平层理	层面波痕	树干、树叶，多植物化石	正韵律
河流相	河漫滩沼泽	泥岩为主，砂岩颗粒细，沼泽多为碳质泥岩，见钙质结核及团块	粉砂	中-好		变形、断续波状、水平层理，钙质结核	泥裂虫孔	植物较多，见炭屑	正韵律
河湖过渡相	三角洲	深灰色粉砂岩-细砂岩，砂岩多为长石砂岩，钙质胶结	粉细砂	中-好	圆-次圆	小型交错层，波状、变形层理，负荷构造，透镜状生物扰动构造	掘穴虫孔泥裂	植物根较多，有时见介形虫	反旋回韵律特征
湖相	滨浅湖相	粉细砂岩与泥岩间互层，夹薄层灰岩、鲕粒灰岩、钙质页岩	砂岩多粉粒，石灰岩为鲕粒、团球粒	中-好	次圆	水平、波状、互层层理，球粒状、透镜状、压扁状构造	干裂波痕多	介形虫类	反旋回韵律特征
湖相	半深湖深湖相	油页岩、深灰色泥岩夹薄层泥灰岩	泥晶、细粉晶结构	较好		以块状层理为主，可见水平层理	一般比较平整	介形虫类半咸水生物	

而定。在活动构造发育区，该类填图区显得尤其重要，因为在覆盖区通过地质点的观察仅仅能观察到第四纪地层岩性、岩相变化特征，在基岩出露区仅仅能观察到基岩的地层序列，而该类型地区是查明新构造与活动构造过渡关系的重要地区。在野外路线调查过程中，岩石地层资料的收集一方面要查明基岩地层的序列，是否存在地层的剥蚀，另一方面要查明

第四系覆盖层的纵向变化特征、横向对比关系。构造资料的收集要注重第四系覆盖层与基岩之间的接触关系，同时要注重是否存在活动构造形迹。

第四系覆盖区：采用主沟与支沟相结合的调查思路，沿沟布置填图路线。地质点间隔以岩性、岩相的纵横向变化为依据，在岩性、岩相变化较快的地区，每个变化点都要进行定点描述。对每个地质点建立完整的地层柱，划分沉积旋回，搞清各套地层的接触关系及区域分布特征。对有砾石发育的地质点要进行详细的描述，统计砾石的成分百分含量、砾石的磨圆度、分选程度、砾石的最大扁平面倾伏向。每个点的统计数据不低于20个，针对每个地质点制作砾石百分含量图、砾石古流向图。针对典型地层进行合理采样，利用^{14}C和光释光测年，厘定各套地层的年龄，建立测区完整的地层序列。对于支沟之间的地层，参照遥感解译结果，布置一定的追踪路线，搞清全新世风积层、湖积层的分布范围。同时，采用物探与钻探相结合的方法，确定覆盖层之下的地层特征。对于盆地腹部地表水系不太发育的地区，采用槽型钻钻探代替地质路线。槽型钻的深度一般为3~5m，井点之间的间隔500~800m，在地质界线附近，适当加密，无限逼近地质界线。

2）钻探工作部署

钻探工作部署分为机械钻探和槽型钻钻探两类。

根据资料收集情况，结合区域沉积特征，大致刻画测区第四纪沉积相带分布。机械钻探工作部署以沉积相带为单元进行部署，每个沉积相带一般部署钻井1口，进行全井段取心，对岩心进行详细的编录，注重岩性、岩相的变化，划分沉积相、沉积旋回，精细刻画沉积微相，编制钻井综合柱状图。对重点层段进行年代学样品采集，对全井段进行粒度、地球化学及孢粉等分析样品的采集。针对每口井开展综合地球物理测井，测井曲线至少包括自然伽马、自然电位、电阻率、密度、声速及井径曲线。钻探的目的是一方面了解第四纪地层的岩性特征，另一方面通过地球物理测井获得的物性数据，为地球物理方法的选择及剖面的标定提供依据。槽型钻钻探可以在第四系覆盖区辅助进行地表岩性、岩相边界线的确定，一般按照1：50000工作精度的要求，按照点线部署，点间间隔500~800m，线间间隔500~800m为宜，对地质界线附近的点，点间间隔可以加密到100m。

3）物探工作部署

活动构造发育区填图部署物探工作目的主要包括三个方面：①基岩裸露区断裂的深部特征，如断裂的产状、性质及影响宽度；②第四系覆盖区隐伏断裂除了要搞清断裂的深部特征外，还要查明断裂上断点的位置，开展断裂准确定位；③查明第四系覆盖区地层结构，特别是第四纪地层结构。针对这一目标任务，部署物探工作量以地震勘探为主。

地震勘探部署的具体要求：①基岩裸露区垂直断裂迹线部署，以断裂迹线为中心，向两侧各延伸2~4km，以常规地震勘探部署为主，探测深度要求地表以下40m至基底；②第四系覆盖区以垂直于隐伏断裂迹线部署，横跨整个第四系覆盖区，纵波勘探与横波勘探相结合，纵波勘探要求查明地表以下40m至基底，横波勘探要求查明地表至地表以下100m（0~100m）。

另外，为了节约成本，对于第四系覆盖区隐伏断裂上断点的勘探可以首先采用地质雷达和三分量共振成像进行勘探部署。地质雷达的勘探深度一般为 0～30m，三分量共振成像的勘探深度一般为 0～100m。勘探线的部署以垂直隐伏断裂迹线两侧 2～4km 为宜，可以先做 2～3 条试验线，如果效果较好，可以达到预期目的，则沿着隐伏断裂迹线每隔 20m 部署 1 条线。为了建立三维地质体，沿着平行断裂迹线的位置也要部署一组勘探线，勘探线的间隔以 50m 为宜。

4）槽探工作部署

按照国家生态文明建设的需求，地质勘探必须践行绿色理念，强化环保意识，走绿色勘探的道路。因此，槽探工作的部署必须以保护自然环境为前提，在环保允许的情况下，合理部署。

槽探工作是活动构造发育区揭露地质界线、断裂构造形迹的主要手段之一。槽探工作部署以地震剖面探测到隐伏断裂的上断点位置附近为准。根据浅层地震剖面确定的断层的方位、倾向和倾角，计算出断层上断点在地表的垂直投影点和断层按倾角延伸至地表的出露点，据此确定断层下盘探槽的最小开口宽度；再由探槽开挖深度和断层倾角计算出断层上盘探槽开口的最小宽度。开挖后利用人工削铲，对探槽壁进行修平削光，然后使用白色细线进行 1m×1m 探槽剖面两壁挂网，对槽壁按网格分区逐格拍摄数字照片，利用计算机软件进行单片正射校正和镶嵌组合，制作成比例尺为 1:20 的彩色正射镶嵌图，作为素描底图。在充分理解地层沉积和断错过程的基础上，识别古地震遗迹，确定古地震事件期次，进行素描和地层描述。探槽素描的比例尺一般为 1:100～1:50。按照比例尺，在探槽素描图上凡宽度大于 1mm 的地质体均要划分出来反映在图上。图上产状的标注，原则上要尽量标注在图内，如果图面内容较多，相互影响较大时，可以引注在槽壁和槽底图之间的间隔处。根据古地震事件的定年需要，在符合样品采集技术要求的层位上，采取光释光和 ^{14}C 年龄样品，优先采取 ^{14}C 年龄样品。

根据绿色勘探、保护环境的需求，在不能实施探槽的地区，可以适当地考虑以钻代槽，寻找断层的上断点。根据浅层地震剖面解译结果，确定隐伏断裂上断点在地表的位置，然后通过近距离多个钻孔联合勘探，结合孔间岩心连井综合对比分析，可大幅提高隐伏断层探测的定位精度，准确把握上断点埋深或埋深区间。每个钻孔剖面都横跨于浅层地震勘探测线确定的断层之上，剖面线长度控制在断裂迹线两侧 50m 范围内。剖面线两端钻孔的设计深度一般以 100m 为宜，从两端向中间根据明显标志层的深度合理设置，以钻穿明显标志层为目的，有利于钻孔剖面的横向对比。钻孔的部署从剖面线两端开始，依次类推，逐步缩小井间区间，直到准确判定出断层上断点在地表准确投影位置和上断点埋深为止。具体的实施步骤可以参照《银川市活动断层探测与地震危险性评价》中主要隐伏断层钻孔联合地质剖面探测（柴炽章等，2011）。

根据工作部署的需求，以设计地质图为基础编制工作部署图。工作部署图要明确主要施工工作量部署的依据，要解决的地质问题，达到的地质效果以及施工工作的精度。可以将每项工作的具体要求表达在主图轮廓外。

第四节　设计书编写

设计书是根据中国地质调查局下达的任务书及参照有关规范技术要求，结合测区的具体情况制定的工作方案。经过专家审查认定后的设计书是进行野外地质调查、野外质量检查、年度质量检查、任务完成状况检查和验收评价各个阶段成果质量的主要依据。

活动构造发育区设计书的编写，参照1∶50000覆盖区区域地质调查的提纲，主要突出前期准备与预研究、野外填图与施工、综合研究与成果出版三个阶段。具体的设计书编写提纲如下：

第一章　绪论

1. 简要叙述所属工程、项目名称，组织实施单位，项目负责人，任务书要求，调查区范围及面积，项目工作起止时间。

2. 首席科学家、主要填图人员及单位。

3. 简述自然经济地理概况和交通情况（含交通位置图）。

4. 地质地貌特征。

第二章　目标任务

1. 问题与需求。重点梳理填图区存在的重大科学问题，进行需求分析。

2. 总体目标任务。按照突破性目标、调查研究目标、科学创新目标、科学普及目标、找矿成果或重要报告目标、信息化推进目标、平台建设目标、人才团队培养目标，逐一落实。

3. 年度目标任务。参照总体目标任务的格式编写，年度目标落实具体、可考核。

第三章　资料收集与预研究

1. 前人调查概况。系统总结测区及相邻地区区域地质调查的历程。

2. 资料收集分析利用。系统收集测区基础地质、工程地质、水文地质、矿产地质、环境地质、石油地质、地球物理、钻探等方面的内部资料及公开发表资料，分析资料的可利用程度，编制工作程度图。

3. 填图单位及划分依据。根据收集的1∶20万区域地质图、1∶25万区域地质图及相邻区域1∶5万地质图，编制区域地质草图。结合野外踏勘结果，厘定测区填图单位，介绍地层基本情况。

4. 设计地质图。结合区域地质资料、遥感综合解译资料、地球物理资料、钻探资料，结合野外勘探结果，编制设计地质图。

5. 存在的主要地质问题。依据设计地质图，分析测区存在的主要地质问题。

第四章　调查内容及方法

1. 技术路线。按照资料收集与整理、野外填图与施工、成果总结及出版三个阶段，编制技术路线图。

2. 调查内容。针对活动构造发育区区域地质特点及生态文明建设的具体要求，细化基岩裸露区、半基岩裸露区及第四系覆盖区调查内容。

3. 调查方法。针对活动构造发育区特点，开展调查方法有效性及精度分析。

4. 参照标准。叙述野外地质调查、遥感地质解译、地球物理施工及钻探施工参照的主要标准。

5. 精度要求。针对地质路线、地质体描述、采样要求等，提出详细的精度要求。

第五章　数据库建设

1. 地质图空间数据库建库流程。

2. 前期数据准备工作。

3. 原始资料数据库建设方案。

第六章　工作部署

1. 总体思路。介绍部署的指导思想、总体原则。

2. 工作部署。分总体工作部署和年度工作部署进行详细阐述，提出工作部署主要依据，预期目标及具体工作部署情况。

3. 实物工作量。调查面积、地质剖面实测、地球物理勘探、钻探施工及分析化验测试等主要工作量。

4. 进度安排。进度安排细化到月，按照季度提出预期目标。

第七章　预期成果

1. 预期成果。主要提交的成果图件、地质研究报告、专题研究报告、资料数据库、人才培养及团队建设成果。

2. 图面表达方式。针对活动构造发育区特点，提出成果表达的具体方式。

第八章　绩效目标

1. 总体绩效目标。

2. 年度考核目标。

第九章　质量安全保障措施

1. 人员组织及专业结构。

2. 质量保障措施。

3. 安全保障措施。

第十章　预算及编制依据

按照国家有关预算与财务制度等规定编制项目总经费预算和年度预算，以及预算说明。

第十一章　附图

工作程度图、遥感解译图、构造地貌图、设计地质图、工作部署图。

第四章　野外填图与施工阶段

第一节　野外地质填图

针对活动构造发育区特点及图面表达内容，按照第四系覆盖程度及调查目标对象将填图区划分为基岩裸露区、半基岩裸露区、第四系覆盖区、构造地貌-活动构造区和专项地质调查区。基岩裸露区、半基岩裸露区及第四系覆盖区主要是按照第四系覆盖程度进行划分，构造地貌-活动构造区及专项地质调查区主要是按照调查对象进行划分。基岩裸露区调查目标对象为古近纪—新近纪地层接触关系、地层充填序列及沉积环境；半基岩裸露区调查的对象为第四系与基岩的接触关系；第四系覆盖区调查的对象为第四纪地层层序、年代地层格架及形成演化；构造地貌-活动构造区主要调查的对象为活动断裂、台地、阶地及古河道等与活动构造相关的地质要素；专项地质调查区因地质地貌特征、自然地理环境的不同而目标不同，如环境地质背景调查、旅游地质背景调查、城市和工程地质背景调查等。

一、地表地质调查

1. 遥感解译验证

对每个遥感解译识别出的冲积扇、阶地、水体等地质体进行验证，圈定上述地质体的实际边界，查明其物质组成；对遥感解译的断层坎、断头沟、断尾沟等构造地貌标志进行野外实地验证，确定其几何学和运动学特征，并精细测量其地形参数。

2. 实测地质剖面

填图区内至少部署1条贯穿古近系—新近系全区控制性地质构造剖面，根据实测剖面长度选择合理的比例尺精度，对重要地质界线及地层接触关系要着重表示。测制沉积剖面的目的是了解古近纪—新近纪沉积序列的岩石组成和结构构造，正确建立调查区古近纪—新近纪岩石地层层序，按照岩石组合类型、沉积充填序列、盆地充填过程三个方面合理划分正式和非正式岩石地层填图单位。在剖面上要详细分层，逐层进行岩性描述，寻找和采集大化石和微体化石样品。系统采集岩石薄片、粒度分析、重矿物、碎屑锆石测年及古地磁年代学研究样品，用宏观和微观相结合的方法测量和研究地层中的各种沉积构造。对于特殊沉积构造层位，应重点进行描述。砾岩层要描述砾石的磨圆度、成分、分选性、排列方向、表面特征，统计砾石成分百分含量，测量砾石最大扁平面产状。砂岩中交错层理要注意观察交错层系形态（槽状、板状）、前积层与层系底面交切关系、交错层中沉积物分选性及粒度变化，测量层系、层系组厚度，交错层细层最大倾角、倾向及层系组产状。在剖面测量中，还应该注重收集不同层位古水流方向证据，如交错层理、斜层理、底面构造、顶面构造等。交错层理的古水流方向必须通过两个不同方位的断面观察，确定交错层类型和层系内前积纹层的最大倾斜面；不对称波痕较陡的一侧指示古水流方向；槽模呈辐射状散开的一端指示水流方向，突起一端为迎水方向。由于古水流方向对于研究物源的变化、沉积环境十分重要，测量的数据越多，古水流方向越可靠。

第四系覆盖区主要指活动构造发育区发育的一系列山间盆地，与东部平原区相比，共同特征是完全被第四系覆盖，未见基岩出露，但盆地内冲沟比较发育，山前发育多期叠合扇体。在全面进行野外填图以前，首先要进行地质剖面实测。第四系覆盖区一个图幅范围内至少应该部署一条贯穿全区的控制性地质构造剖面，涉及不同成因类型、不同岩性岩相单元、系统全面地反映全区地质构造特征。实测地质剖面应该以天然冲沟和人工采坑为基础，充分利用前人的钻孔及物探剖面资料，剖面线以垂直于盆地边界线与造山带为宜。测制第四系地质体剖面的目的是查明第四系地质体种类、物质成分、厚度、成因类型、地层接触关系和分布范围；研究第四系地质体与地貌类型的关系，根据物质成分及其所处的地貌部位划分填图单元，建立堆积层序；调查第四系可能赋存的矿产和古风化壳；研究各类第四系地质体形成时期及其与年代地层对应关系；在剖面上要详细分层，逐层描述并选择性采集 ^{14}C、光释光、宇宙核素、孢粉、地球化学、黏土矿物分析等样品，^{14}C、光释光、宇宙核素测年主要是为了建立第四纪年代地层格架，孢粉、地球化学、黏土矿物分析主要为了研究第四纪古环境的需要。

3. 路线地质调查

基岩裸露区地质路线部署以穿越路线为主，路线间隔 500～800m 为宜。但在重点构造带仍以遥感解译为基础，采用追踪路线的方法。对于地层不整合面、重要的地层界线附近应适当部署追索路线，追索地层不整合、重要地层界线的横向变化。在野外路线调查过程中，要注重岩石地层资料、生物地层资料、构造资料的收集，并采集岩石薄片、重矿物分析、碎屑锆石年代学测试等相关物源分析的样品。岩石地层资料的收集一方面查明岩石地层单位的基本层序、不整合面、对比标志层及异常沉积事件等的横向变化；另一方面对各条地质调查路线上的砾石特征、沉积构造等按照实测剖面要求做系统收集与测量。路线上生物地层资料收集的目的是查明生物带的区域变化规律，并为解释和恢复古环境提供基础依据。构造资料收集要注重褶皱两翼、枢纽产状、断面倾向、倾角及相关擦痕数据。野外地质观察点布置以能有效控制各种地质要素为原则，通常布置在重要地质界线、重要构造线、标志层、异常事件沉积层，地质点密度根据地质情况复杂程度及地质内容而定。

第四系覆盖区路线部署结合遥感资料解译成果，以沿着天然冲沟穿越为主。填图路线间距一般是基岩区路线间距的两倍，以控制地质、地貌界线，建立第四纪地层层序、年代地层格架，查明岩性、岩相纵横变化和空间分布为目的。在野外路线调查中，第四纪地层形成序列的建立尤为重要。对于空间分布连续地层，可以根据地层之间的接触关系来确定地层的新老顺序。对于空间分布不连续的地层，可以通过地貌学方法和岩石地层学来确定地层之间的新老关系。根据地貌形成和发展的阶段性来确定组成各地貌单元沉积物形成的前后顺序，如在构造上升地区（如河谷区），位置越高时代越老。野外地质观察点一般部署在地层、地貌特征的分界处，观察点间的间距一般遵循1∶50000填图准则，以500m间隔为宜，点与点之间不仅要记录岩性、岩相变化，还要注重地层厚度变化。野外观察记录要点包括岩性、成因类型、含矿性、生物化石、新构造与活动构造表现、地貌描述及采样。对不同岩性沉积物，应该描述观察其厚度、产状、颜色、结构、构造及变化，对于砾石沉积应作重点描述，描述砾石的磨圆度、岩石成分、分选性、排列方向、表面特征（是否存在擦痕），统计砾石成分的百分含量，测量砾石最大扁平面产状，每个观察点一般测量数据20~30个。观察沉积物厚度变化，如有尖灭现象，应查清尖灭方向，对地层中的透镜体夹层应测量其厚度、延伸方向和长度。根据第四纪沉积物岩性、结构、构造及所含动物、植物化石，并结合地貌特征划分成因类型。如风成黄土、风成与水成过渡区黏土质粉砂、粉砂质黏土。查明泥炭、高岭土、硅藻土等矿产的产状及分布情况，并采集相关样品。注意寻找哺乳动物化石，按照有关规定采取微体古生物样品。从阶地结构特点、夷平面变化、第四纪变形以及地形切割强度等方面研究新构造与活动构造。描述第四纪沉积物时，必须指出与地貌的关系，同时记录相对高度和绝对高度，以便与前一个点相对比。

4. 槽型钻

由于后期人为改造对覆盖区浅层地表地质体的改造非常明显，为了认清地表地质体的真实物质组成和地质特征，针对目标地质体，尤其是全新世河流、湖泊沉积体系的变迁，开展2~5m槽型钻施工，从而了解测区表层地质体的地质特征和分布范围。槽型钻施工需要详细记录周缘地理地貌特征、岩心物质组成、含水性和化石组成等特征，并根据各种特征判断成因类型。

二、第四纪沉积结构调查

第四系沉积覆盖区一般人工露头剖面较少，即使有部分冲沟，切割深度也不大，很难完整揭露填图区第四纪地层结构，钻探是揭示覆盖区第四纪地层结构的有效手段。为了查明测区第四纪地层横向变化，采用标准孔与控制孔相结合的部署思路，标准孔需要采用有效的测年手段（古地磁、光释光、^{14}C、宇宙核素）和必要的环境学分析手段（磁化率、色度、地球化学、黏土矿物分析），建立标准的年代环境综合柱状图，完整地反映填图区第四纪沉积充填记录、年代地层格架和环境变迁过程。采用标准孔与控制孔相结合的连井对比，建立地层的横向对比关系，能够基本上查明覆盖区的第四纪沉积结构及横向变化。

1. 钻探

1）标准孔

为了全面了解测区第四纪沉积结构，每幅图至少需要1个标准孔。标准孔必须打穿第四系，并且全孔取心，全孔和单回次取心率不能低于90%。标准孔需要系统采集磁性地层、年代学、孢粉、古环境、粒度分析等方面的样品，从而建立图幅的整体第四纪地层格架和沉积过程。

2）控制孔

控制孔的目的是建立测区第四纪地层的整体横向变化特征，一般选择垂直第四纪地层走向的方向实施至少2个控制孔。控制孔的探测深度根据标准孔建立的地层单元来确定，一般需要打穿测区的重要沉积界线或关键地质体。控制孔也需要全孔取心，并对关键地质体和特殊岩性层采集年代学和其他相关岩石样品。

2. 物探

1）浅层地震

活动构造发育区浅层地震勘探的主要目标是确定活动断裂的深部特征及近地表上断点的位置。因此，用单一的地震施工方法很难达到目的。通常采用可控震源车与人工重锤相结合的纵波勘探，结合浅层横波勘探，在处理过程中要采用最新的处理方法，实现深、浅部地震数据统一拼接处理。

2）可控源音频大地电磁测深

针对测区主要含水层或区域构造边界带等探测目标，可以采用可控源音频大地电磁测深进行调查，从而建立测区第四纪地层中含水层的分布特征和构造边界。

3）瞬变电磁

瞬变电磁技术的施工效率高，纯二次场观测以及对低阻体敏感，对深部水文地质特征反应敏感，而且在高阻围岩中寻找低阻地质体也是最灵敏的方法，且无地形影响。

4）地质雷达

针对第四纪地层厚度小于30m覆盖区可以选择地质雷达的方法进行探测，要求地表没有高压线和风车等干扰源。地质雷达探测可以根据探测深度选择相应功率的探测器，对于活动断裂、基岩深度、含水层、潜水面、溶洞等地层结构具有很好的效果。

5）三分量共振成像技术

三分量共振成像技术对于解决100m以浅的第四纪地层结构具有较好的效果，特别是对于黄土塌陷、岩溶塌陷区、冲积扇体以及古滩涂的内部结构都有较好的预测作用，是目前地表浅层结构勘探服务于生态文明建设的一种比较有效的物探方法，具有绿色物探的美称。

3. 地质、钻探、地球物理联合剖面

一个联测图幅范围内，一般应有1～3条贯穿全区的控制性地质–钻探–地球物理联合剖面，系统全面反映区域地质构造特征，剖面应尽可能垂直地质构造线方向。钻探工作应在地球物理勘查工作基础上合理部署，包括标准孔和控制孔，地球物理勘探方法的选取需要兼顾控制格架和控制浅层结构。

三、构造地貌及活动构造

活动构造发育区填图以1:50000区域地质图为基础，突出与活动构造相关要素的表达。构造地貌–活动构造区主要是指在遥感解译的基础上，圈定的与活动断裂相关的要素分布，该类地区野外填图路线以追索、验证路线为主。

1. 遥感解译及 DEM 数据处理

根据各种线性影像标志和地貌特征，解译出活动断裂可能发育位置，尤其是切断第四纪台地、冲积扇、阶地和河流等地貌标志的线性构造，并通过地质体或地貌单元的时代，初步确定活动断裂的活动期次，并选定野外重点调查区域和验证点。

2. 数字地貌野外数据采取

根据遥感解译和野外验证确定的活动构造，需要进行微地貌测量及地形剖面测量。微地貌测量可采用激光雷达、差分 GPS 和无人机航拍等方法进行关键地区的平面特征测量，对于地形剖面测量可采用激光测距仪或 GPS 进行测量。从而可以获得活动断裂精确的地貌参数，如垂直和水平位移、冲沟拐弯距离等。

3. 地貌类型及基本要素调查

1）阶地

开展河流地貌演化与活动构造关系调查。系统测量河流阶地并采集相关样品，调查不同河段河流阶地级次、拔河高、形成时代，研究河流溯源侵蚀过程与高原隆升关系。尤其需要分辨并填绘出河流主河道与支流阶地之间的关系。样品采集根据阶地级数选择相应的测试方法，一般而言，低阶地（＜4 级）可采集 ^{14}C 或光释光样品，高阶地（＞4 级）只能采集 ESR 或宇宙核素样品。

2）台地

台地代表了早期大面积分布的冲洪积扇或平原堆积，不同台地面的高差，反映了活动构造特征。需要调查不同台地面高度、物质组成、物源方向和形成时代，尤其是不同高度台地面之间的关系，是否受活动构造影响，需要野外关键剖面加以确认。并对不同高度的台地面采集合适的年龄样品。

3）冲积扇

冲积扇一般沿山前分布，往往与活动断裂密切相关，通过冲积扇扇面上的线性构造可以很好判断断裂活动性。所以需要详细调查冲积扇的形态、物质组成、形成时代、扇体迁移方向和多期次扇体叠加关系等方面的内容，尤其是扇体形态与活动构造的关联性。选择扇体发育最好的剖面采集年代学样品，确认不同期次冲积扇时代。如果在测区存在一系列冲积扇，其扇根呈线状排布，则代表了活动构造带，需要进行详细的调查。

4）夷平面

调查夷平面存在的证据、级次、海拔、保存状况和堆积物的厚度、结构、物质成分与胶结程度等；视情况确定夷平面形成时代。

5）河谷裂点

河谷裂点是河谷纵剖面上坡降突然增大的地点，高差较小的地方也称为跌水。常由地壳上升或侵蚀基准面相对下降，河流产生新的溯源侵蚀，或因构造、岩性造成的差别侵蚀所形成。河谷裂点往往代表了河流抬升的构造过程。需要调查裂点上下游阶地发育特征、高差，从而判断裂点形成的时代。

4. 活动断层露头调查

调查活动断层的几何学、运动学、地震地表破裂带特征；活动断层几何学特征应详细描述活动断层的产状要素与平面分布特征、分段标志与几何学分段、次级断层组合特征、断层活动时代、断层的形成及演化特征，可结合地球物理探测、天然地震等资料，描述活动断层的深部几何学特征；活动断层的运动学特征应详细描述断层的活动性质、活动量、活动速率，垂直位移和水平位移的测量；地震地表破裂带特征应描述地震地表破裂带的长度、宽度、破裂类型、破裂性质及组合特征，位移和位移分布等；填写活动断层记录卡片。

1）探槽开挖位置的选定

活动断层往往切穿了第四系松散覆盖层，地表除了有断层地貌出露外，其他地质特征并不明显，尤其是对于有冲积平原区，大部分地质构造特征均被全新世地层覆盖。在这种地区开展活动断裂调查，除了地貌测量外，还需要进行关键点的探槽挖掘，从而获得完整的断层剖面和古地震序列。一条断裂至少有 2 个探槽挖掘点，探槽挖掘位置一般根据地表地貌特征出露情况来选择。为了满足后期研究的需要，探槽挖掘位置需要有多期次第四纪沉积地层，从而保证有相应的沉积物质或地震楔来判断活动断裂的活动期次和位移距离，并采集相应的测年样品。

2）活动断层的剖面特征与活动期次

探槽挖掘或断层剖面清理完成后，需要对探槽揭示出的断层剖面进行描述，包括断层的几何学、运动学特征和古地震活动期次等，并进行剖面素描和采样。剖面素描需要借用网格线进行限定，从而精准地确定断层的多期活动特征和断距等。断裂活动期次可以通过标志层断距差异、地震楔和多期断裂叠加等特征来判断，同时也可以开展探槽三维激光扫描，全景呈现活动断层的总体特征和破裂构造等。

3）取样

无论在探槽、剖面或地貌单元调查过程中，均需要对不同时期沉积体、标志层或地震楔进行采样。采样需要能控制每一期构造或古地震活动的时代。

四、沉积盆地充填过程调查

活动构造发育区的第四系调查，应当以盆-山关系源汇系统理论为指导，综合运用多重地层划分与对比的填图方法，查明填图区第四纪地层之间的接触关系，注重沉积序列转换过程，以精确的年代学测试手段为基础，厘定沉积间断、沉积序列转换的关键时限，为盆地周缘造山带的活动性提供沉积学证据。

1. 对比标志层建立

对比标志层建立是研究盆地沉积充填过程的基础。一般以不整合面、特殊事件层、化石层为标志层，系统开展区域地层划分与对比，拉通地层之间的横向对比关系。在沉积盆地主要沟谷体系的两侧可以开展系统的大比例尺廊带地质填图，查明地层之间纵横向变化规律。

2. 标准年代环境地层柱建立

标准年代环境地层柱建立是确立盆地构造活动性的时间标尺。在填图区选择有代表性的剖面，系统开展年代地层（古地磁、宇宙核素、光释光、^{14}C）、环境变迁（粒度分析、磁化率、孢粉分析、黏土矿物分析、元素地球化学分析）综合研究，建立填图区标准的年代环境综合柱状图。

3. 沉积旋回划分与对比

以高分辨率层序地层学理论为基础，按照湖盆充填过程划分沉积旋回，注重沉积序列转换的关键层位以及横向的连续性。

4. 岩相古地理恢复

在等时层序格架的控制下，建立盆地不同演化阶段的岩相古地理格局，注重不同时代湖盆演化序列的整体变化。

5. 沉积物源分析

通过沉积构造、砾石最大扁平面产状等，恢复沉积盆地古流向，注重砾石成分、重矿物组合特征、碎屑锆石年代序列的变化，综合分析盆地不同演化阶段沉积物源的变化，示踪源区的构造活动性。

6. 第四纪冲积扇解析

盆缘山前第四纪洪积扇是造山带活动最为直接的反映。以遥感资料为基础，圈定填图区不同扇体的范围，针对每个扇体进行详细解译，划分扇体形成期次，特别注重每套砾石层的规模、形态及横向变化，在每套砾石层的上下分别采取光释光样品，限定砾石层的形成时限。开展不同扇体横向对比，为不同物源区构造活动性的差异提供直接证据。

五、专项地质调查

专项地质调查包括第四纪古气候调查、地质灾害调查和土地沙漠化调查等方面，以服务于生态文明建设为目标。

1. 第四纪古气候调查

第四纪古气候调查包括岩石气候标志、地貌气候标志、宏观生物气候标志、微观生物气候标志和化学气候标志。在第四纪气候标志调查的基础上，配合年代学和地层学方法，以现代气候为参考，研究第四纪不同时间尺度的气候性质、波动旋回、空间和强度变化规律，建立第四纪古气候演化序列，查明重大气候事件发生时间。

2. 地质灾害调查

以遥感解译、地面测绘、野外调查与数字采集为主要手段，查明区内地质灾害及其隐患的分布特征、发育特征和成灾地质背景。

3. 土地沙漠化调查

调查土地沙化和沙漠化的分布范围、发育程度、灾情特征、形成历史及扩展速度等特点；调查土地沙化和沙漠化形成的地质背景，分析土地沙化和沙漠化形成的自然因素（如气候条件的变化、地表植被和生态条件的变化等）和人为因素（如开荒种地、树木砍伐、过度放牧、不合理的耕种方式等）；研究土地沙化和沙漠化的形成和发展规律，预测可能发展趋势。

第二节 野外验收

一、野外验收必备条件

申请野外验收，必须具备的条件包括：①已经完成设计规定的野外工作；②原始资料齐全，准确；③原始资料（含实物工作量）已经进行整理，并进行了质量检查和编制目录造册；④进行了必要的综合整理，编写了项目工作总结。

二、野外验收提供资料

（1）任务书、设计书及其相应的图件、评审意见、审批意见等。
（2）野外地质路线调查、野外手图、实际材料图、地质剖面等数据库。
（3）钻孔施工记录班报表、测斜记录表、孔深误差丈量记录表、岩心地质鉴定分层表与照片、测井曲线及其地质解译表，以及钻孔综合柱状图和钻孔终孔质量检查验收报告书。
（4）物探施工记录表、施工原始数据与收集原始数据、处理数据及其图件和地质解释图件，以及物探工作质量验收报告书。
（5）各类样品测试鉴定采（送）样单，以及主要测年样品的测试分析结果和其他70%以上的测试鉴定数据和图表。
（6）野外调查手图、地质剖面图、实际材料图、野外地质图和野外活动构造图等。
（7）针对环境地质问题、地质灾害等的专项调查数据与基础图件。
（8）野外区域地质调查简报、阶段性总结报告及半年报、年报等技术报告和任务书（合同书）要求的专项调查总结简报，以及各级质量检查记录资料。

三、野外验收重点检查内容

（1）项目任务书完成情况。
（2）工作方法与质量，以及项目质量管理情况。
（3）原始资料及文图吻合情况。
（4）第四纪地层、活动构造、环境地质、地质灾害等的调查情况。

（5）野外地质图的正确性及图面结构的合理性。

验收过程包括原始资料的室内检查和野外实地抽查，检查和抽查内容应覆盖主要的工作手段。原始资料的室内检查比例不应少于5%。物探、揭露工程资料抽查不应少于实物工作量的20%；地质调查路线或地质剖面抽查每个图幅不应少于10%。

四、野外验收意见

经资料检查和野外实地检查后，由专家组形成野外验收意见书。意见书要对主要实物工作量完成情况、工作方法和精度、原始资料质量及其控制情况、取得的成果、存在的问题及项目质量监控运行情况做出全面客观的评价，提出需补充调查工作的内容和意见等。

五、质量监控措施

1. 执行严格的专题负责人、专题组成员责任制

专题负责人：全面负责组织专题实施和质量管理。具体职责如下：组织专题设计编写与实施；组织专题成果编写与提交；根据专题进展情况及时组织学术讨论；组织对专题质量进行定期检查；负责专题季报和年报的编写，并及时向业务主管部门及实施项目汇报专题进展情况。

2. 严格执行国家和各级管理部门的有关规定

野外各项地质工作和综合整理工作按照"中国地质调查局地质调查项目管理制度汇编"中有关规定执行；各项质量监控将按照项目承担单位的"质量管理体系文件"中有关规定执行；除按照项目承担单位的"质量管理体系文件"要求进行质量管理外，项目组成员应明确职责，责任到位，各负其责；组织子项目系统开展野外观测、测试分析、综合研究和综合编图等工作，并采取有效的质量监控措施，保证项目工作质量和成果水平。

3. 建立健全的质量保障措施

为保证项目工作质量和成果水平，拟采取以下主要保障措施：邀请长期从事活动构造和第四纪地质研究的专家指导工作，及时组织开展专题讨论会，对可能遇到的疑难地质问题进行联合"会诊"；为保证测试结果的质量和精度，将选择国际上先进的技术方法，按照国际公认的程序、规范和技术要求完成主要分析测试工作；建立健全项目三级质量管理体系，建立质量监控组，坚持严格的质量检查制度，在项目开展的不同阶段，对综合地质调查和各专题研究进行质量检查和业务指导，项目内部资料的自检率和互检率达到100%。

第五章 综合研究与成果出版阶段

第一节 综合研究

活动构造发育区填图的主要目的是以地球系统科学理论为指导，注重地球表层系统性及其组成各圈层之间的相互作用及其相互联系，从晚新生代以来的构造、地貌、气候、沉积相互作用、相互联系的演化系统出发，研究晚新生代以来的地貌格局、气候变化及沉积盆地充填序列，划分和建立测区晚新生代地球表层系统演化阶段、演化旋回，综合分析地球表层各圈层之间的耦合响应和因果关系，探讨晚新生代地球表层系统及其演变规律。

针对这一目的，在活动构造发育区综合研究中应着重考虑以下 8 个方面：

（1）根据测区地层接触关系、地层发育特征及古生物群组合特征，结合高精度的年代学研究（古地磁、^{14}C、光释光、宇宙核素等），建立测区晚新生代以来完整的地层综合序列和年代地层格架。

（2）以高分辨率层序地层学理论为指导，开展测区系统地层划分与对比，建立地层对比标志，划分沉积旋回，确立沉积旋回转换的关键时限。

（3）以沉积物成分、结构、构造、古生物等环境标志为基础，开展测区晚新生代以来系统物源示踪研究，恢复测区晚新生代以来各个时期沉积环境，建立不同演化阶段沉积模式。

（4）在晚新生代以来沉积、地貌、古生物等气候标志调查的基础上，结合孢粉分析、黏土矿物分析，探讨晚新生代以来古气候变化规律。

（5）在晚新生代沉积物类型与地貌特征调查的基础上，恢复晚新生代以来地貌演变过程。

（6）开展测区活动断裂准确定时、定位研究，确定活动断裂几何学、运动学特征，恢复古构造应力场。

（7）探讨分析环境地质及地质灾害问题地质背景，开展区域稳定性综合评价。

（8）系统开展晚新生代以来古构造、古气候耦合关系研究。

第二节 成果表达

活动构造发育区调查图件是调查区地层、沉积、构造、地貌综合调查的主要成果。是通过广泛深入的野外调查，在获得充足的实际资料（足够数量的路线调查、观察点记录、路线剖面、实测剖面、必要的钻孔资料、各项测试分析成果）的基础上，结合遥感、地球物理、地球化学资料提供的信息，综合各种资料编制而成。

一、地质图基本内容

活动构造发育区地质图主要是反映地表及一定深度地质体的岩性、产状、成因、时代、各类地质体之间接触关系和序次关系的图件。地质图的基本内容包括以下方面。

（1）调查区的地质、地貌单元：包括所有地质体（正式和非正式地层单位）、地貌单元、活动断裂、盆地重要的基底断裂及历史地震相关要素等。

（2）活动断裂要求标注的主要内容：活动断层性质与产状，活动断层活动时限（前第四纪断层、早中更新世断层、晚更新世断层和全新世断层），活动断层的地表迹线或者上断点在地表的投影，活动断层的构造应力场等。

（3）构造地貌：扇体、台地、阶地、古河道等，扇体要求划分扇体的形成期次及每一期次扇体的沉积相带，重要阶地的剖面图。

（4）地震：大于或等于 4.5 级地震的震中位置、震级和发震时间。

（5）第四系覆盖区：第四系厚度等值线、钻孔综合柱状图、第四纪地层对比剖面图、第四纪重要演化阶段岩相古地理图，反映隐伏断裂和第四纪地层结构的物探剖面、电法剖面，反映深部构造特征的经过脱密处理的布格重力异常图、剩余重力异常图等。

（6）调查区的钻孔、矿产点、人类文化遗存点、动植物化石点等。

（7）生态环境与地质灾害：土地沙化和沙漠化的分布范围及演化过程；地质灾害的类型及分布点；现代人为扰动区。

（8）第四系覆盖区的三维地质结构，突出表达活动构造发育区的地质演化过程。

（9）凡在图面上表示出的地质内容和图面现象均应以图例表达。第四纪地质图的图例一般按照地质体的时代、成因、岩性及专门性的图例顺序安排。地层时代的符号由上至下，由新至老，最后是前第四纪基岩。双成因图例的安排，一般把同一时代形成的不同成因类型按照其分布的地貌位置，由山区向平原依次排列，如残积、坡积、洪积、冲积及湖积的顺序。

（10）第四纪地层年代：用 Qp 表示更新统（Qp^1 表示下更新统，Qp^2 表示中更新统，Qp^3 表示上更新统），Qh 表示全新统。全新统可以进一步分为 Qh^1、Qh^2、Qh^3。在采样点标注年代资料并在图例中说明，应包括测年方法和年龄数据。在柱状图上应标明各种测年方法及年龄数据，若有系统的古地磁极性资料，应该附上古地磁极性柱。

二、成果表达方式

为了能够清晰地表示活动构造发育区的地质特点，成果采用主图+角图+文字说明的形式来表达。

主图：基岩裸露区按照地层时代来表达，第四系覆盖区按照地层时代+成因+岩性来表达。第四系覆盖区要叠加第四系厚度等值线、钻孔柱状图。断层按照前第四纪断层、早中更新世断层、晚更新世断层和全新世断层分类表达。另外，还可以将沙漠化分布区、地质类型及分布点、现代人为扰动区、矿产点、人类文化遗存点、动植物化石点等加在主图上。

角图：包括构造纲要图（构造应力场）、剩余重力异常图、岩相古地理图、地层岩相-岩性剖面图、第四纪构造地貌图、地球物理剖面、电法剖面、第四系综合柱状图（古地磁极性柱）、第四系三维结构图等。部分图件可以以专题的图件形成。

文字说明：简要叙述测区的地层概况、地貌特征、地质构造特征、沉积特征及晚新生代以来的构造-沉积演化，文字说明要求简单明了，突出重点，并附上主要的参考文献。

三、区域地质调查报告

区域地质调查报告要客观反映测区地层、岩石、构造等主要内容，即地层单位的岩石组成、时代、地层划分和地层序列，侵入岩组成、分布与时代，主要构造形迹特征、构造纲要。对调查区地质矿产、环境地质、地质灾害等问题进行简要介绍，并简要介绍其发育的地质背景。报告提纲如下：

第一章 绪论

1. 简述上级下达任务书文号及目的任务、项目编号、调查区范围、面积、工作起始时间等。
2. 简述交通位置（含交通位置图）、自然地理及社会经济概况。
3. 简述地质调查历史及工作程度，编制地质调查历史表和工作程度图，对以往地质工作简要评估。
4. 简述任务完成情况及主要实物工作量。

第二章 地貌

1. 叙述地貌类型划分。
2. 不同类型地貌基本特征与分布。

第三章 地层

1. 按时代由老至新（新近系），阐述基岩地层系统，阐明各岩石地层单位的岩性、岩石组合、基本层序、分布特征，简述沉积作用特征。
2. 松散沉积物要着重叙述地层层序、岩性特征、成因类型、接触关系和分布范围及时代。

第四章 地质构造

1. 区域构造背景及调查区构造基本格架。
2. 各种构造形迹的基本几何学特征及展布范围，变形序次，运动学指向及动力学恢复。
3. 阐明新构造和活动构造运动特征与地貌形成和演化的关系及其影响。
4. 构造－沉积演化。

第五章 专项调查

设立了针对重大基础地质问题、重大科学发现的专项调研，或做了环境地质、灾害地质、工程地质、农业地质等方面的专项地质调查工作，应在地质图说明书中做结论性叙述和讨论。

第六章 地质图与专项地质调查数据库

地质图与专项调查图件空间数据库图层和相关数据项的简要描述。

第七章 结束语

简述本次调查工作的主要成果、重要进展及存在的主要问题，提出下一步工作建议。

致谢：阐明报告编写及主要图件编制的分工，答谢对工作给予支持的单位和个人。

参考文献

附表

四、数据库建设

项目实施从资料准备—设计编写—野外地质调查—最终成果输出全程必须采用数字区域地质调查系统（DGSSDB）完成，有效实现对各类数据的一体化描述、存储和组织。基于这种全数字化的工作流程，数据库建设不再是与整个地质调查流程隔离的独立建库工作，而是地质调查不同工作阶段的组成部分之一。每个阶段的数据库都是来自前一个工作阶段数据库，而又是下一个工作阶段数据库继承的基础。根据数据获取的方法，把数据分为原始数据（原始采集部分）和成果数据（地质图）两大部分。依据《数字地质图空间数据库建库标准》（DD 2006-06）等相关标准，在原始资料数据库的基础上，应该分图幅建立1∶5万地质图空间数据库。

第三节 填图人员组成建议

活动构造发育区填图采用地质、地球物理、地球化学、遥感地质学多学科相结合，地层－沉积－构造－地貌一体化的填图思路，成果不仅仅体现为一张活动断裂图，而是一张突出显示新构造与活动构造特征，服务于国土规划与管理的区域地质图。为了保证填图质量，达到活动构造发育区的目标任务，填图人员在填图科学家负责制的基础上，填图专业技术人员构成还应包括第四纪地质学与地貌学、遥感地质学、构造地质学（新构造与活动构造方向)、地层与古生物学、岩石学、沉积学(沉积地质与大地构造方向)、古地磁学及地球物理学等专业人员(表 5-1)。

表 5-1 活动构造发育区填图基本人员组成建议表

序号	专业	职责	备注
1	第四纪地质学与地貌学	第四纪地表地质过程调查,包括第四纪地貌划分、形成与演化研究	遥感解译、地质验证相结合,查明区域构造地貌及活动构造的特征
2	遥感地质学	多数据源遥感数据的融合处理、解译工作及野外验证工作	
3	构造地质学	活动构造发育区填图及研究工作,查明测区活动特征及分布	
4	地层与古生物学	开展不同时代地层的高分辨率层序地层学、古生物化石的调查与研究	地层划分与对比、地层年代格架建立、高分辨率层序地层学研究及盆–山耦合关系研究
5	岩石学	开展沉积岩、岩浆岩、变质岩岩石的分类、描述及岩相学研究	
6	沉积学	开展沉积盆地分析,沉积旋回划分与对比,岩相古地理的恢复等方面的调查与研究	
7	古地磁学	开展活动构造发育区标准古地磁年代学的研究	
8	地球物理学	开展活动构造发育区填图地球物理方法的优选、数据处理及综合解译工作	查明隐伏活动构造

第四纪地质学与地貌学:主要从事第四纪地层划分与对比,第四纪地貌的形态特征、组成物质、形成与演化等方面第四纪地表过程的研究工作。

遥感地质学:主要从事遥感数据的融合处理、遥感图像的综合解译(地层和岩性解译、构造地貌解译、活动构造解译)以及野外的验证工作。

构造地质学:主要从事新构造与活动构造的填图与研究工作。

地层与古生物学:主要从事填图区的地层划分与对比,划分地层时代。开展高分辨率层序地层学、微体古生物研究及古大陆的重建与再造。

岩石学:包括沉积岩、岩浆岩和变质岩,着重岩石的分类、描述和岩相学研究。针对测区地层分布情况,具体选择合理的专业。

沉积学:着重沉积盆地分析、高分辨率层序地层学及岩相古地理方面的研究,是沉积岩区填图的主力专业。

古地磁学:该专业是新构造与活动构造填图区不可或缺的专业,主要从事新生代年代学研究及古大陆板块的重建。

地球物理学:开展重力、磁法、电法等地球物理方法的优选,综合地球物理数据处理、反演及地质解译等工作。

第四节 其他相关建议

活动构造发育区 1∶50000 区域地质填图不同于地震行业的活动断裂填图，是以标准图幅为单位开展的区域地质填图工作，其产品为标准图幅 1∶50000 成果地质图，主要突出新构造与活动构造发育的特点。按照 1∶50000 区域地质填图现状，基岩裸露区的图幅面积已经基本完成，目前剩余的标准图幅基本上以覆盖和浅覆盖发育为特点。因此，对于图幅及工作量的部署应该尊重以下基本原则：

（1）以问题和需求为导向开展区域地质填图工作，图幅优先围绕城市发展群、经济发展区带及重大工程建设选址区部署，为区域资源环境承载力评价提供基础地质资料。

（2）坚持山、水、林、田、湖、草是一个生命共同体的理念，开展覆盖区地表多因素综合地质调查，服务于生态文明建设。

（3）以地球系统科学理论为指导，通过多学科相互交叉，理解当前正在发生的地表过程和机制，预测未来变化趋势。

（4）建议连片部署，以问题为导向开展区域地质填图工作，不平均使用工作量，重点解决制约生态环境的基础地质问题，提交 1∶50000 整装研究成果。

第二部分　青藏高原东北缘 1∶50000 区域地质填图实践

第六章 填图工作区概况

第一节 自然地理概况

《活动构造发育区1∶50000填图方法指南》的编写主要依托于中国地质调查局基础地质调查项目"特殊地质地貌区填图试点"在青藏高原东北缘弧形构造带设置的三个子项目，具体包括：①宁夏1∶5万红寺堡幅（J48E016017）、新庄集幅（J48E017017）和石塘岭幅（J48E018017）三幅活动构造发育区填图试点；②宁夏1∶5万红崖子（J48E011016）、大坝站（J48E012016）、青铜峡铝厂（J48E013016）三幅活动构造发育区填图试点；③宁夏1∶5万徐套公社（J48E019015）、同心（J48E019016）、窑山（J48E019017）三幅活动构造发育区填图试点。

宁夏1∶5万红寺堡幅（J48E016017）、新庄集幅（J48E017017）和石塘岭幅（J48E018017）三幅活动构造发育区填图试点项目所在行政区隶属于宁夏回族自治区吴忠市管辖，包括同心县和红寺堡开发区的一部分。红寺堡开发区是承接宁夏东西南北的地理中心，北临吴忠市利通区和青铜峡市、灵武市，南至同心县，东至盐池县，西北与中宁县接壤。北距首府银川市127km，南距固原市220km，西距甘肃省兰州市360km。该开发区是宁夏回族自治区党委、政府贯彻落实国家"八七"和宁夏"双百"扶贫攻坚计划，为从根本上解决宁夏南部山区群众脱贫致富而实施的扶贫扬黄灌溉工程主战场，是全国最大的异地生态移民扶贫开发区。红寺堡开发区境内盐中高速、福银高速、定武高速3条高速公路和盐兴公路、黄同公路、滚新公路、恩红公路4条县道纵横交错，太中银铁路、滚红高速公路和红桃高速、银西高铁穿境而过，城区东距银川河东机场、西距中卫香山机场均不超过150km，中部干旱带交通枢纽型城市地位业已形成。地理坐标：北纬37°0′0″～37°30′0″，东经106°0′0″～106°15′0″，填图面积1200km²。

宁夏1∶5万红崖子（J48E011016）、大坝站（J48E012016）、青铜峡铝厂（J48E013016）三幅活动构造发育区填图试点项目位于贺兰山与牛首山之间，行政区划分属内蒙古自治区和宁夏回族自治区管辖。测区内交通便利，道路纵横交错，各城镇与乡村间均有公路或简易公路相通，包（头）—兰（州）铁路、宝（鸡）—中（卫）铁路、109国道（北京—拉萨）和银（川）—平（凉）公路贯穿南北，各乡镇间均有公路或简易公路可以行车，通行条件良好。地理坐标：北纬37°55′0″～38°7′0″，东经105°45′0″～105°58′0″，填图面积1200km²。

宁夏1∶5万徐套公社（J48E019015）、同心（J48E019016）、窑山（J48E019017）

三幅活动构造发育区填图试点工作区行政区划隶属于宁夏回族自治区中卫市中宁县、海原县，吴忠市同心县管辖，同心县政府位于测区中心，距宁夏回族自治区银川市约200km。区内交通条件良好，宝中铁路、福银高速、省道S101通过测区中部，各乡镇居民点也有多条简易公路或大车道相连通。填图区面积为1180km^2。地理坐标：北纬36°50′0″～37°00′0″，东经105°30′0″～106°15′0″。调查区行政管辖的同心县和海原县均为国家级重点贫困县，自然条件、生态环境恶劣，经济社会发展相对缓慢，人民群众生产生活比较艰苦。经济以农业为主，工业以羊绒、清真食品及穆斯林用品加工业为主，矿业经济不甚发达。主要的人口集中区位于测区中部清水河流域两侧，属同心县管辖，总人口约40万，其中农业人口占76%，回族人口占86%，是典型的民族地区。

第二节　地形地貌特征

青藏高原东北缘地跨黄土高原和内蒙古高原，海拔1000m以上，地势南高北低。地貌兼有山地（约占总面积的16.4%）、高原（丘陵、台地约占总面积的47.7%）、平原（或盆地，约占总面积的29.8%）和沙（丘）地（约占总面积的6.1%）。山地主要分布于西部。挺拔于西北部的贺兰山为北北东走向，绵亘延伸200km，主峰敖包圪垯海拔3556m，也是全区最高峰。贺兰山不仅是宁夏、内蒙古两区的自然分界，而且是我国内流区和外流区的主要分界，起着遏制西北寒风侵袭银川平原、阻挡腾格里沙漠东移的天然屏障作用；耸峙于西南部的六盘山，大致为北西西走向，向南延入甘肃境内，一般海拔2000m，其主峰米缸山海拔2942m，为陕北黄土高原和陇西黄土高原之界及渭河与泾河的分水岭；境内西南的南华山与西华山略呈北西－南东向遥相对应，海拔分别达2955m和2703m；高矗在黄河之南的香山、牛首山，基岩裸露，山势峥嵘。香山主峰海拔2356.8m。大罗山、小罗山近南北向巍然屹立于宁夏腹地，大罗山最高海拔2624m。宁夏东部的黄土高原位于黄河以南及六盘山以东，是我国黄土高原的一部分。黄土覆盖厚度百余米，大致由南向北厚度渐减。

宁夏1:5万红崖子（J48E011016）、大坝站（J48E012016）、青铜峡铝厂（J48E013016）三幅活动构造发育区填图试点项目工作区总体地貌表现为两山夹一盆的格局，自南东至北西依次为牛首山、银川盆地、贺兰山，海拔1300～1500m，地形波状起伏，平岗与宽谷相间，沙地与沙丘遍布。银川盆地位于贺兰山东侧、牛首山北侧，为新生代断陷盆地，南北长约120km，东西宽约45km，地势平缓，海拔1100～1200m，地势从西南向东北逐渐倾斜。盆地内部发育冲积平原，平原上土层深厚，地势平坦。黄河是最大的常年性流水，其余均为季节性流水。黄河自中卫入境，向东北斜贯于平原之上，河流顺地势经石嘴山出境。黄河自南而北从东部蜿蜒而过。牛首山位于青铜峡市南20km处的黄河东岸，相对高差仅几十米。因其主峰小西天（文华峰）和大西天（武英峰）南北耸峙，宛若牛首，故名之。牛首山的古寺庙群，初建于唐代以前，分"西寺"和"东寺"两部分，是宁夏境内建筑规模最大的古寺庙群。根据宁夏回族自治区1:500000第四纪地质及地貌图，测区主要地貌类型包括侵蚀剥蚀红岩丘陵（Ⅱ₂）和干燥剥蚀台地（Ⅲ₁）（图6-1）。

宁夏1∶5万红寺堡幅（J48E016017）、新庄集幅（J48E017017）和石塘岭幅（J48E018017）三幅活动构造发育区填图试点工作区西北部分布有零星的风蚀地貌，东北部为受罗山山脉控制的冲洪积扇。测区整体上沿着大罗山呈现南北向分布，处于烟筒山、大罗山和牛首山之间，属于山间盆地。根据宁夏回族自治区1∶500000第四纪地质及地貌图，测区主要地貌类型包括洪积挤压型断陷平原（Ⅳ₃）、冲洪积拉张型断陷平原（Ⅳ₂）、侵蚀黄土丘陵（Ⅱ₁）、干燥剥蚀挤压型断块中山（Ⅰ₃）（图6-1）。

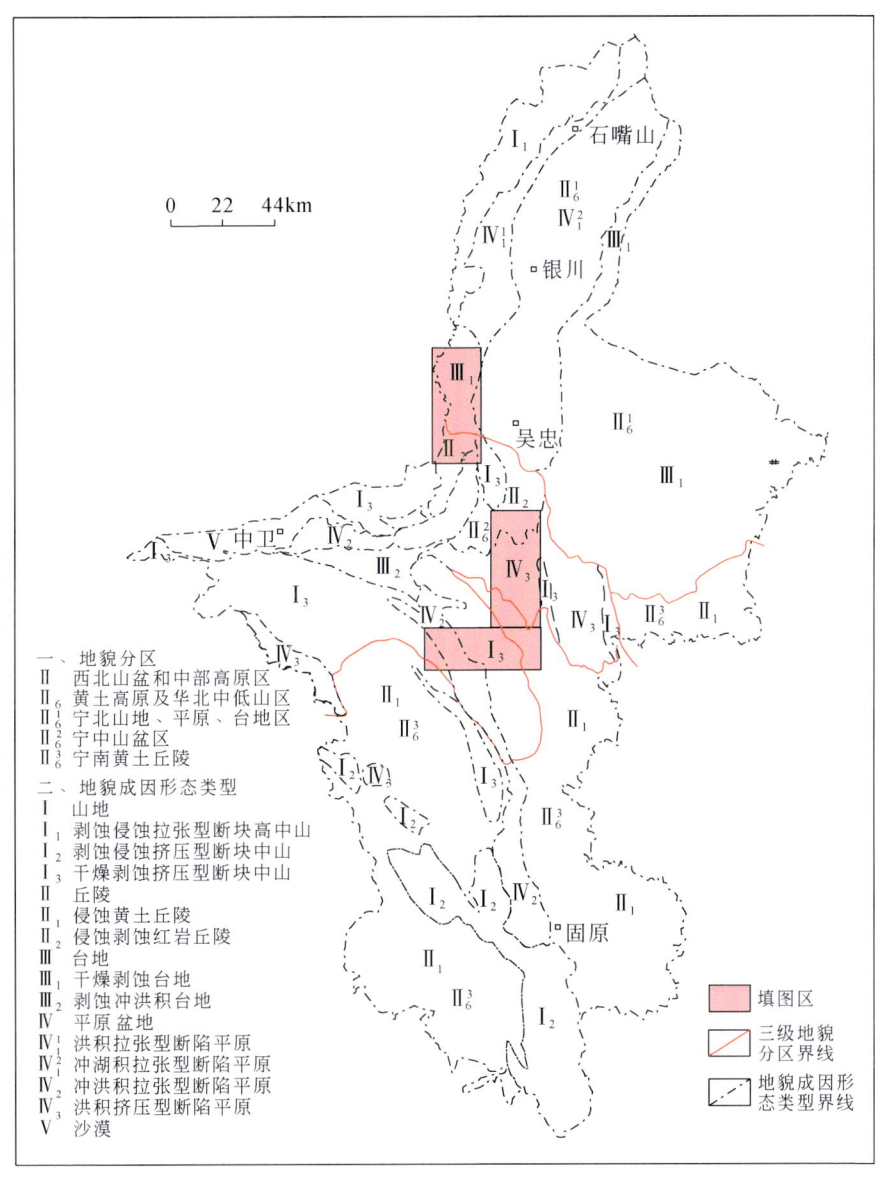

图6-1 青藏高原东北缘第四纪地质地貌简图

（据2012年宁夏回族自治区1∶500000第四纪地质及地貌图，有修改）

宁夏1∶5万徐套公社（J48E019015）、同心（J48E019016）、窑山（J48E019017）三幅活动构造发育区填图试点工作区在地貌上位于宁中山盆区与宁南黄土丘陵过渡区。基本地貌形态包括山地、丘陵、平原等。干燥剥蚀挤压型断块低中山地貌主要分布在窑山及清水河西侧山地。窑山位于同心县东部，是宁南北东列弧形山地组成部分，也是烟筒山山地的重要组成部分。走向北北西，长37km，宽2~3km。海拔2000m左右，主峰2169m。主要由石炭系、侏罗系、白垩系、古近系和新近系碎屑岩构成。东西两麓均为断裂控制，多被黄土覆盖。清水河西侧山地泛指绵延于清水河西侧、由香山东南缘延至六盘山北麓的山地，是宁南中列弧形山地的组成部分。走向北北西，境内长20km，宽5km左右。海拔2000m，由北向南逐渐升高。东坡短而陡，直下清水河河谷平原；西坡长而缓，逐渐过渡为黄土丘陵。清水河左岸主要支流穿过该山地，形成峡谷，建有石峡口、苋麻河等水库。形成于新近纪末喜马拉雅运动Ⅲ幕。由白垩系、古近系、新近系砾岩、砂岩、泥岩、灰岩和膏岩等构成。东界为活动断裂控制，西坡多为黄土覆盖。侵蚀黄土丘陵分布于香山西南，清水河以西的徐套、红柳，以及窑山东侧等地，海拔1600~1900m，由西南向北东至清水河逐渐降低，其间沟壑纵横，切割剧烈。随着接近当地侵蚀基准面清水河，侵蚀作用逐渐加剧。近香山山地是具黄土残塬的微弱切割的黄土梁状丘陵，向着清水河方向，地面分割越来越剧烈，依次递变为中等切割的黄土梁状丘陵、强烈切割的黄土梁峁状丘陵和红岩丘陵，切割深度由数十米增大到200余米，基底新近纪或古近纪红层被逐渐剥露。该黄土丘陵主要微地貌有黄土梁、峁、残塬等。冲积挤压型断陷平原主要沿清水河两岸带状分布，走向北北西，长约25km，宽15km，海拔1260~1400m。由四级阶地组成，Ⅰ、Ⅱ级阶地零星分布；Ⅲ级阶地为上叠阶地，分布连续完整，为平原主体，堆积物主要为黄土状黏砂土和砂黏土，土层深厚。Ⅳ级阶地主要分布在李旺—同心一带的清水河西岸，被上更新统马兰黄土覆盖。清水河西侧山地东麓局部地区发育冲洪积平原。

第三节 区域大地构造位置

青藏高原东北缘弧形构造带是中国大陆重要的岩石圈构造转换带，对于研究青藏高原隆升过程具有重要的科学意义。贺兰山–六盘山构造地貌带是鄂尔多斯高原和陇西高原两大地貌单元分界线，跨越了中国第一和第二两大地势阶梯（图6-2）。在大地构造位置中，本区处于鄂尔多斯、阿拉善、青藏3个构造单元的汇聚部位，形成"似三联点"（田勤俭和丁国瑜，1998），是鄂尔多斯周缘断裂系和青藏高原东北缘断裂系相互交汇、复合的地带（国家地震局地质研究所和宁夏回族自治区地震局，1990），该带的西南缘是鄂尔多斯周缘唯一以挤压作用直接与青藏高原接触的部位，记录了鄂尔多斯高原周缘伸展断陷系统向青藏高原挤压逆冲走滑系统转换的构造信息（国家地震局鄂尔多斯周缘断裂课题组，1988）。该带是中国大陆一条重要的岩石圈构造转换带，是中国大陆活动构造最为显著的构造带和强震活动带（Gordon and Stein，1992；陈颙等，2001）。

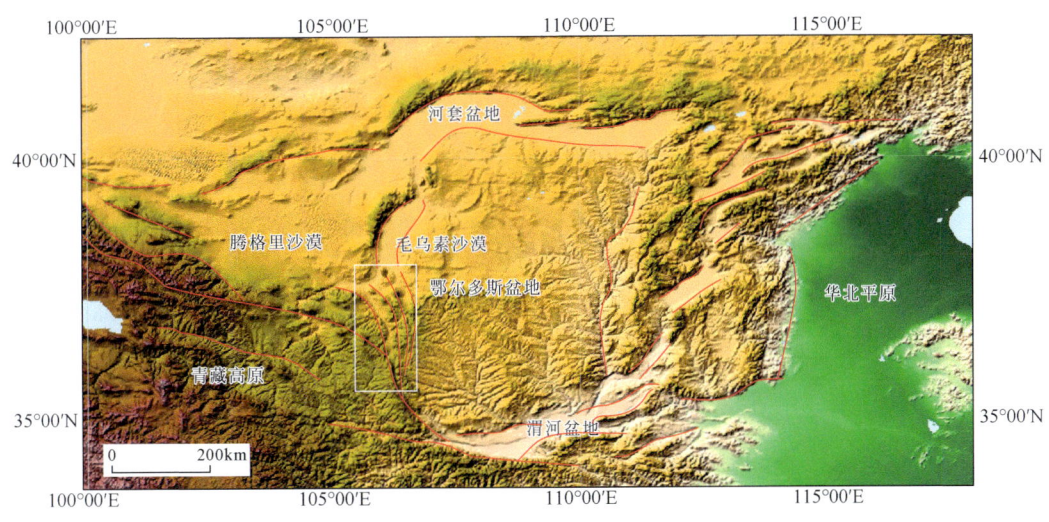

图 6-2 青藏高原东北缘弧形构造带区域位置图

第四节 地质构造特征

青藏高原东北缘地区作为青藏高原向北东方向隆升扩展的最前缘，海原断裂、香山-天景山断裂、烟筒山断裂、牛首山-罗山断裂四条北西-近南北向展布的弧形断裂带以及夹持于其间的临夏盆地、寺口子盆地、卫宁盆地等新生代沉积盆地共同构成了现今的盆山格局（图6-3）。

一、海原断裂

海原断裂带总体上为北西-近南北向走向。地球物理资料显示该断裂带对应一条明显的重力梯度带，表明该断裂带为六盘山弧形构造带南界。平面上，该断裂带西起甘肃省景泰县兴泉堡，东至宁夏固原县硝口以南，长约240km。已有研究表明，海原断裂带是由11条倾向不同的次级断层斜列组合起来的一条具有强烈走滑活动的断裂带（Deng et al.，1984；Zhang et al.，1988；邓起东等，1989）。该断裂带上发育8个第四纪拉分盆地，断裂带西端以喜集水拉分盆地与老虎山活动断裂左阶斜接，东与六盘山断裂带相连。在地貌上，该断裂带沿一系列条块状强烈隆起的山地两侧或一侧展布，东起米家山北麓，向南东延伸，经黄家洼山南麓、西华山北麓、南华山北麓、月亮山，到六盘山东麓。沿该断裂带发育明显的断层三角面、断层陡坎、水系左旋错断等现象。在这些山地之间多发育第四纪拉分盆地。断裂带在晚新生代控制了山前盆地的发育，海原县城南发育巨大的冲积扇指示其沉积中心位于该部位。以邵水盆地、干盐池盆地、老虎腰岘盆地和硝口盆地为界，自西向东将海原活动断裂带划分为5段,依次为哈思山断裂、黄家洼山断裂、西华山-南华山断裂和六盘山断裂(图6-3)。

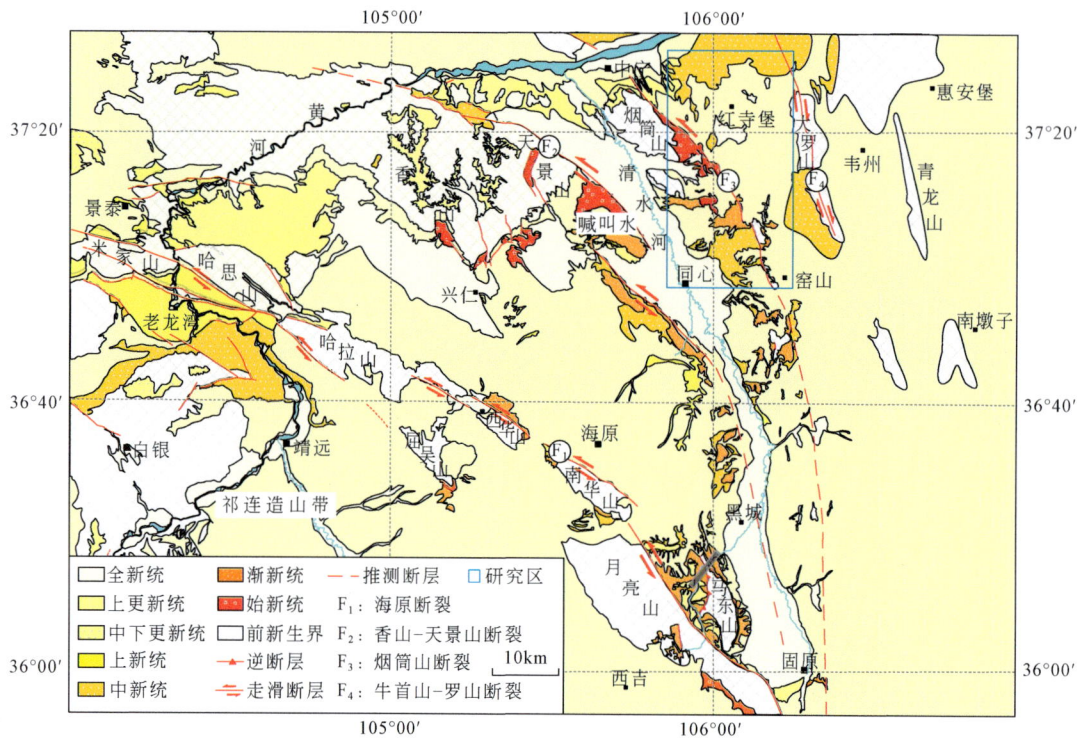

图6-3 青藏高原东北缘弧形断裂带区域地质简图

二、香山-天景山断裂

香山-天景山断裂带主体发育于香山和天景山北麓,其北侧是以中新统为基底的山前台地和第四纪中卫盆地,北东侧为清水河盆地。向西延伸可能与古浪活动断裂、冷龙岭活动断裂带相连,向南东经同心,到固原一带可能归并于海原断裂带,全长约150km。具体走向为西起黄河边的大湾,经高家水、红沟梁、大洪沟、桃山、王团、李旺、黑城镇、黄铎堡,到固原一带(图6-3)。

香山-天景山断裂带的运动特征总体上为左旋走滑兼具逆冲活动,但其东段和西段运动特征有较大差别。香山-天景山断裂带西段,断层运动以左旋走滑为主兼有逆冲分量,多处可见横跨断层的冲沟、山脊、阶地和冲、洪积扇等被断层左旋错动,由于冲沟形成时代和规模大小的差异,其对应的左旋错动幅度也存在差异,一般错动小的只有几米,错动大的可达几百米(国家地震局鄂尔多斯活动断裂系课题组,1988)。依据冲沟错动规模,大致存在5个级别:第一级冲沟发育时间早、规模最大,左旋错距达450m;第二、三、四级冲沟的规模依次减小、形成时代依次变新,左旋位移分别为50~150m、20~47m和6~17m;第五级冲沟发育时代最新、规模最小,水平错距一般仅为4~5m(宋方敏等,

1982；邓起东等，1989）。这表明香山-天景山断裂带在第四纪中晚期平均水平滑动速率为2.7~5.5 mm/a。香山-天景山活动断裂带东段，断层运动以逆冲运动为主。

三、烟筒山断裂

烟筒山活动断裂带北起中卫市中宁县余丁乡金沙西北侧的牙石沟，向东南过黄河，经烟筒山东麓红山口子、榆树沟、康麻头和小井子，过窑山东麓和炭山西麓，到云雾山一带可能与牛首山-罗山断裂带重合，再向南隐伏于黄土之下，最终并入六盘山断裂带，其北东与东侧为新生代中宁-红寺堡盆地（图6-3）。活动断裂主体分布在烟筒山东麓，向西北进入腾格里沙漠情况不清。断裂带总体表现为向北东凸出的弧形，北段烟筒山东麓走向310°，中段窑山东麓和南段炭山西麓走向转为340°，倾向南西，倾角为40°~70°。在地貌上，烟筒山活动断裂带西侧是上古生界、古近系—新近系和少量中生界地层组成的余丁-烟筒山隆起，东侧是新生代中宁-红寺堡沉降盆地。该带相对变形较弱，靠近断层可见较为宽缓褶皱，同时有正断层发育。烟筒山断裂在青藏高原东北缘4条弧形断裂中，活动性是相对最弱的。

四、牛首山-罗山断裂

牛首山-罗山断裂带是青藏高原东北缘最外侧的一条边界断裂，也是青藏高原与华北地块和阿拉善地块的分界断裂（国家地震局地质研究所和宁夏回族自治区地震局，1990；陈虹等，2013；Chen et al.，2015）。牛首山-罗山断裂带从北向南经过三关口、青铜峡、大罗山、小罗山、固原至甘肃华亭马峡口，目前地表可以追索的长度约400km。断裂南段总体呈南北向延伸，青铜峡以北转为北西—北西西走向。断裂在地表主要由四条次级断裂组成，由南向北依次为蒿店-海子口断裂、罗山东缘断裂、牛首山断裂和三关口断裂等（马寅生，2003）。沿断裂带在云雾山东麓和牛首山、三关口一带存在一条明显的近南北向和北西向的重力梯度带，而且断裂在深部也明显分隔了鄂尔多斯地块西缘和六盘山弧形构造带。断裂带两侧的地质历史、现今地貌和地球物理场特征都存在明显差异，西南侧是祁连山加里东期构造带，在10~8Ma以后开始强烈隆升（Zheng et al.，2006），地貌特征表现为由一系列不对称的弧形山地和盆地组成；东北侧为鄂尔多斯和阿拉善地块，自晚白垩世已经开始隆升（赵红格等，2007），地貌特征表现为北北东向延伸的贺兰山山系、银川盆地和黄土高原（图6-3）。

牛首山-罗山活动断裂带西段因沙漠覆盖，第四纪活动不清，南部罗山东麓一带具有清晰的右行逆冲活动特征，中部牛首山、三关口一带除挤压逆冲特征外还具有明显的右旋走滑活动特征。断裂带内包括许多次级活动断裂，主要的次级活动断裂由南向西北方向依次为蒿店-海子口断裂、大罗山断裂、小罗山断裂、牛首山东麓活动断裂、三关口活动断裂等。大罗山与小罗山东麓地貌特征明显，发育断层崖，多处可见逆冲断层发育，下奥陶统薄层灰岩、长石石英砂岩、板岩逆冲于第四系冲洪积砂砾层和黄土之上，发育较宽破碎带，表现为强烈的挤压逆冲特征。牛首山－罗山断裂带由三关口断裂、柳木高断裂、牛首山断裂、罗山东麓山前断裂4条斜列断层组成，总体上，具有挤压逆冲兼具右行走滑特征（陈虹等，2013）。

第五节　目标任务及调查内容

一、目标任务

系统梳理和总结国内外1∶50000活动构造发育区填图方法和经验，参照《1∶50000区域地质调查技术要求（暂行）》和《覆盖区1∶50000区域地质调查技术要求》等有关技术要求，通过地表地质调查和地球物理探测技术的紧密结合，运用地质、遥感、物探、钻探等综合技术手段，在青藏高原东北缘弧形构造带尚未开展1∶50000区域地质填图的图幅范围内选择9幅标准图幅，开展活动构造发育区填图试点。查明图幅范围内地层、沉积、构造、地貌、古气候特征及相互耦合关系，区域沙漠化现状及地质控制因素，为当地区域经济部署、重大工程建设及国土空间规划与管理等提供基础地质图件。通过1∶50000活动构造发育区填图试点，借鉴国内外活动构造地质调查先进经验，探索活动构造发育区填图新思路、新方式，创新活动构造发育区地质填图成果的表达方式，形成面向国家与地方需求的多目标、多任务地质填图成果，建立活动构造发育区1∶5万填图的技术方法体系与工作指南，查明青藏高原向北东方向扩展最前锋的活动方式与活动性，及其引发的沉积、构造和地貌响应。

二、调查内容

主要调查内容包括：

（1）查明青藏高原东北缘古近纪、新近纪的地层岩性、岩相特征、沉积充填特征，划分沉积旋回，建立完整的地层充填序列及年代地层格架。

（2）查明清水河流域、红寺堡盆地第四纪松散沉积物的组成、成因、分布、时代及地层划分标志，划分岩石地层单位，进行多重地层划分与对比研究，建立测区第四纪年代地层格架，分析不同成因类型第四系堆积物的时空分布和演化特征。

（3）查明图幅范围内香山－天景山断裂、烟筒山断裂、柳木高断裂的几何学、运动学特征，开展活动断裂定时、定位研究；查明清水河流域、红寺堡盆地隐伏断裂的空间展布特征及其构造活动性。

（4）查明测区内台地、阶地及古河道等与新构造、活动构造有关的构造地貌特征，系统测量清水河、红柳沟等大型沟谷的河流阶地，并采集相关样品，调查不同河流阶地的形成时代，研究阶地的形成过程与高原隆升的关系。

（5）宏观标志与微观标志相结合，沉积序列演化与黏土、孢粉等分析手段相结合，开展测区第四纪古气候调查。在区域对比的基础上，查明重大气候事件发生的时间，建立古气候演化序列与全球对比的关系。

（6）调查红寺堡盆地土地沙化和沙漠化的分布范围、发育程度、形成历史、扩展速度、影响因素、综合治理效果等，查明土地沙化或者沙漠化的地质背景，预测土地沙化和沙漠化发展的可能趋势。

第七章　古近纪—新近纪沉积地层调查

第一节　基本层序调查

一、地层特征

青藏高原东北缘出露的古近纪—新近纪地层主要包括渐新统寺口子组（E_3s）、清水营组（E_3q）、中新统彰恩堡组（N_1z）和干河沟组（N_1g），总体上为一套内陆红色碎屑岩 – 含膏盐建造。

1. 寺口子组

寺口子组（E_3s）主要岩性为一套冲积扇和扇三角洲沉积体系的紫红色中厚层粗砂岩、砾岩，红色厚层砂岩发育大型交错层理、斜层理。该组平行不整合于下白垩统乃家河组之上，与上覆清水营组呈整合接触。该组分布局限，厚度较小，一般为几百米。依据固原寺口子红层内所夹的灰岩中采获腹足类化石，以及寺口子组之上的清水营组底部曾经获得孢粉组合 Schizaeoisporites、Araucariacites、Cedripites、Ephedripites、E.（Distachyapites）fushunensis、E. trinata、Momipitescoryloides、Loniceropollis pachydermus、Sopindaceidites concarus 等，孙素英（1982）认为其时代属于始新世—渐新世。早期磁性地层学研究，确定其时代为 32.47～30.21Ma（程彧，2005），结合同心贺家口子古近系—新近系剖面连续沉积于寺口子组之上的清水营组磁性地层学研究成果（申旭辉等，2001），以及清水营组底部化石年龄（孙素英，1982；宁夏回族自治区地质矿产局，1990），推断寺口子组沉积时代为始新世（图 7-1）。但最新的宁南盆地寺口子水库剖面古地磁年代学，结合地层所含化石，确定该组沉积时代为 28～25.3Ma，为渐新世中晚期（王伟涛，2011）。

2. 清水营组

清水营组（E_3q）下部为褐红色细砂岩、粉砂岩、泥质粉砂岩夹少量红色泥岩，上部为褐红色、橘红色、紫红色泥岩、灰绿色泥岩夹石膏、泥质石膏层，为咸水湖相沉积。以富含石膏为主要特征，分布广，厚度一般大于 1000m（宁夏回族自治区地质矿产局，1990）。关于清水营组的时代，在灵武龙骨梁清水营组内产哺乳类化石 Cyclomylus lohensis、Baluchitherium grangeri、Archaeotherium ordosius（杨钟健和周明镇，1956），可以与蒙古国二达河动物群对比，时代属于早渐新世（王伴月等，1994）。在同心县城西的贺家口子剖面，在清水营组下部（层位低于膏盐沉积）获得孢粉组合，其中以被子植物花粉占优势，次为裸子植物花粉。被子植物花粉中以 Meliaceodites 含量最高，

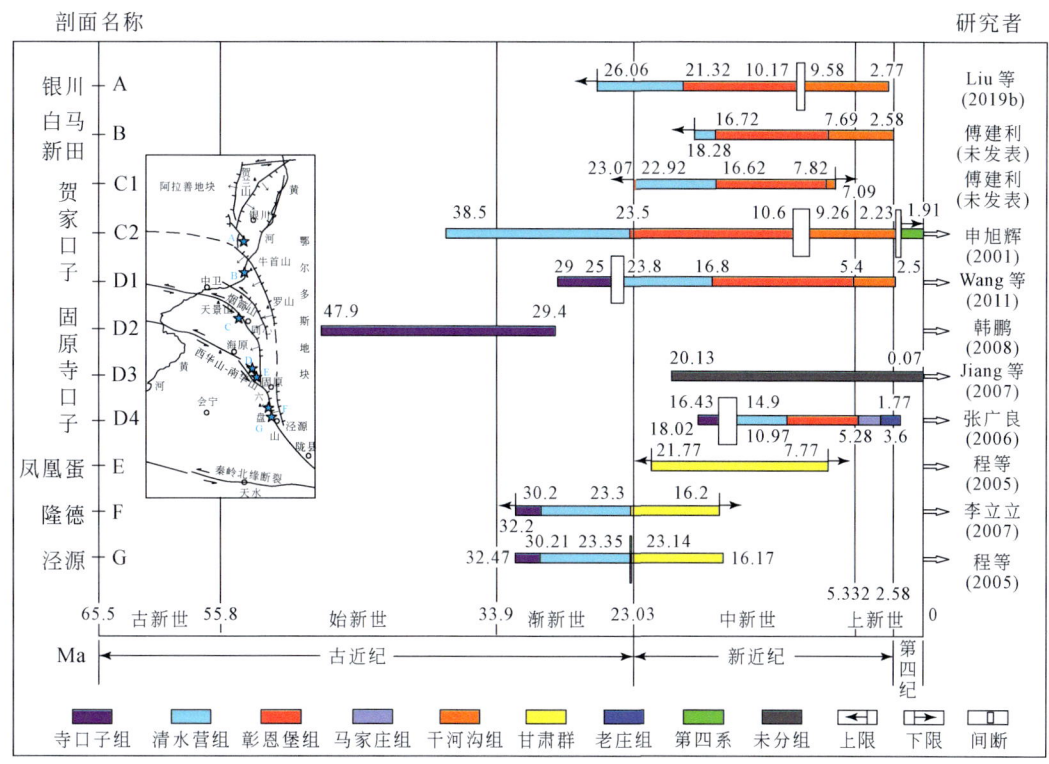

图 7-1 青藏高原东北缘新生代地层时代对比图（据房建军，2009 修改）

Ulmipollenites、*Salixipollenites* 等次之；裸子植物花粉中 *Ephedripites* 含量居首（孙素英，1982）。宁夏回族自治区地质矿产局（1990）认为产孢粉组合层位的时代应该为中渐新世或中晚渐新世。在以上资料的基础上，宁夏南部的清水营组根据古脊椎动物化石确定时代为早、中渐新世。而根据寺口子剖面已有的孢粉组合资料，表明清水营组底部时代可能为早渐新世，甚至始新世晚期。古地磁数据指示其属于渐新世中晚期（30.2～23.3Ma）（申旭辉等，2001）。

3. 彰恩堡组

彰恩堡组（N_1z）为典型的深湖相沉积，岩性为浅红色、橘红色、橘黄色泥岩，向上黏质砂土逐渐增多，含石膏。其岩石松散，固结程度差，其宏观色调较下伏清水营组和寺口子组浅。本组岩石固结程度差，岩层宏观色调（橘红色、橘黄色）较下伏清水营组和寺口子组浅。宁夏境内的彰恩堡组分布向北可达到贺兰山中部，向南可达六盘山地区，东部已进入鄂尔多斯高原。可分出几个可能独立的沉积中心，即中部固原、南部隆德以及北部中宁等地区，南部以湖相沉积为主，北部以河流相为主。本组产丰富的哺乳类化石，以及腹足类、轮藻和介形虫等，在海原南华山西北袁家窝窝剖面本组底部产 *Aporotdon* sp.、*Parasminthus* sp. 等化石，时代为早中新世，宁夏中部同心地区彰恩堡组为中中新世中期产物，而宁夏北部的彰恩堡组为中新世中 - 晚期沉积产物（王伴月等，1994），表明彰恩堡组的年龄从南向北逐渐变新。邱占祥和邱铸鼎（1990）将同心丁家二沟哺乳类动物化石时代定为中中新世。根据以上化石组合，宁夏回族自治区地质矿产局（1990）将彰恩堡组划为早中新世—中中新世。已有的磁性地层学研究获得其确切年龄为23～10Ma（申旭辉等，2001）。

4. 干河沟组

干河沟组（N_1g）以河流相的土黄色、土红色、灰白色的砾岩、砂砾岩和砂岩为主，岩层松散，固结程度差。其分布范围类似彰恩堡组，但厚度仅几百米，且其厚度横向上变化比较大，北部以河流相沉积为主，南部则出现湖相沉积，沉积中心位于固原及中宁一带。对于干河沟组的时代过去争议比较大，早期认为属于上新世。但在吴忠建材厂附近的干河沟组中发现哺乳动物化石 *Hipparion weihoense*、*Tetralophodon* cf. *exoletus* 等，这一动物群在我国新近纪地方哺乳动物群的排序上近似灞河地方哺乳动物群，时代为晚中新世早期（邱占祥和邱铸鼎，1990），干河沟剖面本组底部所产 *Hipparion* sp.，*Ninxiatherium longirhinus* 等也属于上述哺乳动物群。因此干河沟组的沉积年代主要是中新世晚期，由于干河沟组顶部还有100多米的沉积无化石出现，因此干河沟组可能还延伸至上新统下部。古地磁研究获得其绝对年龄为7.88～9.26Ma，也支持这种观点（申旭辉等，2001）。其沉积可能持续到上新世中晚期（宁夏回族自治区地质矿产局，1990），表明该组为穿时沉积的地层。

二、地层序列

系统总结1：20万、1：25万和邻区1：5万图幅的填图成果，结合测区内地层出露实际情况，优选地层出露最全，变形程度最弱的丁家二沟剖面作为古近纪—新近纪地层实测地质剖面（图7-2）。在地质剖面实测的基础上，以沉积旋回理论为指导，按照沉积盆地充填序列，细化古近系—新近系填图单元，查明各套地层之间的接触关系，精确分析该阶段地质作用过程（图7-3）。古近系渐新统寺口子组（E_3s）代表湖盆充填初期，以一套厚层砾岩沉积为主，按照砾岩发育程度自下而上划分为三段。寺口子组一段（E_3s^1）为一套紫红色厚层块状砾岩；寺口子组二段（E_3s^2）为一套紫红色中厚层块状砾岩夹薄层砂岩；寺口子组三段（E_3s^3）为一套紫红色厚层块状砂岩，局部夹薄层砾岩透镜体。古近系渐新统清水营组（E_3q）代表湖盆充填高峰期，以一套含薄层石膏层泥岩沉积为主，按照地层颜色的变化自下而上划分为四段。清水营组一段（E_3q^1）为一套紫红色泥岩，无明显层理，局部含钙质结核；清水营组二段（E_3q^2）为一套深灰色泥岩夹薄层水平石膏层；清水营组三段（E_3q^3）为一套紫红色泥岩夹薄层网状石膏层；清水营组四段（E_3q^4）为一套深灰色泥岩夹薄层石膏层，与清水营组二段特征比较相似。新近系中新统彰恩堡组（N_1z）代表湖盆的衰退期，底部以一套含薄层石膏的块状粉砂岩为主，上部以粉砂质泥岩为主，由于底部地层较薄，纵向上未分。新近系中新统干河沟组（N_1g），以一套河流相的沉积为主，在区域上普遍遭受剥蚀，仅仅在局部地区保留较全，可以看到纵向上存在三个完整的沉积旋回,自下而上划分为三段(图7-3)。整个古近纪—新近纪地层在纵向上构成了一套完整的湖进至湖退的沉积序列,代表了湖盆从发育到消亡的过程。

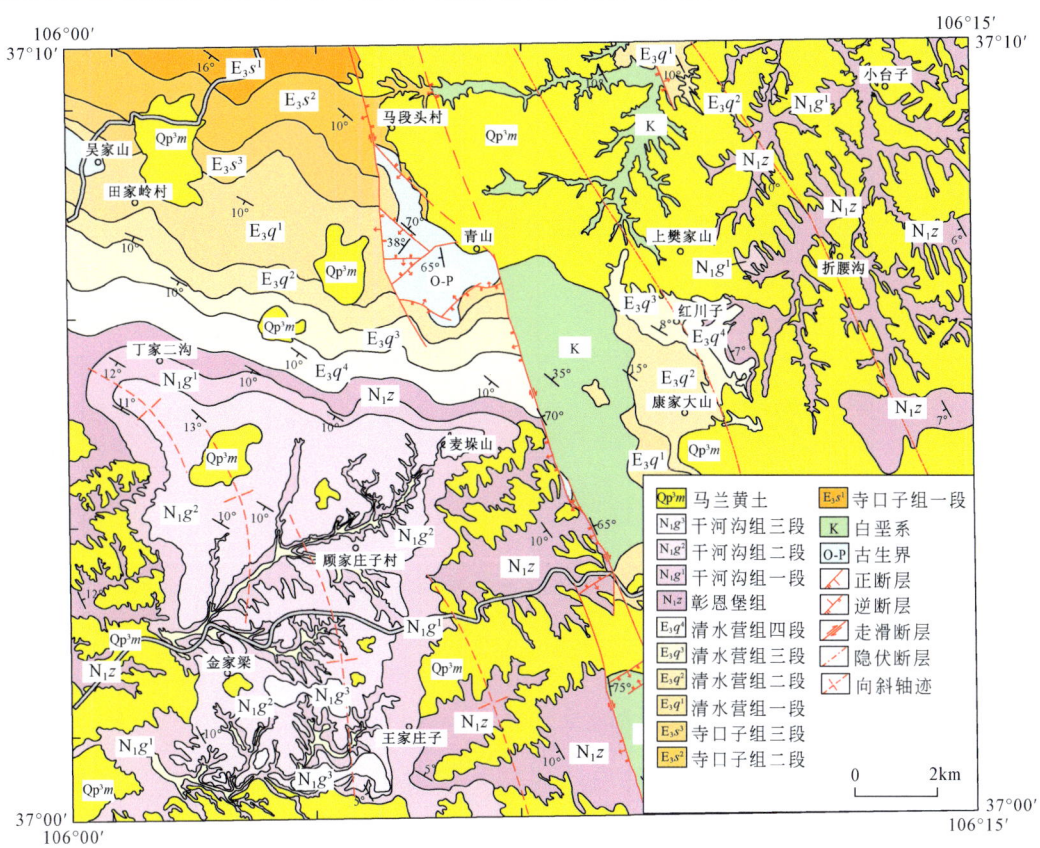

图7-2 石塘岭幅区域地质简图

(一)寺口子组

寺口子组的基本层序如下(图7-4):

上覆地层清水营组下段(E_3q^1) 紫红色泥岩

——————整合——————

寺口子组三段(E_3s^3)　　　　　　　　　　　　　　　　　　　　　　　　　　87.5m

11. 紫红色岩屑长石砂岩与紫红色泥岩不等厚互层。该套地层底部以砂泥岩等厚互层为特征,砂岩厚度一般为0.5~1.0m,向上泥岩含量逐渐增多,以薄层砂泥岩互层为特征,单层厚度一般为20~300m　　　　　　　　　　　　　　　　39.5m

10. 紫红色薄层砂岩与泥岩等厚互层,薄层泥岩中有钙质条带,局部夹细砾岩,砂岩厚度一般为20~30cm　　　　　　　　　　　　　　　　　　　　　　　25.4m

9. 紫红色中层砂岩夹薄层泥质粉砂岩,局部含有细砾岩,砾径0.5~1.0cm　　21.6m

——————整合——————

寺口子组二段(E_3s^2)　　　　　　　　　　　　　　　　　　　　　　　　　　180m

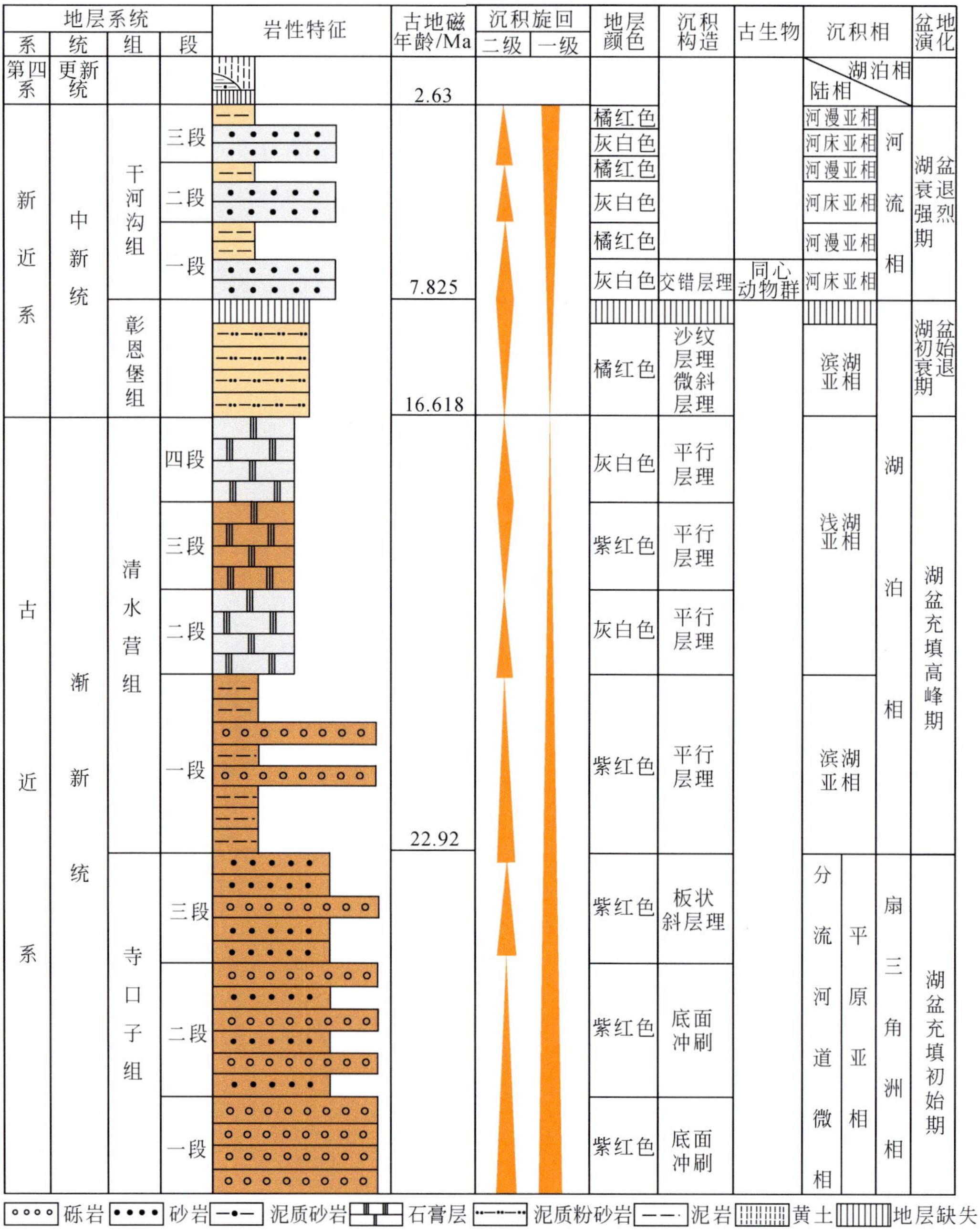

地层系统				岩性特征	古地磁年龄/Ma	沉积旋回		地层颜色	沉积构造	古生物	沉积相		盆地演化
系	统	组	段			二级	一级						
第四系	更新统				2.63						陆相	湖泊相	
新近系	中新统	干河沟组	三段					橘红色			河漫亚相	河流相	盆退强烈期
			二段					灰白色			河床亚相		
								橘红色			河漫亚相		
			一段					灰白色			河床亚相		
					7.825			灰白色	交错层理	同心动物群	河床亚相		
		彰恩堡组						橘红色	沙纹层理微斜层理		滨湖亚相		盆初始衰退期
					16.618								
古近系	渐新统	清水营组	四段					灰白色	平行层理		浅湖亚相	湖泊相	湖盆充填高峰期
			三段					紫红色	平行层理				
			二段					灰白色	平行层理				
			一段					紫红色	平行层理		滨湖亚相		
					22.92								
		寺口子组	三段					紫红色	板状斜层理		分流河道微相	平原亚相	扇三角洲相	湖盆充填初始期
			二段					紫红色	底面冲刷				
			一段					紫红色	底面冲刷				

砾岩　砂岩　泥质砂岩　石膏层　泥质粉砂岩　泥岩　黄土　地层缺失

图 7-3　丁家二沟地区古近纪—新近纪地层综合柱状图

8. 紫红色厚层块状长石砂岩与砾岩、含砾砂岩不等厚互层　　75.0m

7. 紫红色中厚层块状砾岩与砂岩不等厚互层，斜层理发育　　69.4m

6. 紫红色中厚层长石岩屑砂岩，局部夹砾岩透镜体　　3.2m

5. 紫红色中厚层砂岩与紫红色厚层砾岩不等厚互层　　17.5m

4. 紫红色厚层长石岩屑砂岩，岩石表面风化严重，局部呈蜂窝状　　13.9m

第七章 古近纪—新近纪沉积地层调查

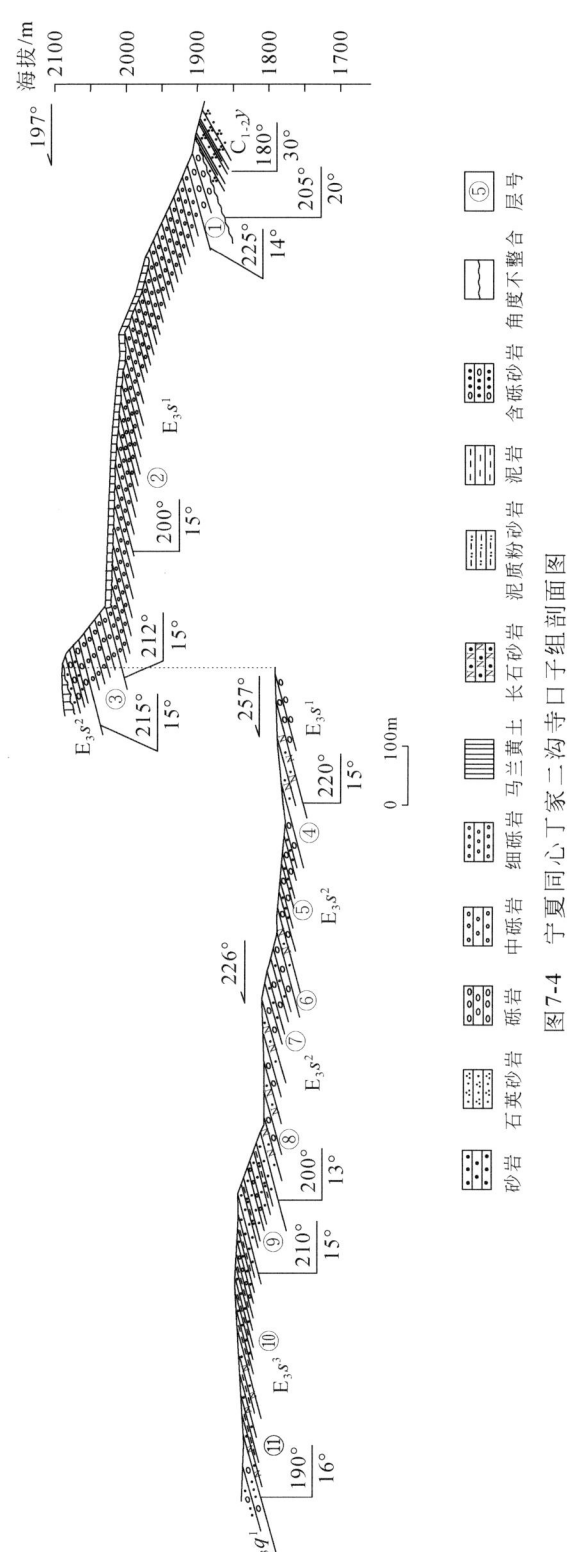

图7-4 宁夏同心丁家二沟寺口子组剖面图

寺口子组一段（E_3s^1） 334.1m

————整合————

3. 紫红色厚层中细砾岩，砾石分选好，磨圆好，局部定向排列。砾石成分以紫红色粉砂岩、浅灰白色粉砂岩、灰岩砾石为主，偶含石英砾 5.1m

2. 紫红色厚层中-细砾岩，砾石砾径一般为1～2cm，最大砾径可达10cm，砾石大小混杂，磨圆好，分选差。砾石成分以紫红色粉砂岩、浅灰白色粉砂岩、灰岩砾石为主，偶含石英砾 279.7m

1. 紫红色厚层块状巨砾-中砾岩，砾石砾径一般为5～10cm，分选好，磨圆差，棱角-次棱角状。砾石成分以紫红色、浅灰白色的粉砂岩、灰岩砾石为主，偶含石英砾 49.3m

∽∽∽∽∽ 角度不整合 ∽∽∽∽∽

下伏地层石炭系羊虎沟组（$C_{1-2}y$） 灰绿色薄层砂岩夹煤层

（二）清水营组

清水营组的基本层序如下（图7-5）：

上覆地层彰恩堡组（N_1z） 橘红色中厚层泥质粉砂岩，含泥灰岩透镜体及薄层石膏层

————整合————

清水营组四段（E_3q^4） 75.3m

12. 深灰色中厚层石膏层夹薄层泥岩，石膏层单层厚度为0.5m 58.1m

11. 深灰色泥岩夹薄层水平石膏层，单层石膏厚度一般为2～3cm 18.2m

————整合————

清水营组三段（E_3q^3） 75.6m

10. 紫红色泥岩，含网状石膏层 75.6m

————整合————

清水营组二段（E_3q^2） 111.0m

9. 灰白色石膏层与泥岩不等厚互层 111.0m

————整合————

清水营组一段（E_3q^1） 545.7m

8. 紫红色泥岩夹薄层砂岩 62.8m

7. 紫红色厚层粉砂岩夹薄层泥岩 53.0m

6. 厚层块状砾岩 17.4m

5. 紫红色泥岩夹薄层砂岩，局部含泥灰岩团块 31.7m

4. 紫红色薄层砾岩、砂岩互层，底部为一套约2.0m砾岩，中部砾岩逐渐减少，砂岩逐渐增多，上部相变为泥岩 51.6m

3. 紫红色厚层块状粉砂岩夹泥岩 77.2m

2. 紫红色薄层粉砂岩、泥质粉砂岩与泥岩不等厚互层，单层厚度一般为20～30cm，局部发育水平层理 228.3m

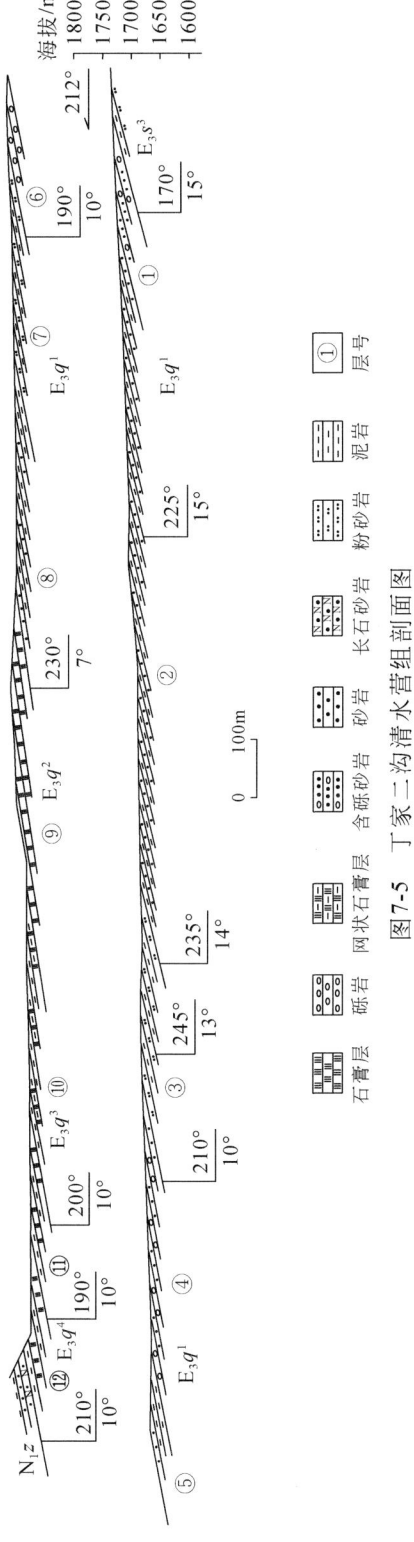

图7-5 丁家二沟清水营组剖面图

1. 紫红色厚层块状含砾砂岩　　　　　　　　　　　　　　　　　　　　　　　　24.7m

　　　　　　　　　　　　　——————整合——————

下伏地层寺口子组上段（E_3s^3）　紫红色块状细–中粒长石石英砂岩

（三）彰恩堡组

彰恩堡组基本层序如下（图7-6）：

上覆地层干河沟组（N_1g^1）　灰白色厚层疏松砂，交错层理发育

　　　　　　　　　　　—————平行不整合—————

彰恩堡组（N_1z）　　　　　　　　　　　　　　　　　　　　　　　　　　253.2m
　7. 紫红色中厚层泥质粉砂岩，夹薄层泥岩，泥岩单层厚度为3～5cm　　　14.1m
　6. 紫红色泥岩与泥质粉砂岩不等厚互层　　　　　　　　　　　　　　　14.0m
　5. 橘黄色泥岩夹薄层砂岩，砂岩单层厚度为10～20cm　　　　　　　　　30.5m
　4. 土黄色厚层泥质粉砂岩　　　　　　　　　　　　　　　　　　　　　 5.9m
　3. 橘黄色厚层状泥岩夹薄层泥灰岩，薄层泥灰岩单层厚度为25～30cm　　5.4m
　2. 橘黄色厚层泥岩夹薄层泥质粉砂岩，泥质粉砂岩单层厚度为25～30cm　4.0m
　1. 紫红色薄层砂岩与泥岩互层　　　　　　　　　　　　　　　　　　　174.3m

　　　　　　　　　　　　　——————整合——————

下伏地层清水营组上段（E_3q^4）　粉砂质泥岩夹少量蓝灰色含膏泥岩、泥质石膏岩

（四）干河沟组

干河沟组基本层序如下（图7-7）：

上覆地层全新统下部洪积层（Qh^{1pl}）　灰色砂砾岩、砾石层夹土黄色含砾砂土层

　　　　　　　　　　　————————掩盖————————

干河沟组三段（N_1g^3）　　　　　　　　　　　　　　　　　　　　　　　15.7m
　9. 灰褐色块状砂岩，岩石表面风化严重，呈蜂窝状　　　　　　　　　　15.7m

　　　　　　　　　　　　　——————整合——————

干河沟组二段（N_1g^2）　　　　　　　　　　　　　　　　　　　　　　108.1m
　8. 橘黄色泥岩　　　　　　　　　　　　　　　　　　　　　　　　　　48.4m
　7. 橘黄色泥岩夹薄层钙质泥质粉砂岩、粉砂质泥岩　　　　　　　　　　33.2m
　6. 灰白色厚层块状砂岩夹灰白色钙质泥质粉砂岩　　　　　　　　　　　25.5m

　　　　　　　　　　　　　——————整合——————

干河沟组一段（N_1g^1）　　　　　　　　　　　　　　　　　　　　　　74.3m
　5. 灰白色厚层块状钙质砂岩，岩石表面风化严重，呈蜂窝状　　　　　　17.2m
　4. 紫红色泥岩，局部夹直立石膏层　　　　　　　　　　　　　　　　　29.6m
　3. 灰白色块状钙质泥质粉砂岩夹紫红色泥岩　　　　　　　　　　　　　 5.9m
　2. 灰白色厚层块状钙质泥质粉砂岩，无明显层理　　　　　　　　　　　 5.4m

第七章 古近纪—新近纪沉积地层调查

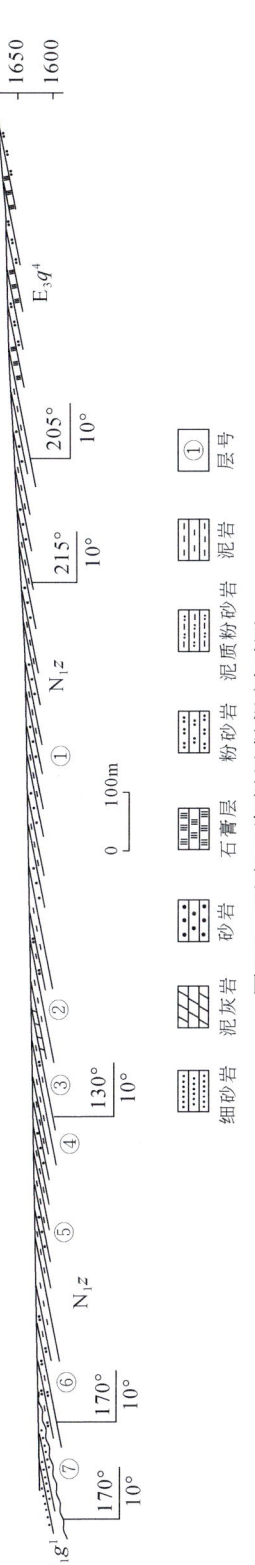

图 7-6 丁家二沟彰恩堡组剖面图

图 7-7 白垩系马东山组与古近系清水营组一段接触关系

1. 灰白色细砂岩，斜层理发育，局部见泥砾，岩石疏松，固结程度差　　　　　　14.2m

——————平行不整合——————

下伏地层彰恩堡组（N_1z）　　紫红色块状厚层泥质粉砂岩

第二节　遥感影像地层解译

石塘岭幅南部在地貌上整体属于黄土地貌深切峡谷区，峡谷狭窄，沟谷中经常有 2～3m 的陡坎，给地表地质路线调查带来了较大的困难。为了提高填图精度，满足1:5万地质调查需求，本次填图充分应用了 SPOT6 数据对于地层岩性解译的分辨率，遥感图像和实地踏勘相结合，建立了图幅中各套地层的解译标志，较大提高了图幅精度及填图效率。

对于遥感资料解译，主要依据两个方面：一是不同地层表现的色调。如下白垩统三桥组（K_1s）和尚铺组（K_1h），主要为一套紫红色、深黄色砂岩夹砂砾岩、粉砂岩，在 SPOT6 数据上主要表现为紫红色色调；下白垩统李洼峡组（K_1l）和马东山组（K_1m），主要为一套灰白色、暗灰色色调的页岩夹泥灰岩，在 SPOT6 数据上表现为一套灰白色色调；古近系清水营组自下而上分别由紫红色泥岩、深灰色泥岩夹石膏层、紫红色泥岩夹石膏层和深灰色泥岩夹石膏层组成，在 SPOT6 数据上表现为橘红色－灰白色－橘红色－灰白色。二是依靠基岩露头资料，初步判断测区的构造格局，测区以烟筒山断裂为界，主要表现为背斜构造，背斜核部主要出露志留系、泥盆系、石炭系和白垩系，两翼依次出露古近系寺口子组、清水营组及新近系红柳沟组。SPOT6 数据在测区中主要应用于深切峡谷中地层出露范围及接触关系的解释，也可以用于圈定地貌高点的剥蚀残留地层。

图 7-7 为深切峡谷中白垩系马东山组与古近系清水营组的接触关系，白垩系马东山组为深灰色页岩夹薄层泥灰岩，清水营组一段为橘红色泥岩，二者在 SPOT6 数据上分别表现为灰白色色调和橘红色色调，二者之间的接触界线比较明显，为平行不整合接触。

图 7-8 为白垩系马东山组与古近系清水营组一段、二段接触关系。白垩系马东山组为深灰色页岩夹薄层泥灰岩，清水营组一段为橘红色泥岩，清水营组二段为深灰色泥岩夹石膏层，三者在 SPOT6 数据上分别表现为灰白色色调、橘红色色调和灰白色色调，接触界线比较明显。由于该区域位于烟筒山断裂东侧，地层整体为北东倾向，因而向东地层时代逐渐变新。

图 7-9 为白垩系马东山组与古近系清水营组一段、二段、三段、四段，以及新近系彰恩堡组之间的接触关系。白垩系马东山组为深灰色页岩夹薄层泥灰岩，清水营组一段为橘红色泥岩，清水营组二段为深灰色泥岩夹石膏层，清水营组三段为紫红色泥岩夹石膏层，清水营组四段为深灰色泥岩夹石膏层，新近系彰恩堡组为橘红色泥岩。在 SPOT6 数据上分别表现为灰白色色调、橘红色色调、灰白色色调、橘红色色调、灰白色色调和橘红色色调，接触界线比较明显。

图 7-10 为白垩系马东山组与古近系清水营组之间的接触关系。清水营组分布于古地貌高点，岩性为紫红色泥岩，下覆白垩系马东山组深灰色页岩夹泥灰岩，二者之间为平行不整合接触。在 SPOT6 数据上分别表现为灰白色色调、橘红色色调。这种接触关系也表明，这期构造运动发生于清水营组沉积之后，清水营组为构造高点剥蚀残留地层。

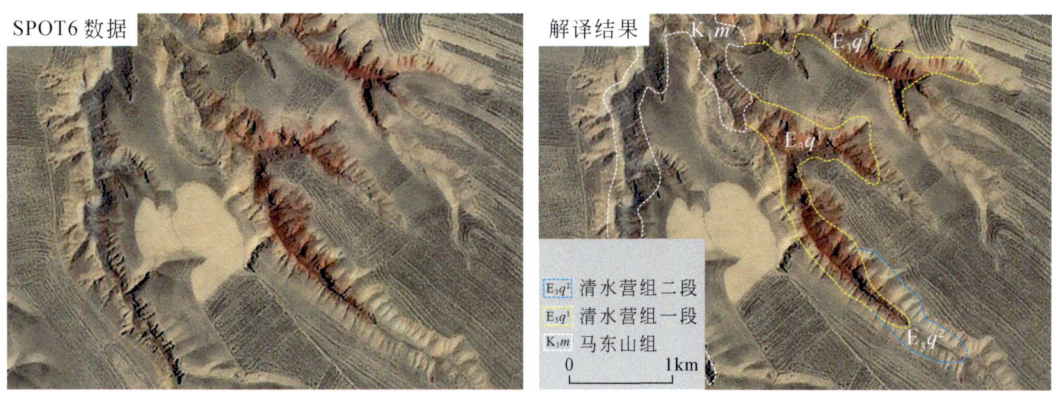

图 7-8　白垩系马东山组与古近系清水营组一段、二段接触关系

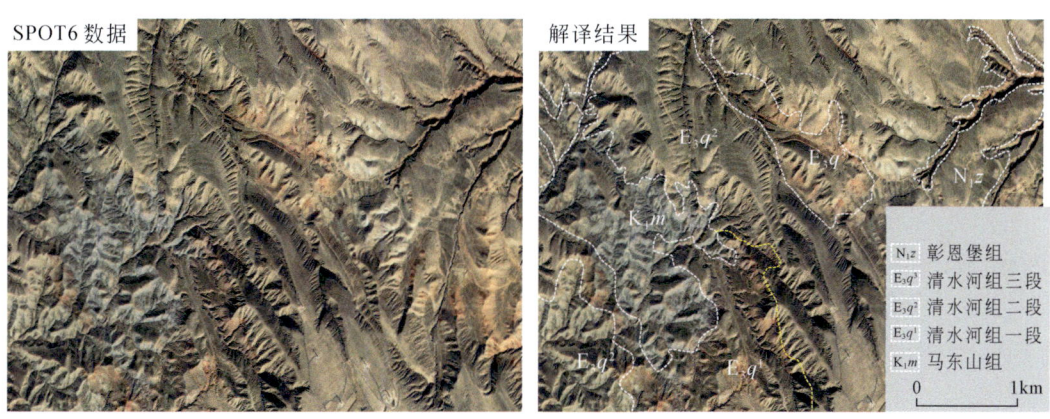

图 7-9　白垩系马东山组、古近系清水营组与新近系红柳沟组接触关系

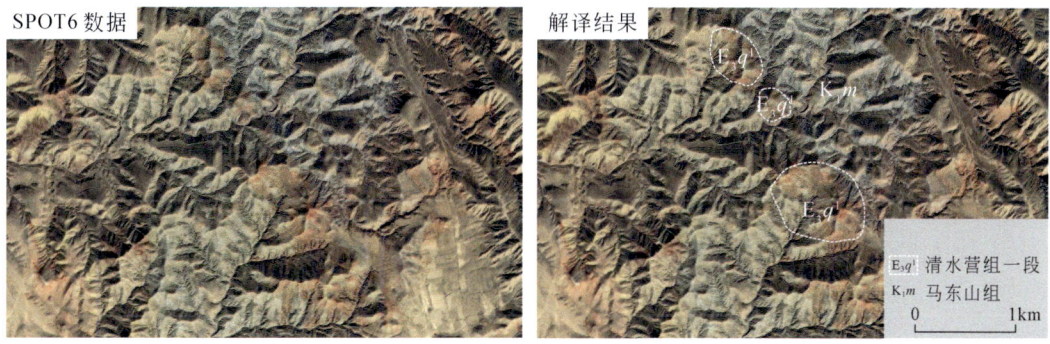

图 7-10　白垩系马东山组与古近系清水营组一段接触关系

第三节　磁性地层研究

一、钻孔概况

为查明银川盆地古近纪—新近纪地层序列，建立银川盆地新生代地层年龄格架，选择在地层连续、沉积厚度相对较薄的银川盆地西南缘甘城子地区设计了一口科研钻孔（XL15-1-01），对该钻孔岩心进行沉积学相关分析，测井分析及系统磁性地层学样品采集工作（图7-11）。

XL15-1-01钻孔位于银川盆地西南部，地理位置为吴忠市甘城子村西部。钻孔坐标：$38°7'39''N$，$105°52'2''E$，高度为1205m。钻孔为全孔取心，钻进围岩总深度为850.06m，岩心总长770.15m，取心率为90.6%。

二、钻孔地层划分

依据岩石地层特征、沉积构造组合特征及测井资料，将钻孔岩性进行了系统分层（图7-12），分述如下：

（1）0～12.7m为第四纪砾石层。

（2）12.7～323.5m为干河沟组，根据岩性组合又可将其划分为3段。

上段（12.7～48.87m）由中-细砾岩、土黄色含砾粗砂岩、含砾中砂岩、含砾细砂岩组成，为冲积扇相沉积。

中段（48.87～171.54m）上部由黄褐色细砂岩、紫红色泥岩、泥质粉砂岩夹褐黄色含砾粗砂岩组成，为湖相沉积；下部由砾岩-粗砂岩-中砂岩-细砂岩-泥岩组成的韵律层构成，砾岩-粗砂岩层厚与细砂岩-泥岩层厚相当，岩相上以河流相与湖相交替出现为特征。该段地层沉积物粒度总体向上变细。

下段（171.54～323.5m）总体由砾岩、含砾粗砂岩、薄层泥岩或粉砂岩组成的韵律层构成，二元结构明显，斜层理发育，主要为河流相。底部由中-细砾岩组成，与下伏泥岩为不整合接触，为冲积扇相沉积。

（3）323.5～699.37m为新近系彰恩堡组，粒度明显比干河沟组细，顶部橘红色泥岩与干河沟组底部砾岩为不整合接触，底部的灰白色石英细砂岩与清水营组泥岩为整合接触。根据岩性特征可分为3段。

上段（323.5～443.20m）主要由橘红色砾岩-粗砂岩-中砂岩-细砂岩-粉砂岩-泥岩组成的韵律层构成。在岩相上表现出由河流相至湖相变化的旋回。河流相二元结构清晰，湖相地层主要为泥岩-粉砂岩构成的韵律层。该段地层沉积物粒度总体向上变细。

中段（443.20～648.42m）主要由湖相地层组成，主体为橘红色泥岩、泥质粉砂岩与

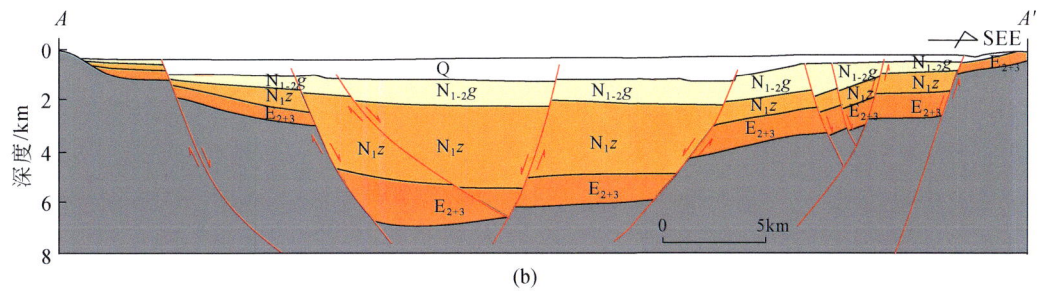

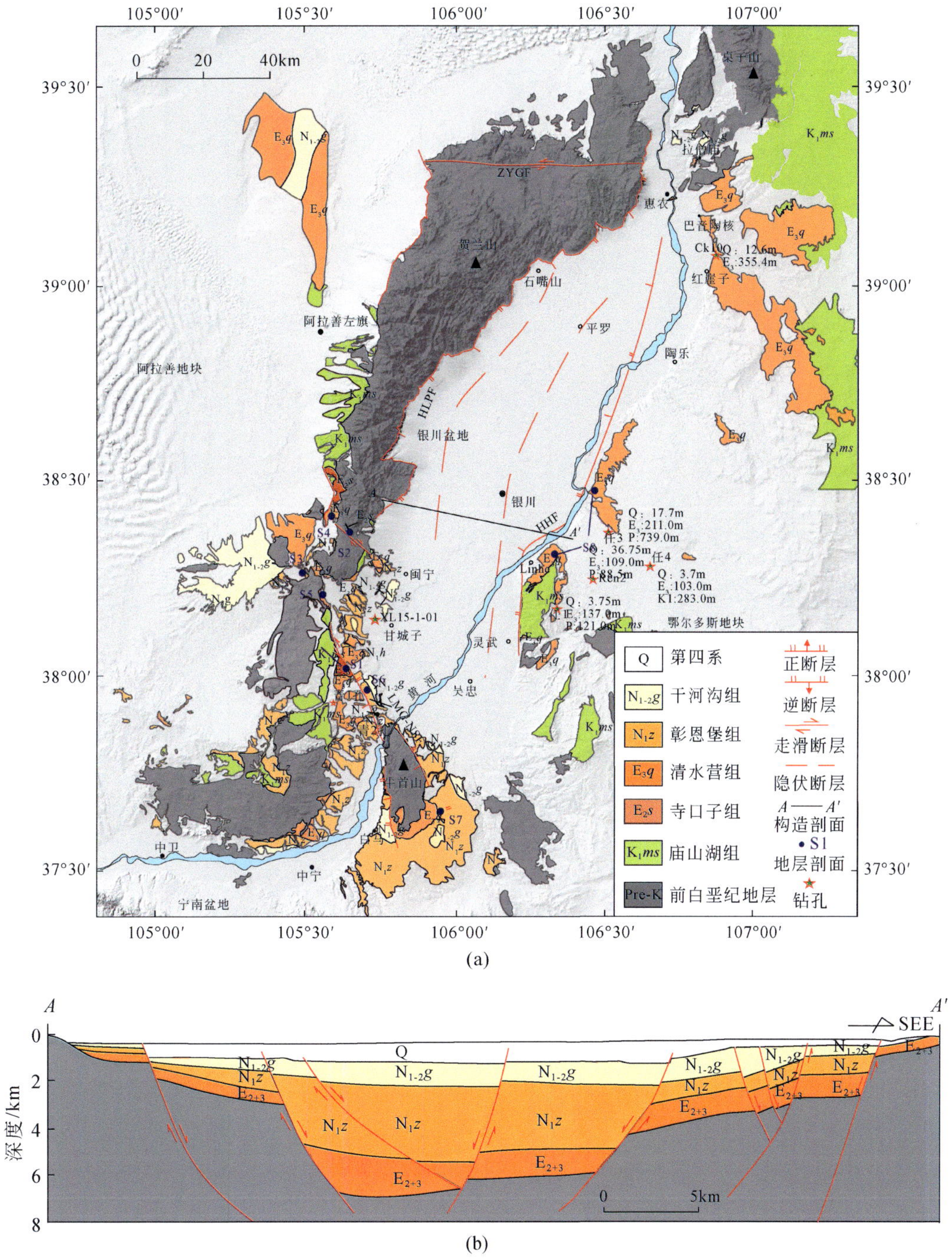

图 7-11 银川盆地地质简图

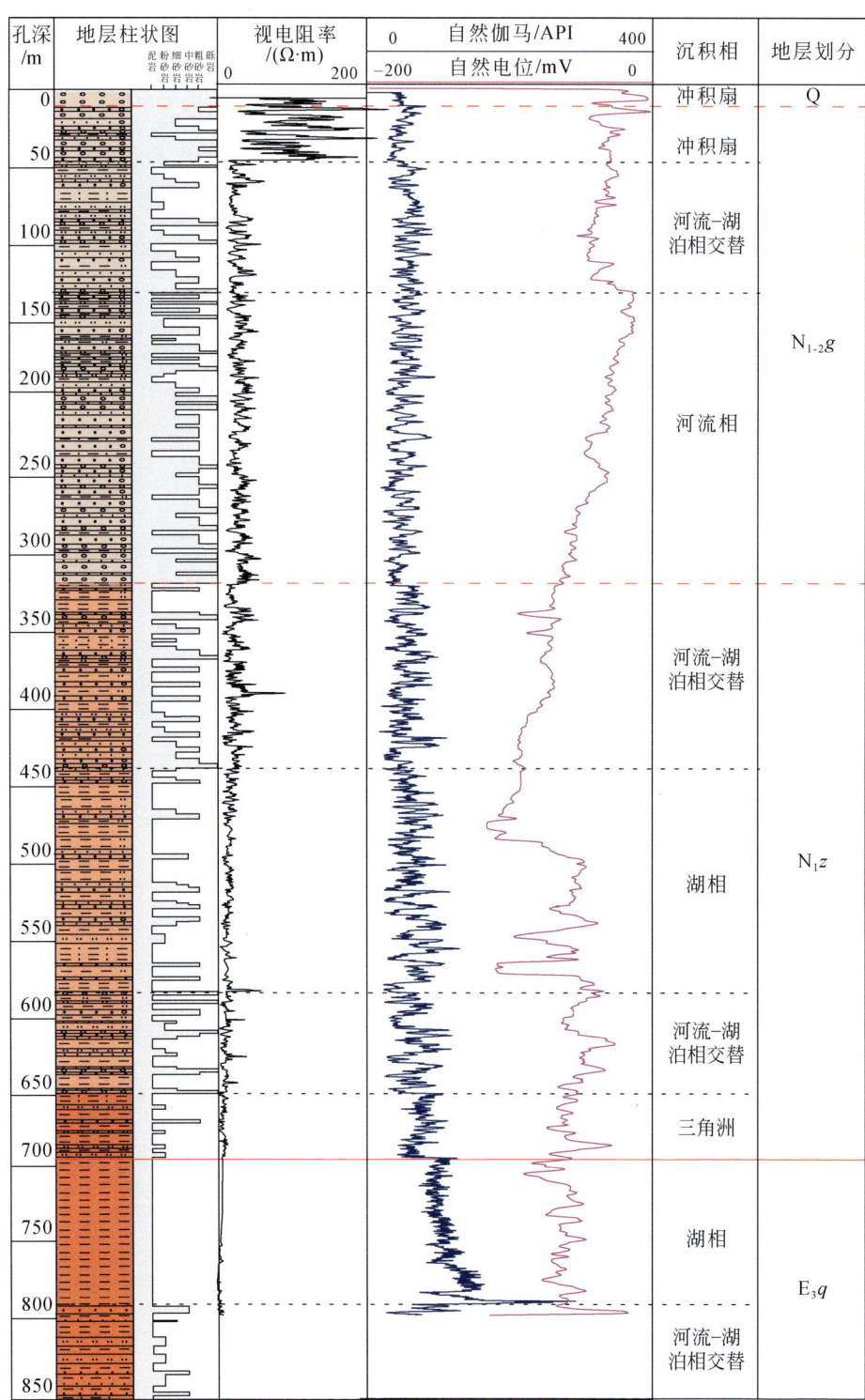

图 7-12 银川盆地西南部 XL15-1-01 钻孔综合柱状图及地层划分

粉砂岩。该段由6个旋回组成,每个旋回以短时间河流相沉积快速过渡到长时间湖相沉积为特征。

下段(648.42~699.37m)总体为棕红色、砖红色泥岩夹粉砂岩、细砂岩,偶夹薄层棕黄色粗砂岩(10cm),棕红色泥质粉砂岩中发育白色钙质结核,该段应为浅湖-滨湖相沉积环境。底部为厚约50m的粉砂岩、泥岩夹中砂岩,发育颗粒状石膏,为滨浅湖-三角洲相沉积。

(4)699.37~850.06m为清水营组,未见底。根据岩性特征可分为两段。

上段(699.37~788.97m)为砖红色、棕红色、紫红色纯泥岩,为深湖相沉积。

下段(788.97~850.06m)为砖红色泥岩夹石膏层、粉砂质泥岩、细砂岩层,发育斑点状、透镜状的灰绿色砂岩、泥岩,细砂岩中发育小型斜层理、交错层理,总体为湖泊三角洲亚相,进一步可划分为次一级的滨湖相和水面之上的曲流河沉积,该段未见底。

三、磁性地层学特征及结果

1. 样品采集

古地磁样品全部采集于钻孔岩心。在野外,首先去除岩心的泥浆使之露出新鲜面,然后在岩心上标注好方向,样品上的箭头方向为由地面指向下。总共系统采集了古地磁样品3928块,平均样品间距为21.64cm。根据岩性的不同,采取两种方法来采集古地磁样品:①对于胶结较好、硬度较高的泥岩或砂质泥岩,第一步用无磁切样机取下5cm长的岩心柱,第二步在室内把钻孔岩心加工成2cm×2cm×2cm的标准样品;②对于胶结较差的粉砂岩、细砂岩,选择用定制的直径为2cm、高为2cm的玻璃管采集。

2. 样品测试和分析方法

室内样品测试全部在中国地质科学院地质力学研究所古地磁实验室完成,样品测试过程全部在无磁空间进行。K-T曲线(剩磁测试)采用捷克产的JR-6A型数字旋转磁力仪,交变退磁采用美国产的U-Channel 2G-760型长岩心岩石磁力仪系统,热退磁采用美国产的2G-755型2G超导磁力仪系统。

首先选择部分典型样品进行岩石磁性实验以确定样品的磁载体。大部分样品的磁载体是磁铁矿,一部分样品的磁载体可能是赤铁矿,或者两者兼有。绝大多数样品经逐步交变退磁和热退磁后均可分离出特征剩磁。对所有系统退磁数据利用Kirschvink主向量分析法求得每个样品的特征剩磁方向(Kirschvink,1980)。采用至少4个(多为5~11个)连续的剩磁分量进行最小二乘法拟合。通过地震剖面及钻孔岩心可知钻孔地层倾角较小(<10°),因此对样品无须进行倾斜校正。主成分分析的精确度由最大角度偏差(maximum angular deviation,MAD)决定,一般认为当MAD>15时主成分分析法得出的方向是不可靠的或可疑的,通常弃置不用;当MAD<10则通常认为该结果是信得过的,相对较好。特征剩磁的确定采用了两种方法:①强迫直线通过原点法;②使用原点作为数据点之一;通过这两种方法得到了矢量合成剩磁方向。

3. 磁性矿物

$X\text{-}T$ 曲线对热处理过程中样品的矿物学变化非常敏感，是磁性矿物成分的重要指标（Chang et al.，2015）。图 7-13 显示 XL15-1-01 钻孔样品的 $X\text{-}T$ 曲线特征。每个 $X\text{-}T$ 加热曲线在 585℃附近显示出明显的下降，在 585℃之前的磁化率高于在 585℃之后的磁化率，这表明磁铁矿是沉积物中磁化率的主要贡献矿物。每个 $X\text{-}T$ 冷却曲线显示在 620℃附近磁化率明显增加，在 580℃后稳定下降，只有一个样品（30-6）在 450℃后稳定下降。许多样品也显示出在 680℃左右的磁化率逐渐降低 [图 7-13（a）～（e）]，这表明在一些样品中存在赤铁矿。来自 XL15-1-01 钻孔的所选代表性样品的上述热退磁行为表明磁铁矿是主要的磁性矿物，并且在一些样品组中几乎没有赤铁矿。

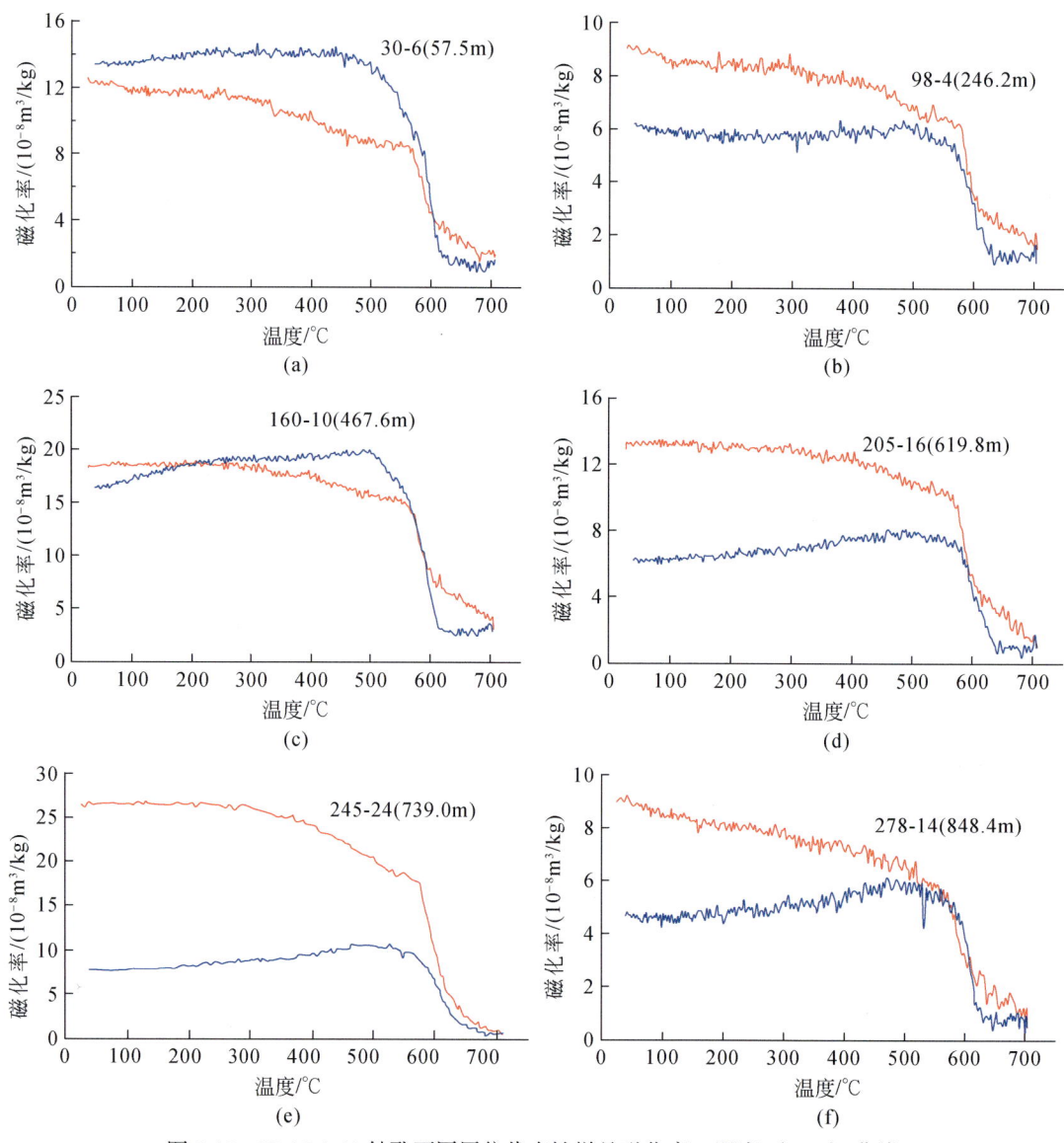

图 7-13　XL15-1-01 钻孔不同层位代表性样品磁化率 – 温度（$X\text{-}T$）曲线

红线和蓝线分别表示加热退磁和冷却循环过程

4. 退磁曲线特征

所有样品首先经过交变退磁，磁场强度分别采用0mT、5mT、10mT、15mT、20mT、25mT、30mT、40mT、50mT、60mT、70mT、80mT、90mT进行系统退磁。大多数样品在交变退磁到20mT后就能消除次生剩磁，特征剩磁组分具有明确的退磁方向，且明显趋向于原点，继续交变退磁到70～80mT时就能分离出稳定的特征剩磁[图7-14（a）]。岩石磁学实验结果显示磁铁矿是特征剩磁方向的主要载体。有的样品含有赤铁矿，交变退磁效果不是很好，我们再对这些样品进行610℃、640℃、660℃、670℃和685℃温度间隔的热退磁，最终得到121个样品的高温热退磁曲线。为了能更好地反映样品的退磁结果，经过单位换算，我们将同一件样品的交变退磁数据及后期再经过5步高温热退磁的数据放到一起，共同得出样品的热退磁矢量图[图7-14（b）]。结果表明，样品经过交变退磁的结果与再经过高温热退磁的结果是一致的。

5. 磁性地层结果

地震剖面显示钻孔地层倾角＜10°，因此不必对样品进行倾斜校正。一般认为，当最大角度偏差（MAD）值＞15°时退磁曲线主分量方向分析不可靠，MAD＜10°的数据是相对值得信赖的。实验获得数据的XL15-1-01钻孔样品共有921块，在去除169个MAD＞15°的样品数据后，我们最终共采用了752个有效古地磁数据并且依据其磁倾角数据建立了XL15-1-01的磁极性柱（图7-15），并与标准极性柱（Cande and Kent，1995）进行了对比。

从结果看，钻孔岩心地层记录了形成于C2An.1n至C8n.2n的磁极性事件，包括46个正极性（N1～N46）和45个反极性（R1～R45），年代跨度为26.06～2.77Ma（图7-15）。本次研究所得到的XL15-1-01钻孔大部分极性与GPTS的2An.1n～8n.2n极性柱有

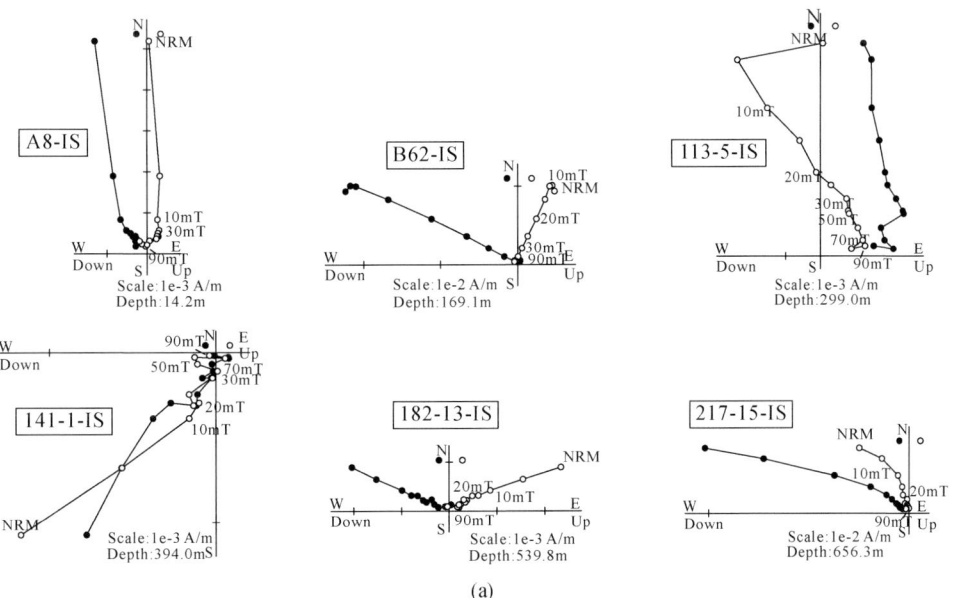

(a)

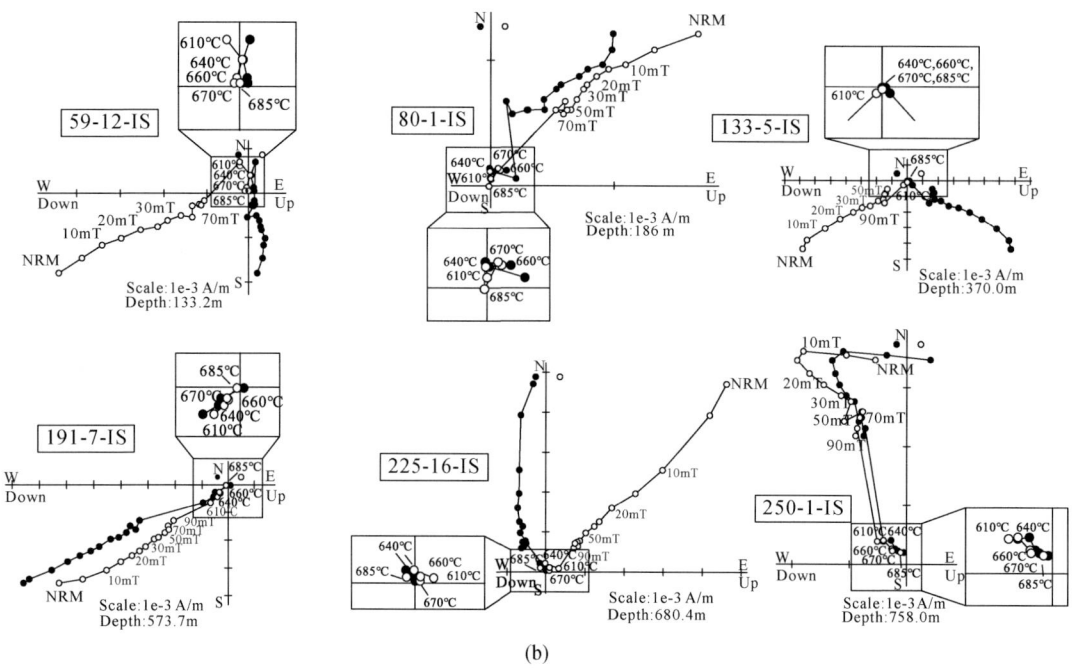

图 7-14 XL15-1-01 钻孔代表性试样的正交退磁图

（a）交变退磁矢量图；（b）交替退磁和热退磁的合成矢量图；空心圆和实心圆分别表示投影到垂直和水平平面上的矢量端点。Scale. 单位刻度；Depth. 深度；Down. 下方向；Up. 上方向；NRM. 天然剩磁

很好的对比性（图 7-15）。首先，持续时间几乎相等的短正极性 N3～N6 直接与 GPTS 中的 3n.1n～3n.4n 短正极性相关联。因此，N2 与 GPTS 中的正极性 2n.3n 关联。再往下，N7～N16 与 GPTS 中的正极性 3An.1n～4Ar.1n 相关联。N9～N12 间隔对应于砾岩区，相应沉降速率较大，因此对应于较小时间间隔的极性柱。然后，长正极性 N17 可以容易地与 GPTS 中的长正极性 5n.2n 相关联。再往下，N23～N45 很明显与 GPTS 中的 5ABn～8n.1 之间的极性相关联。总体来说，XL15-1-01 钻孔磁极性序列与 GPTS 磁极性序列对应较好。此外，申旭辉等（2001）对宁南盆地贺家口子剖面的磁性地层学研究结果显示，干河沟组与彰恩堡组之间的不整合面年龄为 10.60～9.26Ma，这对 XL15-1-01 钻孔磁性地层磁极性序与 GPTS 磁极性对比具有参考意义。

干河沟组底部（242.5m）对应于 C4Ar.2n 的顶部，年龄为 9.580Ma。彰恩堡组顶部对应 C6A.2n 底部，年龄为 10.17Ma，彰恩堡组底部（699.37m）对应 C6An.2n 底部，年龄为 21.32Ma，彰恩堡组与干河沟组之间缺失了 C5n.1n 正极性、C4Ar.2n 正极性、C5n.2n 上部及其中间的两个反极性。清水营组与彰恩堡组为连续沉积，因此清水营组顶部年龄为 21.32Ma。依据最上部和最下部极性界线的年龄及相邻界线之间的平均沉积速率，通过内插法及沉积速率综合分析，获得干河沟组最顶部和清水营组最底部的年龄分别为 2.77Ma 和 26.06Ma。考虑到后期剥蚀，干河沟组地层结束沉积的时间应该更年轻，时限在 2.77～2.58Ma。

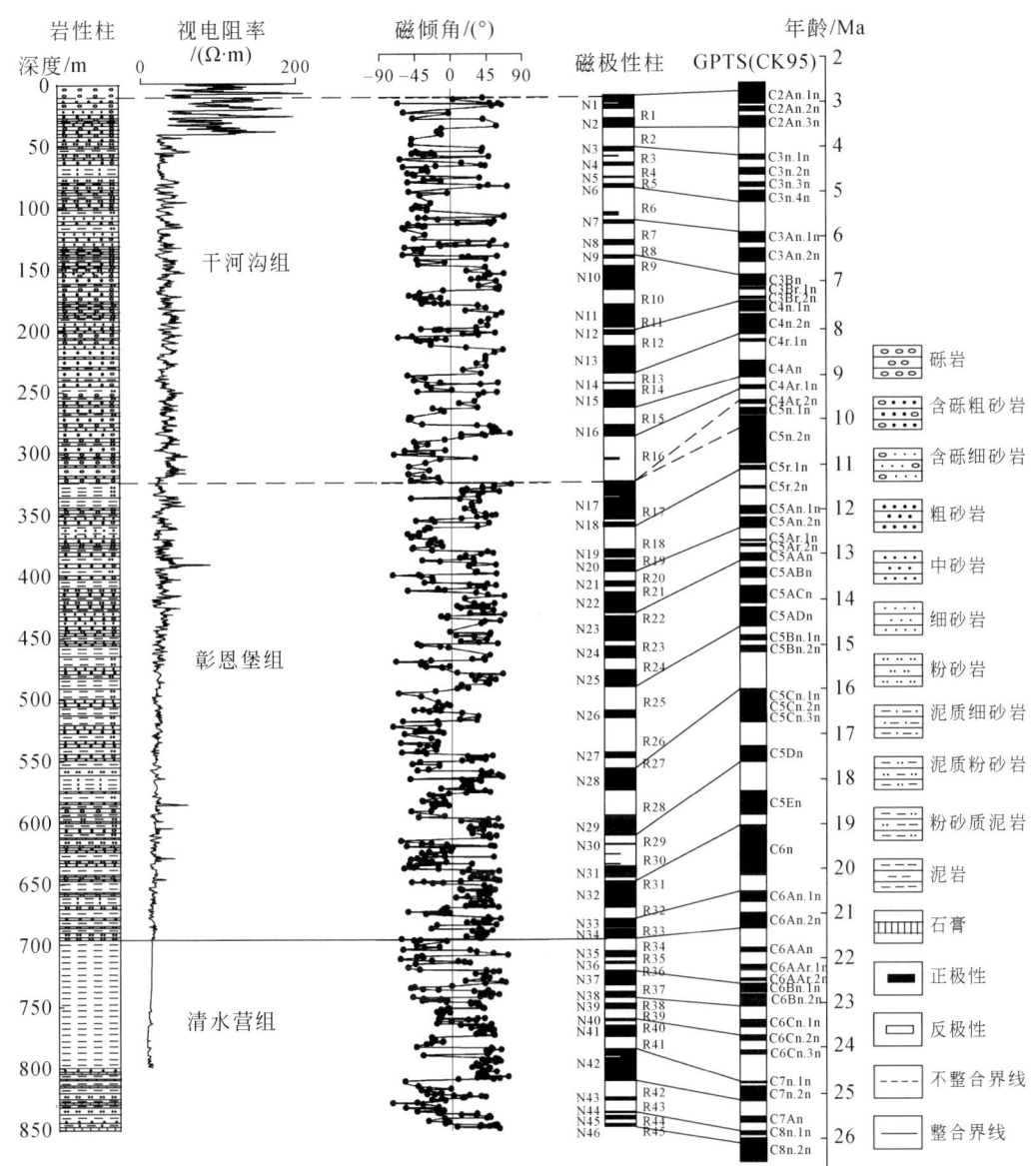

图7-15 银川盆地西南缘XL15-1-01钻孔地层柱、视电阻率及磁性地层序列及与标准极性地层序列(CK95)的对比图

6. 沉积速率特征及钻孔所揭示的构造事件序列信息

依据磁性地层结果，建立了剖面沉积速率变化曲线（图7-16）。从图中可以看出，在深度789m、650m、242.5m处沉积速率发生明显的变化，对应年代为25Ma、20.6Ma、9.58Ma。沉积速率的变化，反映了沉积环境的变化。这种变化，可能由两种情况所引起：一是气候环境的改变导致沉积速率的变化，二是构造变动导致沉积速率的变化。而在气候环境相对稳定的情况下，沉积速率的变化则指示了构造变动。因此，钻孔的沉积速率变化指示了发

生在 25.0Ma、20.6Ma、9.58Ma 前后的构造变动。

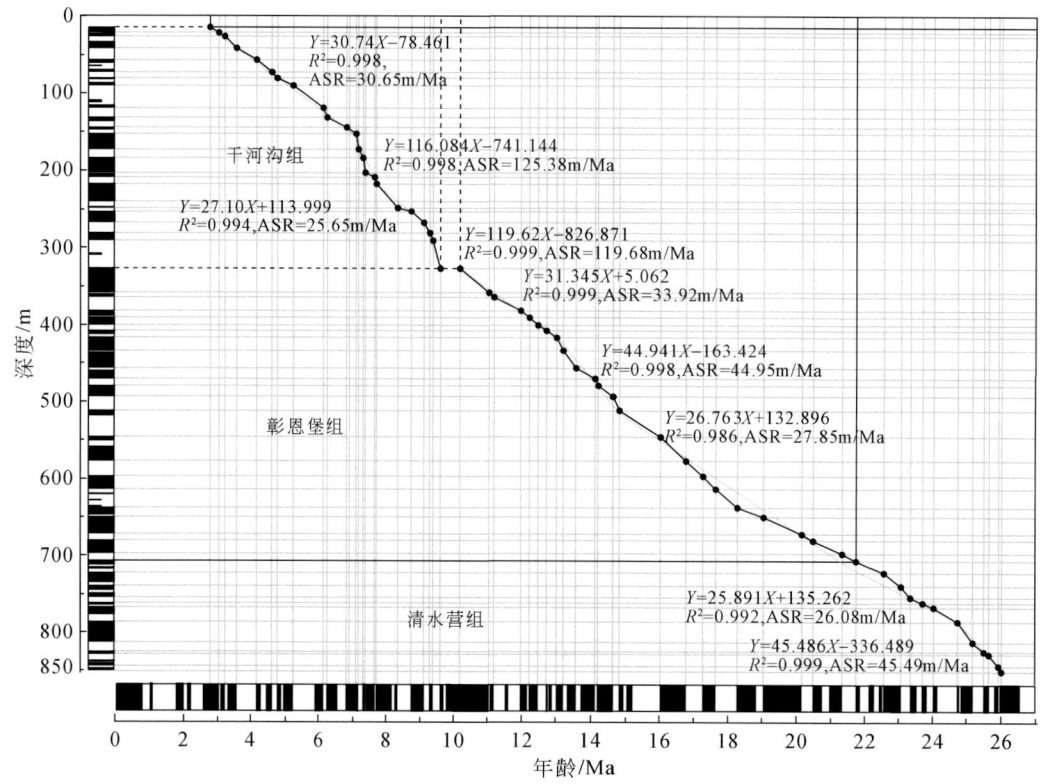

图 7-16　XL15-1-01 钻孔所揭示的沉积速率曲线图

第四节　古近纪—新近纪沉积充填过程

一、青藏高原东北缘弧形构造带研究现状

关于青藏高原东北缘弧形构造带的研究，前人主要集中在对活动断裂活动性的研究上，针对该弧形构造带活动断裂的调查研究最早始于 20 世纪 80 年代初（Deng et al., 1984；国家地震局地质研究所和宁夏回族自治区地震局，1989，1990）。并以活动断裂的系统研究为基础，探讨了整个弧形构造带四条活动断裂晚新生代以来构造演化的历史（Burchfiel et al., 1991）。但由于当时缺乏精确的低温构造年代学依据，研究者对青藏高原东北缘弧形构造带整个晚新生代的构造演化序列，尤其是在弧形构造带盆山构造格局发育的起始时间、扩展序列、定型时间、后期改造以及形成的动力学背景等方面，都存在着多方面的争议。

在弧形构造带晚新生代构造演化研究方面，早期主要基于对海原活动断裂带展布及其构造变形特征的研究，分析认为晚新生代以来海原断裂带主要经历了 3 期比较明显的构造变形，即上新世末至第四纪初海原断裂逆冲－褶皱变形，早更新世至中更新世海原断裂发生大规模左旋走滑活动与马东山之间的强烈收缩变形，晚更新世以来海原断裂东段的硝口-蔡祥断裂走滑活动与马东山之间的小幅度收缩（Burchfiel et al.，1991）。这些表明青藏高原东北缘弧形构造带盆-岭地貌格局演化开始于上新世末至第四纪初，并定型于晚更新世时期。随着本区磷灰石裂变径迹热年代学的不断深入研究，一些研究者在早期演化模式的基础上，将青藏高原东北缘弧形构造带新构造的演化历史提前到了大约8Ma（张培震等，2006）。这一研究成果与晚新生代（约8Ma）以来青藏高原及其周边地区构造与环境变化基本一致（张克信等，2010；李吉均等，2015；方小敏，2017）。在青藏高原东北缘地区广泛发育中新世至上新世的红色黏土，该地层可以作为判别青藏高原东北缘地区强烈构造隆升的标志之一（施炜等，2006），由于其底界年龄为11～8Ma（安芷生等，2000），这个结果进一步证实了该区的新生代构造演化始于中新世晚期。此外，该盆岭构造带新生界剖面的沉积特征与磁性地层研究更为精细的构造演化序列提供了充分的依据（申旭辉等，2001）。海原断裂带东段马东山地区新生代地层的沉积学、古生物与磁性地层学综合研究表明，该构造带于中新世中晚期（约10Ma）与上新世初期（约5Ma）发生强烈的构造活动（王伟涛，2012；王伟涛等，2014），在上新世晚期（2.6Ma）海原断裂带开始发生左行走滑。香山-天景山断裂带内贺家口子剖面磁性地层学研究成果表明，新近系干河沟组与彰恩堡组之间存在着明显的沉积间断（10～9.26Ma）（申旭辉等，2001）。中新世中晚期（约10Ma），彰恩堡组河湖相沉积突变为干河沟组河流相沉积，沉积环境发生了剧变，生活在宁夏同心地区的同心动物群大量灭绝，进而印证了印度与欧亚板块碰撞之后在本区的最早沉积响应的时间大约为10Ma。而宁南地区晚新生代的沉积特征表明，在印度板块与欧亚板块碰撞后，本区于30～40Ma形成了山前挠曲盆地，代表了青藏高原北东扩展的最早构造-沉积响应；其后于早中新世和中新世晚期均发生了强烈的构造变形，而最强烈的构造变形出现于上新世末至早更新世初期。

最近，一些研究者通过对青藏高原东北缘新生代不同沉积地层的详细构造测量，进而反演了宁夏南部盆-岭构造地貌新生代以来的古构造应力场演化序列，结合构造热年代学，提出了宁南地区新生代以来主要经历了早期（始新世—中新世，30～10Ma）沉积盆地形成与反转，中新世中晚期（约10Ma）弧形盆-岭构造地貌形成与改造两个大的阶段（施炜等，2013）。并指出现今向北东突出的盆-岭弧形构造地貌是在上新世末至第四纪初（大约2Ma）受NE-SW向构造挤压应力场缩短而形成的。对于宁南地区盆-岭构造地貌的生长序列，前人主要提出了3种形成模式，即前展式扩展模式带，主要在北东向构造挤压应力场的作用下，构造隆升自青藏高原东北缘的海原-六盘山弧形构造带开始向北东方向依次传递，最后形成了罗山-牛首山弧形断裂（张珂等，2004）；背驮式扩展模式，即由来自南西方向的水平挤压应力而形成的变形带，自北东向南西逐渐迁移，进而导致了青藏高原东北缘最外侧的罗山-牛首山弧形断裂带最早形成，而海原-六盘山弧形构造带则最后形成（周特先，1994）；无序扩展模式，这种模式主要考虑到了对青藏高原生长特征的认识，即在高原中部先形成，随后高原往北往南扩展生长（林秀斌，2009）。

目前，针对青藏高原东北缘弧形构造带古近纪至新近纪构造演化过程的研究及起始时限的研究还存在多种争议。对于青藏高原东北缘弧形构造带形成的起始时限主要存在两种认识：一种认识是上新世末—第四纪初（Burchfiel et al.，1991）；另一种认为其发生于中新世末期（安芷生等，2000）。

二、沉积充填过程

（一）古近纪—新近纪

青藏高原东北缘自古近系寺口子组（E_3s）至新近系干河沟组（N_1g）沉积时期，经历了一期完整的湖进至湖退的沉积充填过程。古近系寺口子组（E_3s）以冲积扇体砾岩、砂岩为主，代表了湖盆充填初期的沉积特征；古近系清水营组（E_3q）以滨、浅湖相泥岩夹石膏层为主，代表了湖盆充填高峰期沉积特征；新近系彰恩堡组（N_1z）以滨湖相泥质粉砂岩为主，底部厚层块状粉砂质泥岩夹薄层水平石膏层，代表了湖盆衰退初期沉积特征；新近系干河沟组（N_1g）以河流相砂岩、泥岩沉积为主，代表了湖盆衰退高峰期沉积特征。古近系寺口子组（E_3s）至新近系彰恩堡组（N_1z）之间连续沉积，不存在沉积间断面（图7-17）。新近系彰恩堡组（N_1z）与干河沟组（N_1g）之间存在明显的沉积间断，新近系干河沟组（N_1g）沉积叠加在红柳沟组（N_1z）沉积之后的古侵蚀面上，以一套古河道填平补齐的充填沉积为特征（图7-18）。

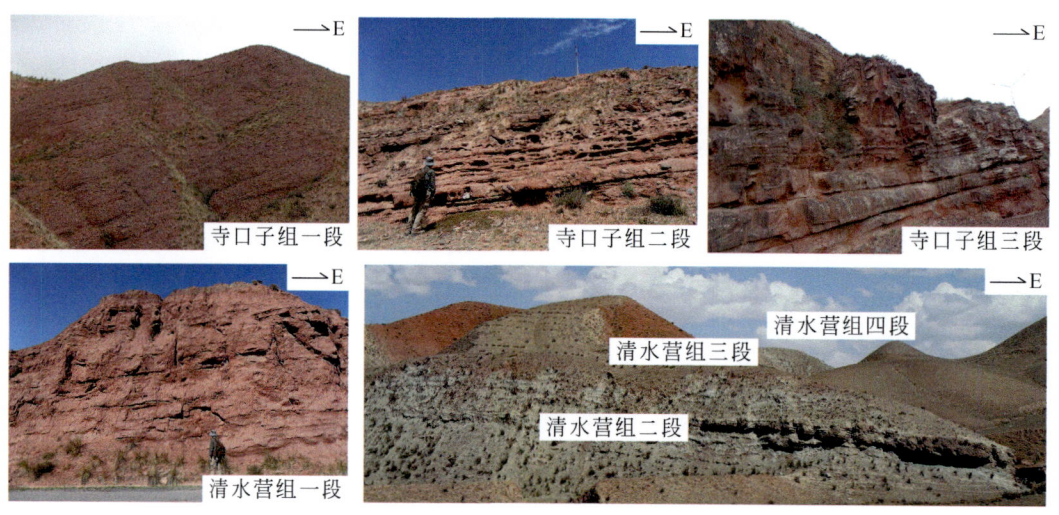

图7-17 青藏高原东北缘丁家二沟剖面古近纪—新近纪地层接触关系

1. 沉积物源分析

1）古流向

丁家二沟地区古近系寺口子组主要岩性为一套冲积扇和扇三角洲沉积体系的紫红色中厚层粗砂岩、砾岩，红色厚层砂岩发育大型交错层理、斜层理。砾岩多呈块状，砾石成分以砂岩、灰岩、石英岩为主，偶见少量花岗岩及辉绿岩砾石。钙质胶结，次棱角状－次圆

图 7-18 丁家二沟剖面彰恩堡组与干河沟组接触关系

状，排列无序，大小混杂，局部可见砾石最大扁平面略呈定向排列。本次在丁家二沟寺口子组共测得 13 个测点的古水流数据 SKZ1～SKZ13，测量方法为先测得背景地层的产状，然后依次选取并测量地层中砾石最大扁平面的产状。据此方法，共测得有效数据 309 组，其中 SKZ1 有效数据 19 组，SKZ2 有效数据 20 组，SKZ3 有效数据 15 组，SKZ4 有效数据 23 组，SKZ5 有效数据 25 组，SKZ6 有效数据 24 组，SKZ7 有效数据 24 组，SKZ8 有效数据 30 组，SKZ9 有效数据 26 组，SKZ10 有效数据 24 组，SKZ11 有效数据 30 组，SKZ12 有效数据 24 组，SKZ13 有效数据 25 组。对测得的数据进行处理，利用赤平投影原理，将砾石最大扁平面原始产状转化为在背景地层恢复水平后的产状，此时砾石最大扁平面倾向的相反方向即为古水流的方向。对处理后的数据结合点位及层位进行分析，其中在寺口子组一段测得的 SKZ1、SKZ3、SKZ4、SKZ11 和 SKZ13，表现为北东、北北东的古水流方向；在寺口子组二段测得的 SKZ5、SKZ10 和 SKZ12，表现为北东、北北东的古水流方向；在寺口子组三段测得的 SKZ2 表现为北北西的古水流方向，SKZ6 表现为北东东的古水流方向，SKZ7、SKZ8 和 SKZ9 则均表现为北东的古水流方向。因此，寺口子组总体主要接受来自测区北东方向的物源（图 7-19）。

在丁家二沟新近系干河沟组不同层位共测得 7 个测点的古水流数据 GHG1～GHG17，由于干河沟组地层出露范围较广，测点选取较为分散。测量方法为先测得背景地层产状，再测得地层中古水流冲刷形成的大型斜层理的产状。据此方法，共测得有效数据 141 组，其中 GHG1 有效数据 20 组，GHG2 有效数据 21 组，GHG3 有效数据 20 组，GHG4 有效数据 20 组，GHG5 有效数据 20 组，GHG6 有效数据 20 组，GHG7 有效数据 20 组。对测得的数据进行处理，利用赤平投影原理，将斜层理原始产状转化为在背景地层恢复水平后的产状，此时斜层理倾向方向即为古水流的方向。对处理后的数据结合点位及层位进行分析，其中在干河沟组一段测得的 GHG1、GHG3、GHG6 和 GHG7 表现为南西的古水流方向；在干河沟组二段测得的 GHG2 和 GHG4 表现为南、南南西的古水流方向；在干河沟组二段测得的 GHG5 表现为南西的古水流方向。因此，新近系干河沟组主要接受来自南西方向的物源。

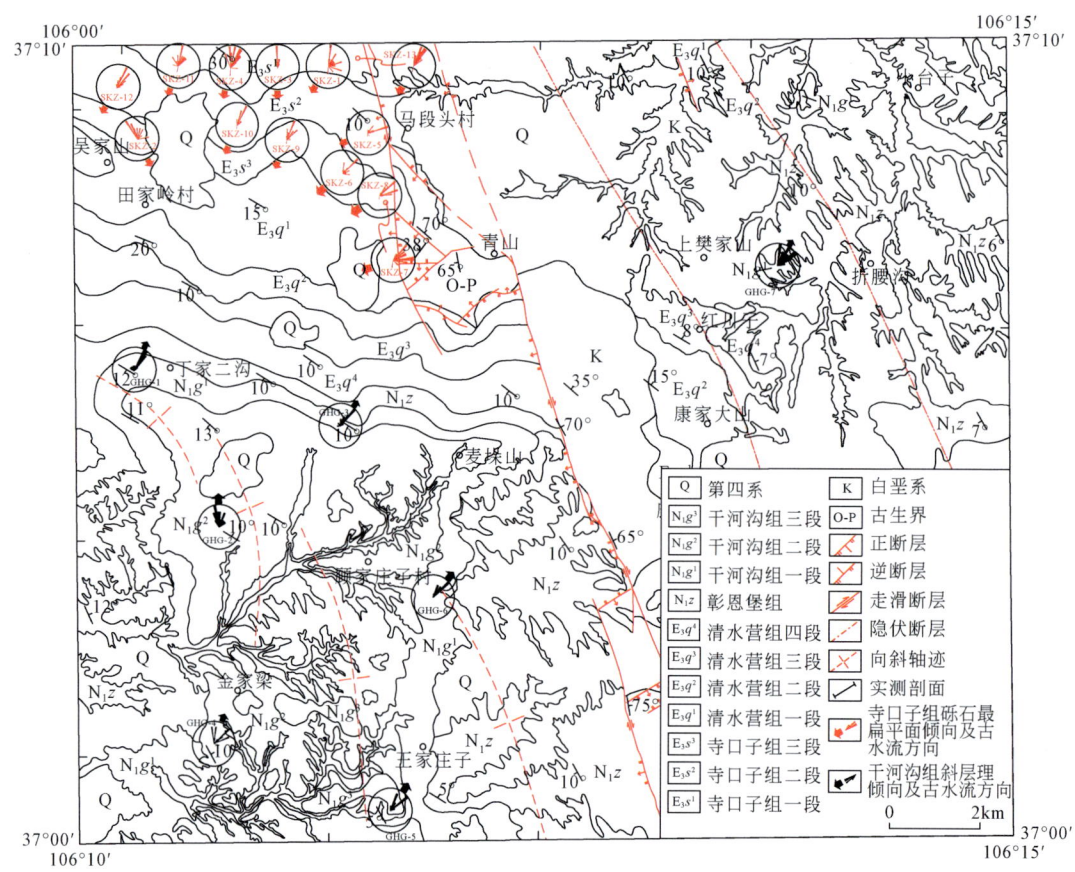

图 7-19 丁家二沟古近系—新近系古流向分布特征图

2）重矿物

重矿物组合特征古近系寺口子组与新近系干河沟组也表现出了完全不同的组合特征。古近系寺口子组重矿物组合特征以赤铁矿为主，而新近系干河沟组以石榴子石为主，说明其物源方向发生了明显的改变。

古近系寺口子组以发育碎屑岩为特征，纵向上表现为由下而上由粗变细，横向上岩性、岩相、厚度变化较大。重矿物组合以赤铁矿为主，占含量的 80% 以上（图 7-20）。锆石类型分两种：主要为浅粉色，半自形次滚圆 – 滚圆柱状、柱粒状，透明，弱金刚光泽，有铁染，表面较光滑或从较光滑至较粗糙呈过渡状，断口有溶磨痕迹，伸长系数以 1.1～2.0 为主，少量为 2.0～3.5，粒径以 0.01～0.20μm 为主，少量为 0.20～0.40μm，该类锆石磨圆度较低，分选性好，搬运痕迹不大明显→略显，推测该类锆石距母岩区较近或略经搬运而来，约占锆石总量的 80% 左右；少数玫瑰色，次滚圆 – 滚圆柱状、柱粒状、粒状，透明 – 半透明，毛玻璃光泽，表面从较光滑→较粗糙呈过渡状，断口有溶磨痕迹，伸长系数以 1.0～2.0 为主，少量为 2.0～3.0，粒径以 0.01～0.20μm 为主，少量为 0.2～0.3μm，该类锆石磨圆度中等→较高，分选性好，搬运痕迹略显→明显，推测该类锆石略经或经长距离搬运而来，约占锆石总量的20%。

新近系干河沟组为一套河流相 - 山麓相红色碎屑岩沉积，由砂砾岩、砾岩、砂岩、粉砂岩和粉砂质泥岩组成，以出现较为稳定的粗碎屑岩与下伏彰恩堡组分界，产哺乳类、介形虫和轮藻等化石。干河沟组重矿物组合以石榴子石为主，占含量的30%以上（图7-20）。其次为锆石，约占含量的20%以上。锆石分两种：粉黄色为主，自形 - 半自形次滚圆 - 柱状、柱粒状、断柱状，透明，弱金刚光泽，高硬度，表面较光滑，断口有溶磨痕迹，伸长系数以2.0～3.2为主，少量为3.2～5.0，粒径以0.01～0.18μm为主，少量为0.18～0.25μm，该类锆石磨圆度较低→中等，分选性较好，搬运痕迹不大明显，推测该类锆石距母岩区较近，约占锆石总量的80%；玫瑰色少数，次滚圆粒状、柱状、柱粒状，透明 - 半透明，玻璃 - 毛玻璃光泽，高硬度，表面较光滑或从较光滑→较粗糙呈过渡状，断口有溶磨痕迹，伸长系数为1.4～5.0，粒径为0.01～0.2μm，该类锆石磨圆度较高，分选性较好，搬运痕迹不大明显→较明显，推测该锆石距母岩较近或略经搬运而来，约占锆石总量的20%。

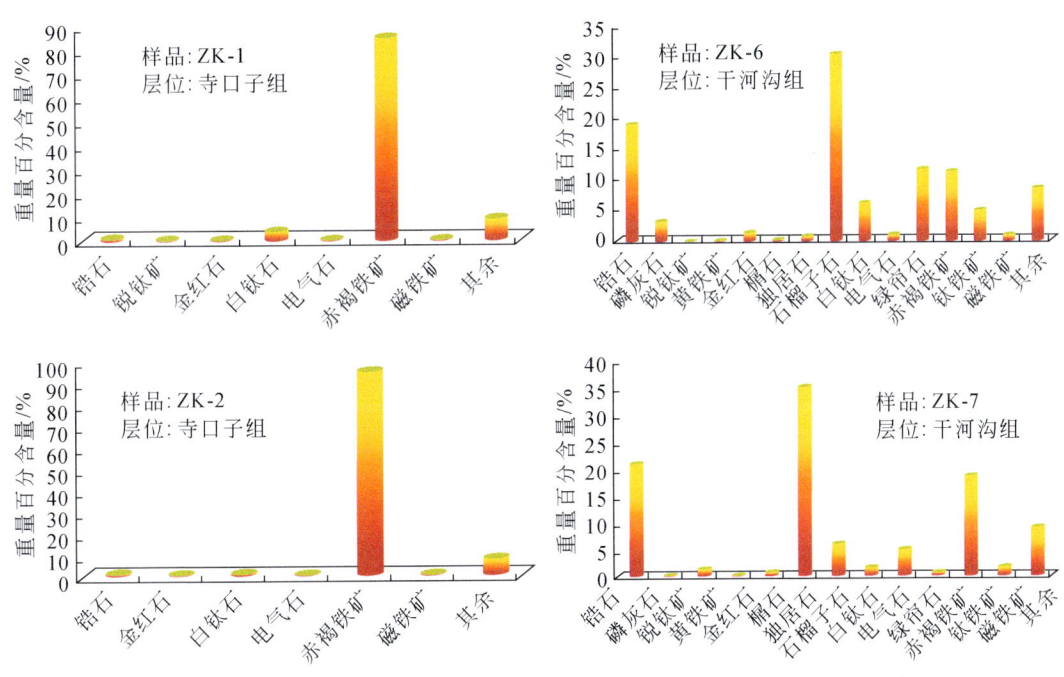

图 7-20　重矿物组合特征

3）碎屑锆石序列

碎屑锆石是碎屑岩中具有较强抗风化、磨蚀、热蚀变能力的一种重矿物，通常在碎屑岩搬运沉积中不易破坏，较好保存了源区岩石性质，且可以通过锆石 U-Pb 同位素定年技术确定单颗粒锆石年龄，通过与周缘可能的物源区岩石年龄对比可以有效分析物源区的组成。

碎屑锆石样品主要采自古近系寺口子组和新近系干河沟组，其中古近系寺口子组样品

1个（样品编号 E_3s），新近系干河沟组样品 2 个（样品编号 N_1g-1，N_1g-2），锆石碎样及制靶工作由河北省区域地质矿产调查研究所实验室完成，碎屑锆石年代学测试由武汉上谱分析科技有限公司完成。由于 N_1g-1 样品位于干河沟组底部，样品比较疏松，本次做碎屑锆石的样品并未磨制薄片进行薄片鉴定。

样品 E_3s：该样品主要采自丁家二沟剖面寺口子组三段，镜下鉴定结果定名为含方解石不等粒岩屑砂岩。碎屑间点 - 线状接触，破裂现象普遍，含少量铁矿为主的不透明矿物碎屑，泥铁质及细粉砂混杂产出，沿局部相对富集，含褐铁矿的铁质呈极薄的颗粒包膜状产出，方解石呈晶粒镶嵌状充填孔隙。陆源碎屑物质主要包括石英（34.5%）、燧石（0.5%）、长石（1.0%）、火成岩屑（3.2%）、变质岩屑（15.6%）、沉积岩屑（1.8%），填隙物主要包括铁质（9%）、方解石（22.7%）及灰泥（9.2%）。

样品 N_1g-2：该样品主要采自干河沟组中部，相对于干河沟组底部岩性固结程度较好，镜下定名为中 - 粗粒岩屑砂岩。碎屑间呈点状接触，碎屑分布均匀，填隙物为无光性的未知矿物，呈纤维状集合体充填孔隙，反射光下呈白色反光，可能含有钛铁质，并可沿个别碎屑边缘发生交代。陆源碎屑物质主要包括石英（32.8%）、燧石（0.5%）、长石（5.2%）、火成岩屑（3.0%）、变质岩屑（21.0%）、沉积岩屑（1.3%）；填隙物主要包括方解石（0.2%）及未知矿物（36.0%）。

样品的阴极发光图像清楚地显示了锆石的形态和内部结构（图 7-21～图 7-23）。大多数锆石具有清晰的震荡环带结构，为岩浆锆石，未见明显的蚀变变质现象。少数锆石自形程度好，具有明显的核边结构，呈棱柱状或短柱状；大多数锆石呈浑圆状或港湾状，自形程度较差，遭受了强烈的磨蚀。锆石形态和晶形的多样性，显示了物源的复杂性。

碎屑锆石年龄频率分布图显示（图 7-24），古近系寺口子组样品碎屑锆石年龄有 96 个是谐和的，谐和年龄分布在 250～2850Ma，主要峰值有 250～350Ma、380～460Ma、550～700Ma、760～800Ma、900～1100Ma 和 2250～2550Ma。干河沟组底部样品碎屑锆石年龄有 77 个是谐和的，谐和年龄分布在 150～2800Ma，主要峰值有 150～170Ma、200～290Ma、300～320Ma、400～500Ma 和 700～900Ma。干河沟组上部样品碎屑锆石年龄有 79 个是谐和的，谐和年龄分布在 190～2580Ma，主要峰值有 190～210Ma、230～330Ma、380～510Ma、900～110Ma、1720～2200Ma 和 2380～2480Ma。根据对寺口子组和干河沟组碎屑锆石的分析，干河沟组的碎屑锆石峰值比寺口子组明显多了 190～210Ma 的年龄峰值，显示该时期的物源由早期的 NE 方向转变为 SW 方向。

2. 古生物化石

在同心地区新近系干河沟组（N_1g）地层中发现大量的古生物化石，统称为"同心动物群"，包括哺乳纲和爬行纲两大类 7 目 41 种。其中哺乳纲长鼻目、偶蹄目、食肉目中某些物种具有代表意义。同心动物群贯穿于整个中新世，中中新世是其最繁盛的时期（王惠民等，1994）。同心地区古生物化石普遍赋存于新近系干河沟组（N_1g）河流阶地堆积中，地层中多具有红土团块，团块一般体积不大，磨圆较好，分析其物质来源为新近系彰恩堡

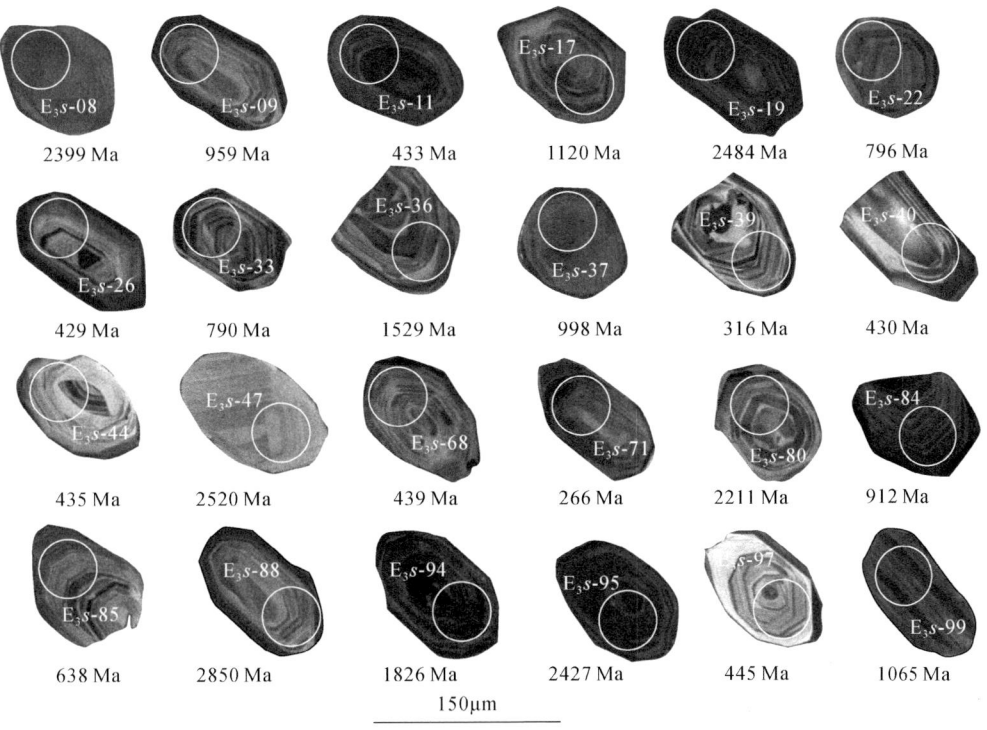

图 7-21 碎屑锆石典型阴极发光照片（样品 E_3s）

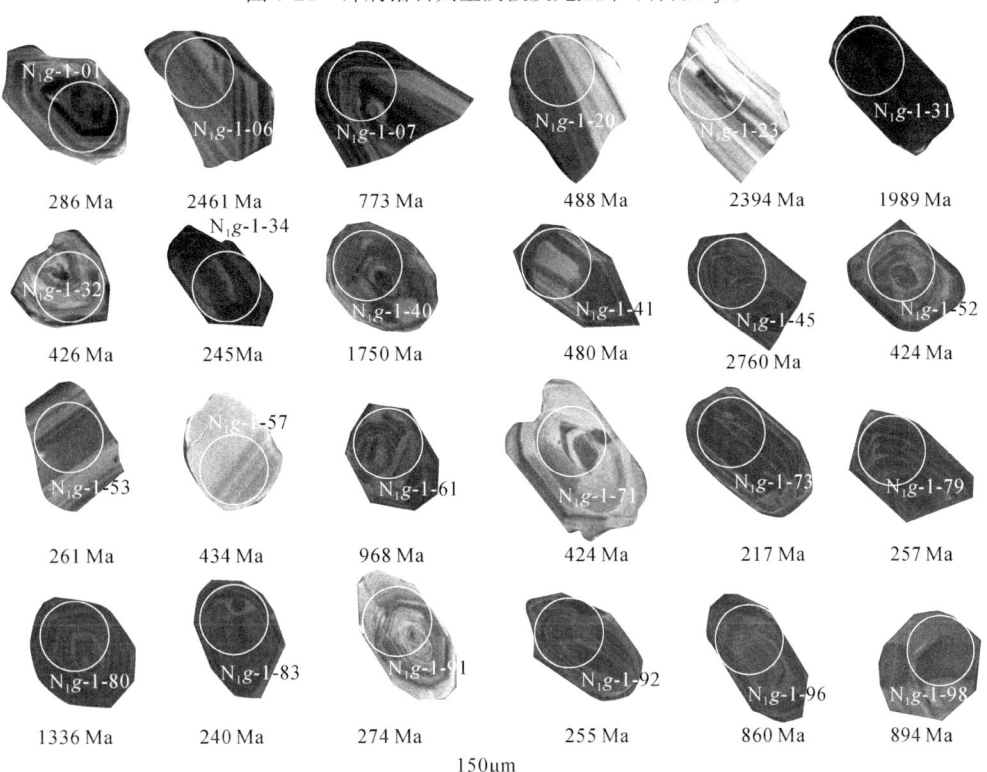

图 7-22 碎屑锆石典型阴极发光照片（样品 N_1g-1）

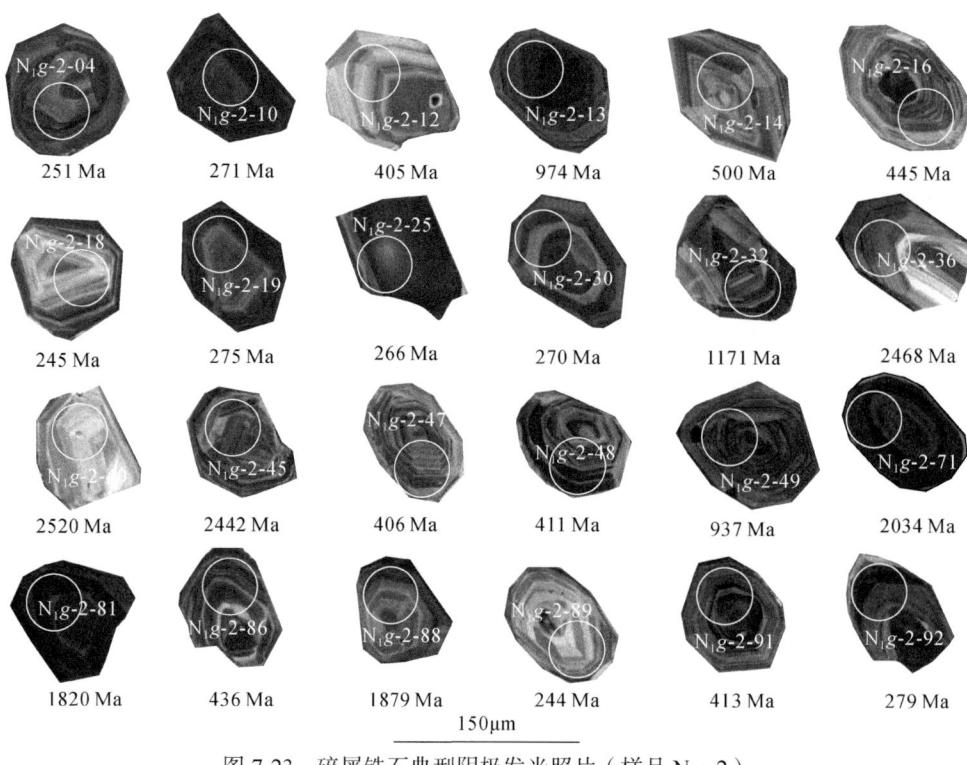

图 7-23 碎屑锆石典型阴极发光照片（样品 N_1g-2）

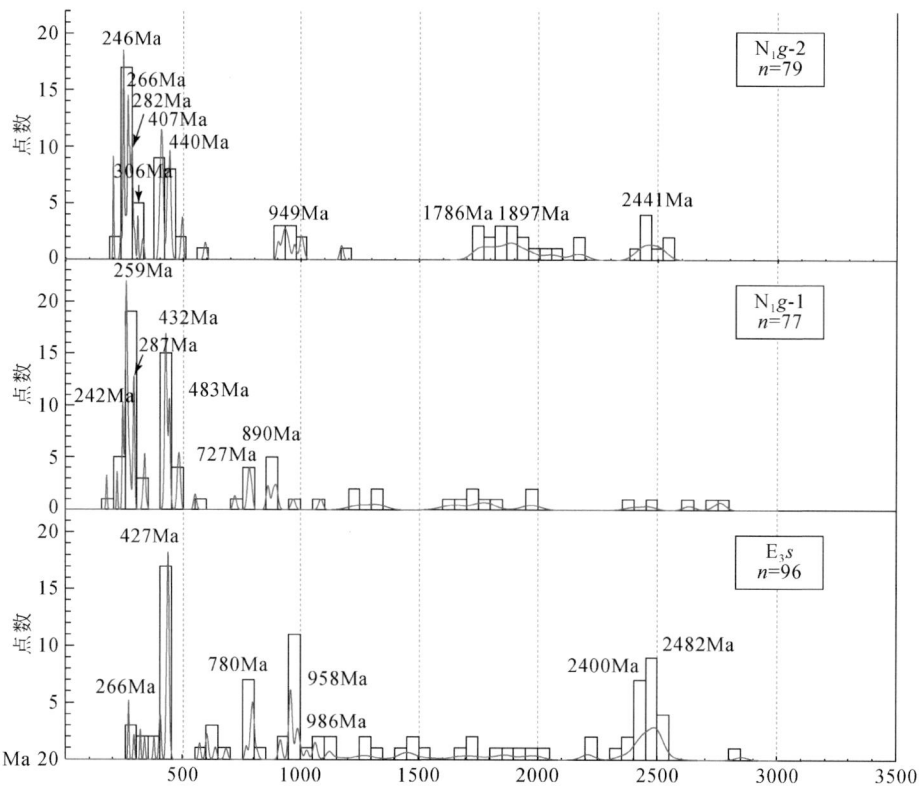

图 7-24 碎屑锆石年龄序列

组（N_1z）紫红色粉砂质泥岩。这一地段产出的化石分选程度较高，且较为破碎，说明这些地层物质的形成多为水流搬运沉积。目前的动物化石虽然赋存于新近系干河沟组（N_1g）底部疏松砂砾岩中，但从化石埋藏的状况可以看出这些化石大多数经过不同力度的水流、不同距离的搬运。因此，可以推测这些化石的原地赋存层位可能为新近系彰恩堡组（N_1z），新近系干河沟组沉积（N_1g）早期，降水量大，河流发育，把原来已埋藏在海拔较高的动物遗骨顺流冲下，在地势相对平坦的低洼地带保留下来（图7-25）。新近系彰恩堡组（N_1z）沉积末期的构造抬升，可能是造成"同心动物群"突然死亡的主要原因。

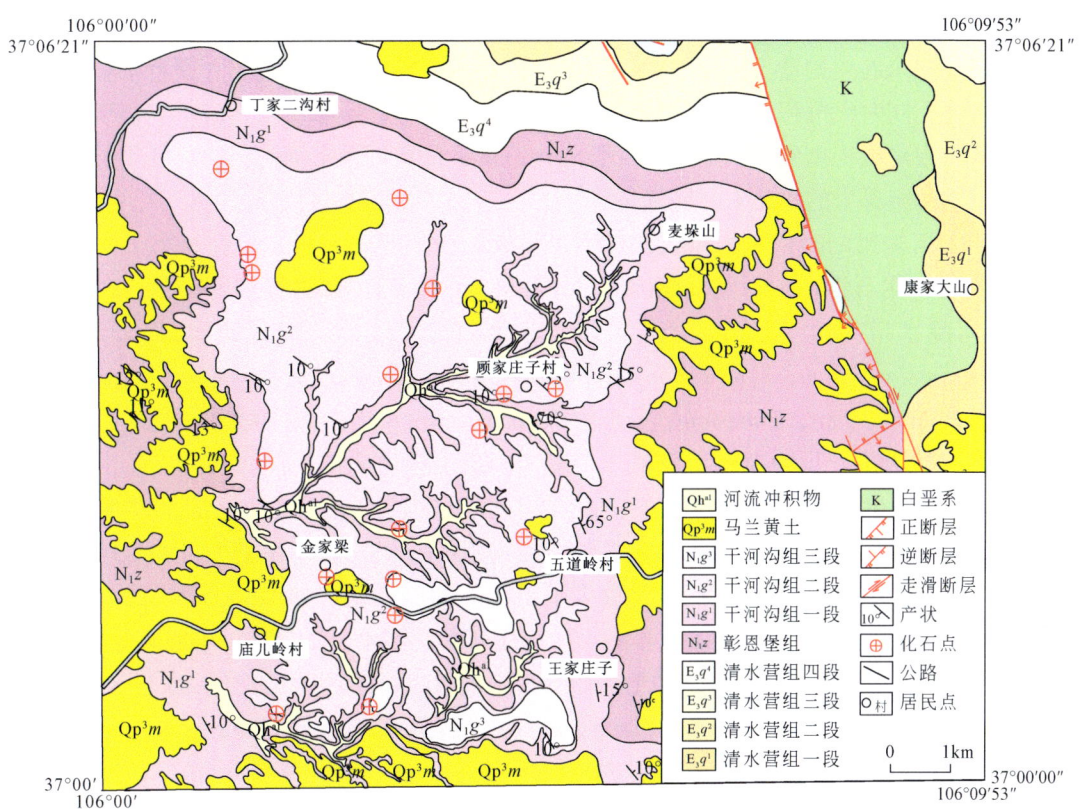

图7-25 宁夏丁家二沟同心动物群化石分布图

3. 沉积间断时限

关于新近系彰恩堡组与干河沟组之间沉积间断发生的时限，目前主要集中于古地磁的研究成果。申旭辉等（2001）通过对同心贺家口子剖面进行磁性地层学研究，得出清水营组年龄为38.5～23.5Ma，彰恩堡组年龄为23.5～10.6Ma，干河沟组年龄为9.26～2.23Ma，干河沟组与彰恩堡组之间具有明显的沉积间断，持续时间为1.34Ma。鄂尔多斯地块西缘北段银川盆地西南缘的XL15-1-01钻孔深850.06m，岩石地层及其高精度磁性地层研究结果表明，钻孔岩心记录了C2An.1n至C8n.2n的磁极性事件，年代跨度为26.06～2.77Ma。所得到的清水营组年龄上限为21.32Ma，彰恩堡组年龄为21.32～10.17Ma，干河沟组时代为9.58～2.77 Ma。彰恩堡组与下伏清水营组为整合接触，与上覆干河沟组为不整合接触，彰恩堡组与干河沟组之间具有0.59Ma的沉积间断。综合宁南盆地贺家口子剖面和银川盆地XL15-1-01钻孔资料古地磁研究成果，该期构造运动的起始时限为10.6～10.17Ma，结束时限为9.58～9.26Ma，沉积间断缺失的时限介于1.34～0.59Ma之间（图7-26）。

（二）新近纪末期至第四纪初

在新近系干河沟组沉积末期，青藏高原东北缘发生了大面积的隆升剥蚀，古近系寺口子组、清水营组、新近系彰恩堡组和干河沟组整体被卷入了构造变形，但上覆下更新统玉门组砾岩却并未卷入构造变形，而是与下伏古近系寺口子组、清水营组、新近系彰恩堡组和干河沟组不同时代沉积地层之间呈现出明显的角度不整合接触（图7-27）。该期构造运动的形成时限可以根据青藏高原东北缘弧形构造带下伏新近系干河沟组的最新年龄和上覆下更新统玉门组砾岩的年龄来共同确定。

对于干河沟组的时代过去争议比较大，早期认为属于上新世，但在吴忠干河沟组中发现哺乳动物化石为晚中新世早期（邱占祥和叶捷，1988；邱占祥和邱铸鼎，1990）。牛首山西麓水道沟组—干河沟组（干河沟组命名地）底部产哺乳动物 *Hipparion* sp., *Ningxiatherium longirhinu*；轮藻 *Tectochara meriani*, *T. meriani huangi*, *T. meriani octopirae*, *T. meriani globula*, *T. zhui*, *T. masloui*；介形虫 *Paracandona* sp. 等。其中哺乳动物属三趾马动物群，其时代为中新世晚期—上新世（宁夏回族自治区地质矿产局，1990）。由于干河沟组顶部还有100多米的沉积无化石出现，因此干河沟组可能持续到上新世中晚期（宁夏回族自治区地质矿产局，1990）。关于干河沟组的时代，前人做了大量的古地磁研究工作，也为确定该段地层的沉积时代提供了更为准确的证据。如Wang等（2011）通过古地磁研究，在固原寺口子剖面获得的干河沟组年龄为5.4～2.5Ma；申旭辉等（2001）通过对同心贺家口子剖面进行磁性地层学研究，得出干河沟组年龄为9.26～2.23Ma；本次填图在银川盆地得出的干河沟组磁性地层学年龄为9.58～2.77Ma。

玉门组砾岩是1938年孙健初在甘肃玉门市石油河一带建立的地层单位，1959年全国地层会议称之为玉门砾岩组，1965年甘肃区测二队改称玉门组。玉门组的原始含义为更新世早期冰碛层，后来人们逐渐将其含义扩展为以冲洪积为主，间有湖沼和冰水堆积，并延伸至整个祁连山地层分区乃至华北地层区阿拉善—鄂尔多斯地层分区使用（图7-28）。玉门组常分布于山麓地带的低山丘陵顶部和山间沟谷两侧，呈台状、屋檐状地貌出现，以不整合超覆于新近系或更老地层之上，与上覆中更新统洪积层或更老地层呈侵蚀间断接触关系。为一套洪积相固结、成岩较好的粗碎屑岩，产状近水平，局部因构造掀斜，倾角可达15°左右，各地所见岩性大同小异，厚度数米至数十米不等。

青藏高原东北缘山前盆地内广泛发育玉门组，彼此之间的岩性和年龄吻合度较高（图7-28）。昆仑山北缘—天山山前的西域砾岩为一套冲洪积扇相深灰色巨厚层块状砾岩堆积，岩石地层、磁性地层研究结果表明，西域砾岩顶底界均具有明显的穿时性，其地质年龄在不同地点是不一致的：①塔里木盆地西南缘叶城凹陷西域砾岩古地磁年龄为3.5～1.8Ma

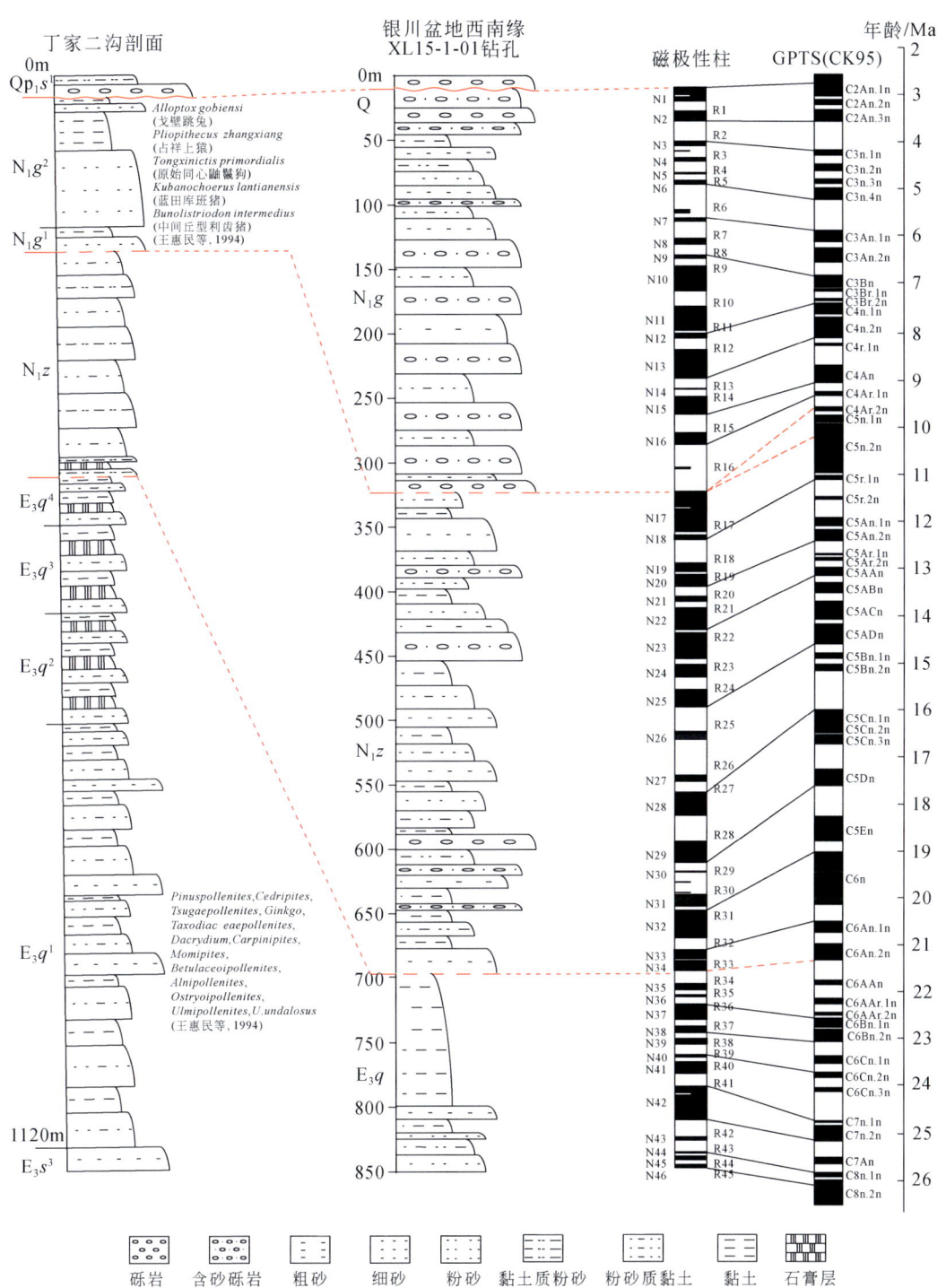

图 7-26 宁南与银川盆地古近纪—新近纪地层年代对比图

图 7-27 宁夏地区玉门组砾岩特征及其与下伏地层接触关系

（a）和（b）牛首山西缘玉门组砾岩及夷平面；（c）和（d）庙山湖地区玉门组砾岩

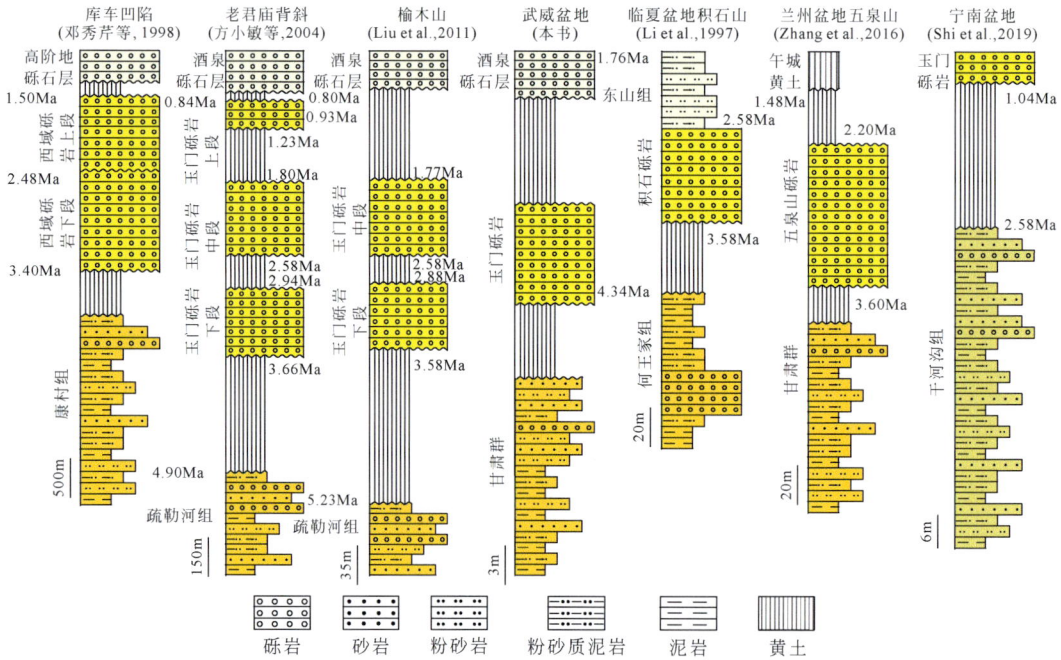

图 7-28 青藏高原东北缘、北缘玉门组砾岩对比图

(Zheng et al.，2000；郑洪波等，2002）；②西北缘喀什凹陷的西域砾岩沉积时间为 4.6～1.3Ma（陈杰等，2001）；③北缘库车凹陷的西域砾岩可以分为上下两段，两者之间为角度不整合接触，下段年龄为 3.40～2.48Ma，上段年龄为 2.48～1.5Ma（滕志宏等，1996；邓秀芹等，1998）。酒泉盆地老君庙背斜，玉门组砾岩是一套山前洪积、泥石流及冰水相为主的厚层块状砾岩，总体暗灰色，为粒径不同的粗碎屑沉积的互层组合，厚 500～650m，区域分布较稳定，其顶面不整合、底面不整合及其内部的 2 个不整合将玉门组砾岩分为 3 段，年龄分别为 3.66～2.94Ma、2.58～1.8Ma、1.2～0.93Ma（方小敏等，2004）。榆木山地区，玉门组砾岩为厚约 100m 的灰色夹泥质粉砂岩条带巨厚层砾岩，被内部的角度不整合分为上下两段，下段年龄为 3.58～2.88Ma，上段年龄为 2.58～1.77Ma（Liu et al.，2011；刘栋梁等，2012）。临夏盆地积石山前的积石砾岩为灰黄色具块状构造或平行层理、叠瓦状构造的巨砾岩层，夹多层大型粒序状粉砂岩、泥岩透镜体，厚度为 60m，古地磁年龄为 3.58～2.58Ma（Li et al.，1997；方小敏等，1997）。兰州盆地五泉山剖面五泉山砾岩为一层厚度达 100m 的灰色夹砂岩透镜体巨厚层砾岩，沉积开始于 3.6Ma，结束于 2.2Ma（Zhang et al.，2016；Guo et al.，2018）。

从上述可以看出，在青藏高原北缘到东北缘的山前盆地中普通发育一套粗碎屑砾岩沉积，其形成时代集中于晚上新世—早更新世，在青藏高原快速隆升并向周缘扩展过程中，受边界条件的限制，不同方向扩展的方式和速率均不相同，所以不同地区这套砾岩沉积层序、沉积组合、厚度等也有明显差异，砾岩的发育时代稍有差别。前人的研究认为这些砾岩是青藏运动造成青藏高原北缘和东北缘地区垂直隆升的证据（Zheng et al.，2000，2006；刘栋梁等，2012；郑洪波等，2002）。

研究区玉门组砾岩沉积产状近水平，且全区厚度变化不大，表明在它沉积之前研究区曾经历大范围夷平过程，夷平作用的开始可能标志着青藏高原隆升导致的逆冲褶皱作用的结束。通过对玉门组砾岩进行年代学研究可以精确限定强烈褶皱造山事件的结束时代。宁夏青铜峡—闽宁一带 1∶50000 区域地质调查确定了早更新世砾岩台地分布特征：该套砾岩近水平角度不整合覆盖在褶皱变形的前第四纪地层之上，下伏的最新地层为上新统干河沟组，标志着宁南地区强烈褶皱造山事件的结束。该套覆盖于褶皱变形的古近系—新近系之上的早更新统砾岩，对应区域上的玉门砾岩。砾岩的沉积学特征指示其为典型的冲洪积环境，银川盆地西南缘玉门组砾岩的宇宙核素埋藏年龄测试分析获得其形成时代为 1.04～0.12Ma。结合已有的玉门组砾岩下伏最新地层干河沟组沉积结束的古地磁年龄（约 2.77Ma），可以确定这期构造事件发生于 2.77～1.04Ma，从而较为精确地限定了青藏高原东北缘最为强烈的构造缩短事件的时代。这表明青藏高原东北缘弧形构造带强烈褶皱成山时间为新近纪末期至早更新世。

三、构造意义

根据宁南盆地晚新生代地层之间的接触关系，本书研究认为青藏高原向东推挤影响到鄂尔多斯盆地西缘的起始时限大约为10Ma。其原因主要包括：①根据对寺口子组和干河沟组的古流向恢复，丁家二沟剖面寺口子组主要接受来自测区北东方向的物源，而干河沟组主要接受来自南西方向的物源，古流向的方向发生了明显的变化，物源方向由早期的NE方向转变为SW方向。②重矿物组合特征上古近系寺口子组与新近系干河沟组表现出了完全不同的组合特征，古近系寺口子组重矿物组合特征以赤铁矿为主，而干河沟组以石榴子石为主，说明其物源方向发生了明显的改变。③碎屑锆石年代序列测试结果表明，干河沟组相比寺口子组的碎屑锆石明显多了190~210Ma的年龄峰值，而该年龄峰值在鄂尔多斯盆地西南缘碎屑锆石序列中大量出现，而在研究区北东方向的华北克拉通内部则没有该年

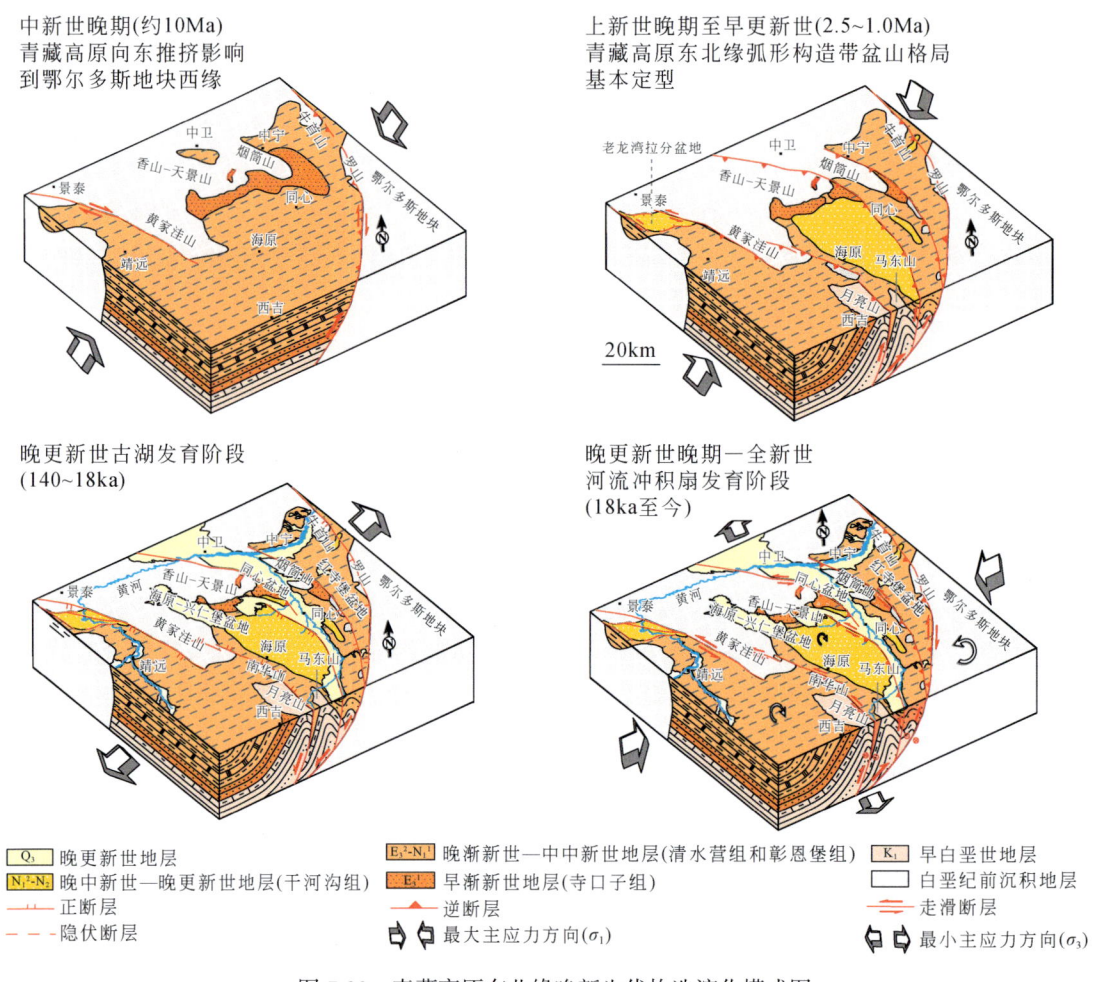

图 7-29 青藏高原东北缘晚新生代构造演化模式图

龄序列的峰值，因而碎屑锆石年龄序列测试结果也表明物源方向发生了变化。④在新近系彰恩堡组沉积末期，同心动物群的突然死亡，可能与青藏高原的隆升之间存在紧密的联系。新近系干河沟组沉积末期，青藏高原向东推挤影响到鄂尔多斯盆地西缘地区的构造运动可能达到了高峰期。主要表现为区域上下更新统玉门组砾岩和下伏不同时代的地层（干河沟组、清水营组和寺口子组）之间为明显的角度不整合接触，而玉门组砾岩产状水平，并没有卷入该期构造变形。

综合以上分析认为：青藏高原碰撞动力作用影响到鄂尔多斯西缘地区是在中新世晚期，约10Ma，主要表现在新近系彰恩堡组与干河沟组之间的区域不整合接触。在大约2.5Ma达到了高峰期，主要表现为新近系干河沟组和下更新统玉门组砾岩之间的区域角度不整合。也就是说青藏高原向东推挤影响到鄂尔多斯盆地西缘的起始时限大约为10Ma，大约2.5Ma青藏高原东北缘的盆山格局基本形成，从而进入了后期差异隆升、调整阶段（图7-29）。

第八章 第四纪沉积地层调查

第一节 地层序列调查

尽管中国大陆新构造-活动构造强烈而复杂,但由于青藏高原的快速隆升,第四纪以来其西高东低中间过渡的三级地貌格局已经形成(郑家坚等,1992),东亚季风环流也早在中新世晚期形成(安芷生等,2000)。受此构造地貌及气候大环境影响,华北地区第四系主要发育两个沉积体系:一是主要受到构造及地貌格局控制的河湖相沉积地层;二是主要受到东亚季风控制的风成沉积体系。同时,第四纪以来的各个时期,华北不同区域由于构造作用和季风强弱的变化,河湖相地层和风成沉积常相互交替、覆盖,不同区域或以河湖相地层为主,或以风成黄土沉积为主。测区主要处于黄土高原与宁南盆地过渡区,晚更新世以来第四纪沉积序列河湖相地层与风成沉积交替出现,黄土序列和河湖相序列之间为过渡关系还是上下关系也一直存在争议。在以往青藏高原东北缘第四纪地层单元划分中,一直将马兰黄土置于水洞沟组之上,同属于晚更新世不同成因的沉积(表8-1)。

表 8-1 青藏高原东北缘第四纪地层单元划分表

统	世	组	描述
全新统	晚全新世	Qh^{2el}	崩积层(地滑堆积物):混杂岩土
		Qh^{2e}	风积层:土黄色中-细砂、粉砂
		Qh^{2c}	化学沉积层:食盐、芒硝、黏土
		Qh^{2ls}	湖沼积层:褐黄、灰黑色淤泥、砂质黏土及粉砂
		Qh^{2s}	沼积层:黏土质砂、砂质黏土
		Qh^{2l}	湖积层:灰黑、灰色砂质黏土、黏土质砂及淤泥
		Qh^{2f}	冲积层:褐灰、褐黄色黏土质砂、砂质黏土夹卵砾石
	早全新世	Qh^{1e}	风积层:灰黄、土黄色细砂、粉砂
		Qh^1q	亲戚沟组:浅褐黄色风成黄土
		Qh^1l	灵武组:灰黄、灰褐色细砂、粉砂、砂质黏土及淤泥
		Qh^{1p}	洪积层:灰、褐灰色砾石、砂砾石层夹砂土、黏土质砂

续表

统	世	组	描述
更新统	晚更新世	Qp^3m	马兰组：土黄色风成黄土
		Qp^3sd	水洞沟组：灰黄、黄绿色中细砂、粉砂夹碳质黏土
		Qp^3s	萨拉乌苏组：褐黄、土黄色砂质黏土、黏土质砂夹黏土
	中更新世	Qp^2p	洪积层：灰、土黄色砾石、砂砾石、黏土质砂夹砂质黏土
		Qp^2l	离石组：上部为古黄土，下部为浅褐黄色粉砂质黏土
		Qp^2h	贺兰组：灰、黄灰色卵砾石、砂夹黏土质砂、砂质黏土层
		Qp^2p	洪积层：褐灰、灰色砾石、含砾黏土质砂夹黏土层
	早更新世	Qp^1w	午城组：上部为褐黄色古黄土，下部为褐灰色粉砂质黏土
		Qp^1yc	银川组：褐黄、黄灰色砂、砂砾石、砂质黏土层
		Qp^1y	玉门组：灰色钙质砾岩、砂砾岩夹砂岩透镜体

一、地层划分沿革

1. 萨拉乌苏组

萨拉乌苏组（Qp^3s）命名于萨拉乌苏河流域，位于中国季风气候的边缘区和沙漠－黄土过渡地带，是华北地区一套具有代表意义的河湖相地层。同时因其富含丰富的哺乳动物化石和古人类化石，成为研究晚更新世以来环境变迁的理想地点之一。最初德日进和桑志华（1924）将萨拉乌苏河两岸发现生物化石和石器的地层称为"萨拉乌苏河组"。袁宝印（1978）将上更新统两分为萨拉乌苏组上部河流相和下部河湖相，将全新统湖沼相地层命名为大沟湾组；董光荣等（1983）进一步将萨拉乌苏组上部命名为城川组，下部是以河湖相堆积为主的萨拉乌苏组，同时将大沟湾组上部的次生黄土、黑垆土等单独命名为滴哨沟湾组。其后，李保生等（2004）将最顶部的现代活动沙丘称为范家沟湾组，标志其步入一个全新的沉积时代。闵隆瑞等（2009）对萨拉乌苏河酒房台剖面进行了年代地层建阶工作，将萨拉乌苏组中－上部和城川组一并归入萨拉乌苏阶，认为萨拉乌苏组为中更新统—上更新统。由于早期研究中缺少准确的年代依据，在地层划分与对比上主要依据的是沉积地层的岩性特征及岩性组合。

2. 水洞沟组

水洞沟组因含水洞沟遗址而得名。水洞沟遗址位于宁夏灵武，发掘了许多旧石器和哺乳动物化石，被称为河套文化，属于旧石器时代晚期文化。旧石器文化层时代集中在距今3.5万～2.0万年，比萨拉乌苏动物群层位要高（刘德成等，2009）。遗址堆积底部为灰色砂砾石层（未见底），下段为黄褐色中、细砂层和灰黑色淤泥质亚黏土，呈透镜状；中段为黄绿色、蓝灰色亚砂土，有融冻褶曲；上段为灰黄色粉砂层（10～20m），质地较均一，有明显的水平层理，为一套河湖相沉积，厚20m。含旧石器和脊椎动物化石有 *Equus hemionus*、*E.* sp.、*Crocuta ultima*、*Coelodonta antiquitatis*、*Bison* sp.、*Gazella* sp. 等，这些都是中国华北地区更新世晚期的常见分子。孢粉组合特征以小灌木及草本植物花粉中 *Artemisia*、*Chenopodiaceae*、*Ephedripites* 和木本植物花粉中的 *Piceapollenites*、*Pinuspollenites* 等为主，反映荒漠草原环境，只在融冻褶曲层位有 *Abiespollenites*，说明更新世晚期这里曾有过寒冷气候期。

3. 马兰组

马兰组由瑞典安特生1923年命名的马兰黄土沿革而来，命名地点位于北京市门头沟区斋堂川北山坡上。顶部为土壤坡积层；上部7m为浅灰黄至浅黄色马兰黄土，其中夹约1m厚的褐灰色古土壤，该土壤层的下部多为白色钙菌丝体和灰白色钙结核。记录了距今约12万年前来华北晚更新世气候变迁系列：温湿（距今12万～7万年）、干冷（7万～5万年）、凉湿（5万～2.5万年）、干冷（2.5万～1万年）（安芷生和卢演俦，1984）。1962年刘东生、张宗祜在《中国的黄土》一文中沿用了马兰黄土这一名称，认为其时代属晚更新世晚期。马兰黄土呈浅灰黄色，疏松、颗粒较均匀，以粉砂为主，呈块状，大孔隙显著，垂直节理发育，偶夹黑垆土型古土壤。层中钙质结核小而少，常零散分布。

鄂尔多斯高原马兰黄土与萨拉乌苏组的关系及其地质时代，是长期存在争议的第四纪地质问题。马兰黄土与萨拉乌苏组分属于风成相和流水相沉积，最早德日进和桑志华（1924）提出萨拉乌苏组可能与黄土为相变关系。此后，德日进把这一关系扩大为中国北方第四纪沉积物的相变学说。刘东生和王克鲁（1964）、刘东生（1985）指出马兰黄土与萨拉乌苏组是上下叠覆关系而不是相变关系。但迄今为止，人们在讨论萨拉乌苏组与马兰黄土之间关系时仍持同期异相和上下叠置两种看法。因此，本次针对青藏高原东北缘红寺堡盆地、清水河盆地第四系填图关注的两个焦点问题：一是第四纪填图单元如何划分，在这两个第四纪沉积盆地中是否存在水洞沟组沉积；二是青藏高原东北缘第四纪沉积盆地接受黄土沉积的最早时限是什么时间，萨拉乌苏组、水洞沟组水成沉积与风成黄土沉积之间的接触关系是叠置还是横向相变。

二、地层单元重新厘定

第四系填图的物质基础是堆积物的岩性及成因类型，基本原则是要搞清地层之间的叠覆关系以及所形成的年代序列。测区第四系地层单元是在路线踏勘的基础上，结合"1：50万宁夏回族自治区第四纪地质及地貌图"、1：25万、1：20万以及相邻测区1：5万地质图幅确定的。根据系列区域地质填图成果，青藏高原东北缘晚更新世地层序列自下而上主要包括萨拉乌苏组（Qp_3^s）、水洞沟组（Qp_3^{sd}）、马兰黄土（Qp_3^m）。在大罗山构造带西缘，以往的区域地质填图成果普遍缺失水洞沟组（Qp_3^{sd}），萨拉乌苏组（Qp_3^s）直接与上覆马兰黄土（Qp_3^m）相接触。为了查明红寺堡盆地第四纪地层序列，搞清上更新统萨拉乌苏组、水洞沟组以及马兰黄土之间的相互叠合关系。本次调查采用主沟与支沟调查路线相结合的方法，在盆地主要沟谷体系红柳沟两边采用廊带填图的原则，详细建立盆地沉积中心的第四纪地层序列，沿着向两边造山带方向延伸的支沟追踪湖相沉积地层与风成黄土地层之间的过渡关系。

红寺堡盆地地处青藏高原东北缘四条弧形断裂带的最前缘，夹持于烟筒山与大罗山造山带之间，呈现近南北向展布。晚更新世发育的红寺堡盆地，奠基于上新世末期多期侵蚀形成的古地貌背景之上，上更新统萨拉乌苏组（Qp_3^s）与下伏中新统彰恩堡组（N_1z）之间呈明显的角度不整合接触（图8-1）。中新统彰恩堡组（N_1z）为一套紫红色的河湖相黏土质粉砂沉积。在《宁夏回族自治区区域地质志》地层划分方案中，上更新统主要包括萨拉乌苏组（Qp_3^s）湖相层和马兰黄土（Qp_3^m）两套地层。原地层划分单元中的萨拉乌苏组（Qp_3^s）总体表现为一套河湖相沉积，在纵向地层序列中可以划分出两个明显的旋回。下部旋回以紫红色色调为主，底部为一套薄层砾岩，向上逐渐过渡为厚层含砾砂岩、砂岩及黏土层，最顶部为一套巨厚的湖退序列疏松粉砂，局部含水下分流河道沉积，总体上表现为一套湖进至湖退的完整旋回。上部旋回以灰白色色调为主，底部为一套含斜层理的含砾砂岩，代表一个新的沉积旋回的开始，向上逐渐过渡为薄层粉砂与黏土互层，总体上表现为一套湖进沉积序列。上下两套旋回之间存在明显的沉积间断，下部旋回顶部的湖相砂受

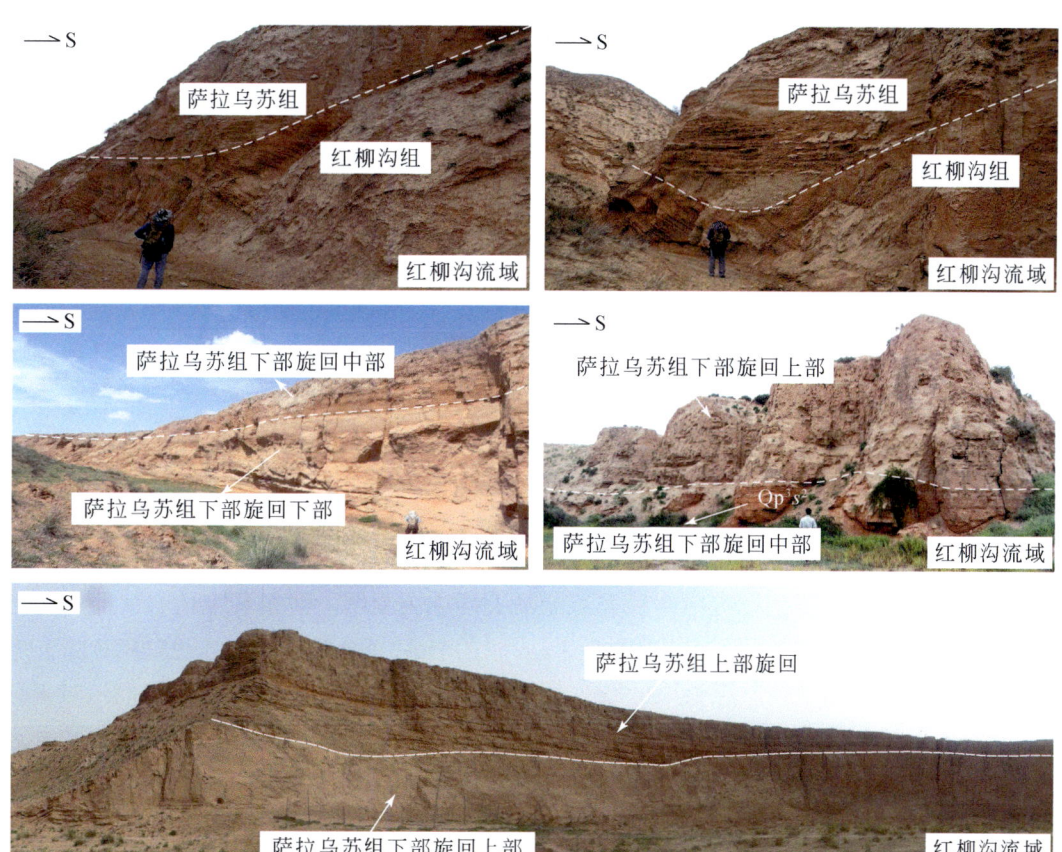

图8-1 宁夏红寺堡盆地地层接触关系及沉积特征典型照片

到明显的侵蚀，上部旋回沉积叠加在这期侵蚀造成的古地貌基础之上，处于填平补齐的沉积过程（图8-2）。局部可以看到厚层湖相砂被剥蚀殆尽，上下两套湖相沉积完全被叠加在一起，很难区分出两套旋回本身的沉积特征。

图 8-2　萨拉乌苏组与水洞沟组不整合接触典型照片

传统意义上认为萨拉乌苏组地层时代为14万～7万年，为了确认这两套湖相沉积在地层时代上是否同时归属于萨拉乌苏组，本次填图针对两套湖相地层序列在纵向上进行了系统采样。按照光释光和 ^{14}C 测年所能测定的有效范围，下部旋回采集的样品以光释光分析为主，上部旋回采集的样品以 ^{14}C 测年为主，兼顾部分光释光测年。光释光测年样品前处理在中国地震局地壳应力研究所地壳动力学重点实验室完成。在实验室中心波长为661nm 的发光二极管阵光源的照射下，去除铁管顶和底可能曝光、污染的部分，保留中心部位的样品供等效剂量测定。从中取出约 20g 测定含水量和饱和含水量，之后将样品烘干充分研磨，直至全部通过 63μm 的筛子，供测定样品中 U、Th、K 含量。样品均为粉砂及以下，故采取 4～11μm 细颗粒组分进行处理。光释光辐照和信号测量均在中国地震局地壳应力研究所地壳动力学重点实验室的丹麦 Risoe DA-20-C/D 型热／光释光自动测量系统上完成，该系统的激发光源分别为蓝光二极管 $\lambda=470\pm20nm$。检验长石组分所用的红外激发波长为 830nm。测试过程中两种光源的最大功率为 90%。测量释光信号时蓝光的激发温度为 125℃。释光信号通过前端置有 3mm 厚的 Hoya U-340 滤光片的 9523QB15 光电倍增管进行放大。人工辐照源为 $^{90}Sr/^{90}Y$，照射剂量率为 0.088Ga/s。计算等效剂量时，选取前 0.8s（前 5 个通道积分值）减去背景值（最后 25 个通道积分值）的释光信号值，进行线性或指数拟合建立光释光信号的剂量响应曲线，即光释光生长曲线，确定样品的等效剂量（De）值。样品 U、Th、K 含量在核工业北京地质研究所测定，其中 U、Th 含量用 NexION300D 等离子体质谱仪测定，K 含量用 Z-2000 石墨炉原子吸收分析仪测定。本批样品的细颗粒石英未进行α系数即α辐射产生释光信号的有效系数的测量，在计算年龄时，采用α系数为 0.045±0.005。^{14}C 测年样品在美国 BETA 实验室完成，样品采用加速质谱仪（AMS）进行测试。

9 件样品的石英光释光测年结果及相关参数见表 8-2。图 8-3 给出了 HSB-OSL-7 样品细颗粒石英光释光信号衰减曲线、等效剂量生长曲线及等效剂量测定值。从样品的光释光信号衰减曲线看，信号较强，且呈快速衰减曲线特征，为典型石英信号特征，说明长石在前处理过程中已经去除干净，测试矿物为纯石英，且石英信号以快组分为主，符合光释光测年的基本要求。从样品的等效剂量生长曲线来看，均无明显饱和趋势，其年龄可供参考。假定实验室测定的样品 U、Th 和 K 含量及含水量可以代表样品埋藏期间的 U、Th、K 含量和含水量，样品采集时未发生曝光，那么表 8-2 中样品的光释光年龄代表了样品最后一次曝光距今的时间。从测试结果来看，剖面自下而上样品的年龄依次年轻，没有发现年龄倒转的现象。同时，两个 ^{14}C 样品的年龄也符合整个地层序列年龄的基本特征（图 8-4），这一结果为光释光测年样品的有效性提供了充分的依据。

表 8-2 宁夏红寺堡盆地光释光年龄及其参数统计表

样品编号	U /（μg/g）	Th /（μg/g）	K /%	环境剂量率 /（Ga/ka）	测试粒径 /μm	测试方法	等效剂量 /Ga	年龄 /ka
HSB-OSL-9	2.26	8.58	1.71	3.59	4～11	SMAR	41.09±2.32	11.45±1.32
HSB-OSL-8	2.26	8.98	1.74	3.66	4～11	SMAR	70.63±4.07	19.29±2.23
HSB-OSL-7	2.04	8.76	1.88	3.70	4～11	SMAR	92.26±10.06	24.92±3.69
HSB-OSL-6	2.47	9.71	1.95	4.02	4～11	SMAR	217.80±13.65	54.12±6.39
HSB-OSL-5	2.3	9.21	1.76	3.72	4～11	SMAR	228.93±20.81	61.56±8.32
HSB-OSL-4	8.15	11.10	1.98	5.94	4～11	SMAR	472.24±33.01	79.48±9.70
HSB-OSL-3	2.94	11.90	2.38	4.70	4～11	SMAR	421.03±24.60	89.62±10.38
HSB-OSL-2	3.49	10.80	2.27	4.71	4～11	SMAR	531.08±54.01	112.64±16.07
HSB-OSL-1	2.78	7.31	1.82	3.85	4～11	SMAR	458.08±35.46	119.04±15.05

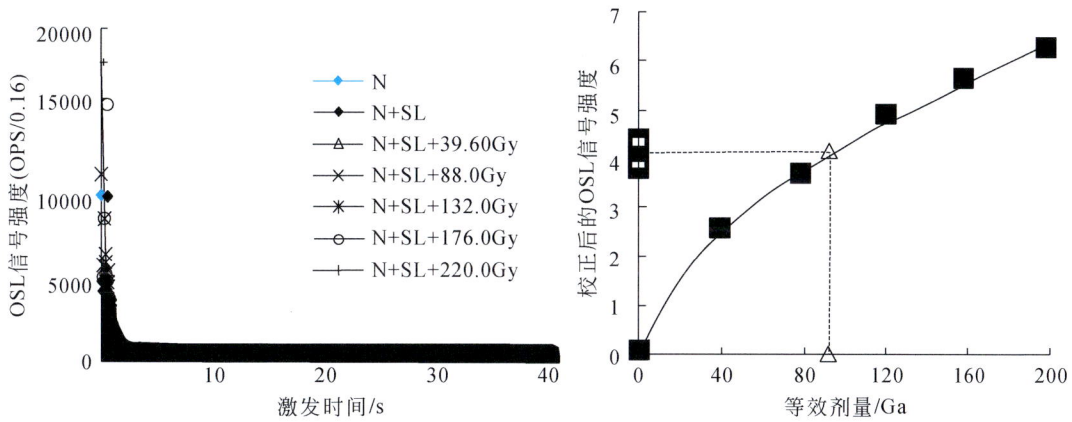

图 8-3 HSB-OSL-7 光释光信号衰减曲线和校正后的等效剂量生长曲线图

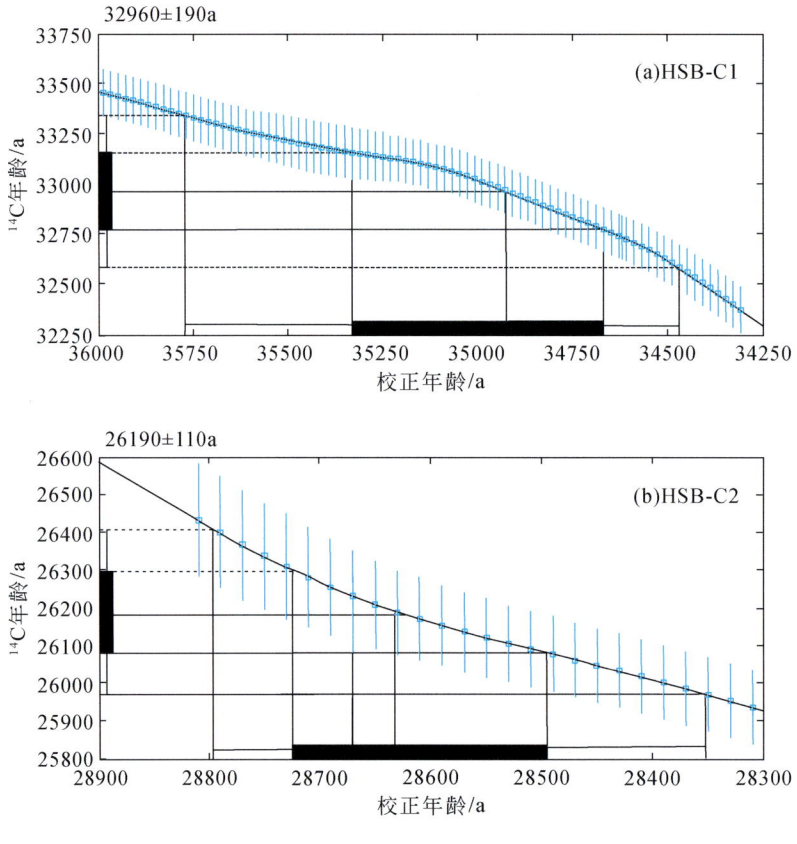

图 8-4 ^{14}C 样品测年曲线图

本次测年结果表明宁夏红寺堡盆地原定为萨拉乌苏组湖相层的底部年龄大于 119040±1904a，顶部年龄为 11450a（图 8-5）。相关研究成果认为萨拉乌苏组形成年龄为 140000～70000a（李保生等，1987；苏志珠等，1997），水洞沟组石器层位骨化石 ^{14}C 年龄为 17250±250a，钙质结核 ^{14}C 年龄为 26230±800a（高星等，2002）。显然，该套地层跨越了萨拉乌苏组和水洞沟组两期古湖的沉积时限。根据地层沉积旋回和地层之间的接触关系，本书对该套地层进行了重新划分与对比，认为原定为萨拉乌苏组的下部旋回在区域上正好相当于萨拉乌苏组，而上部旋回则相当于萨拉乌苏组河流域的城川组、宁夏地区广泛分布的水洞沟组。萨拉乌苏组与水洞沟组两套湖相层之间为一套标志性的灰白色湖相砂，砂质疏松，可以作为典型的区域对比标志层。该套湖相砂与下伏湖相粉砂及黏土层之间为整合接触，表现为水体整体变浅、湖水退出红寺堡盆地的特征。因而，将其归属为萨拉乌苏组，命名为萨拉乌苏组三段。萨拉乌苏组一段为一套紫红色厚层粉砂，底部含薄层砾石层，代表了湖盆充填的初期；萨拉乌苏组二段为一套紫红色薄层粉砂与黏土互层，代表了水体逐渐加深的过程，代表了湖盆充填的高峰期；从萨拉乌苏组一段至萨拉乌苏组三段，沉积序列上表现为明显的湖进至湖退的过程。萨拉乌苏组三段与上覆水洞沟组之间存在明显的沉积间断，二者之间发育一套厚层砾岩。水洞沟组底部为一套含斜层理的含砾粉砂，向上逐渐过渡为灰白色薄层粉砂与黏土互层，表明水洞沟组本身就构成了一个湖进序列的开始。根据本书划分结果，原来被划分为萨拉乌苏组的地层被分解为下部萨拉乌苏组和上部水洞沟组，同时测年结果表明在宁夏红寺堡盆地萨拉乌苏组的地层时代为14万～5.4万年，水洞沟组地层时代为3.2万～1.1万年（图8-5，图8-6）。

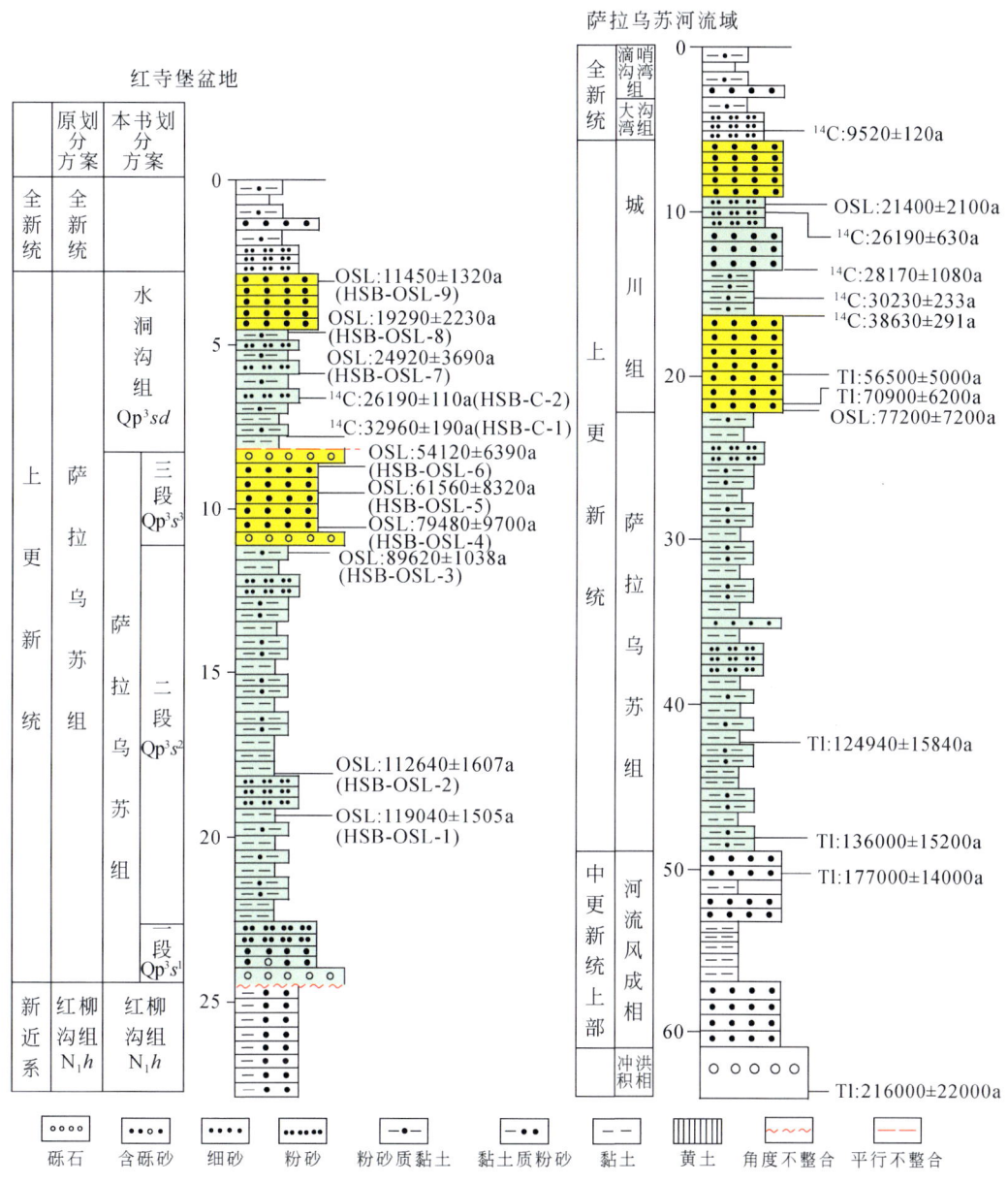

图 8-5　青藏高原东北缘晚更新世地层综合对比图

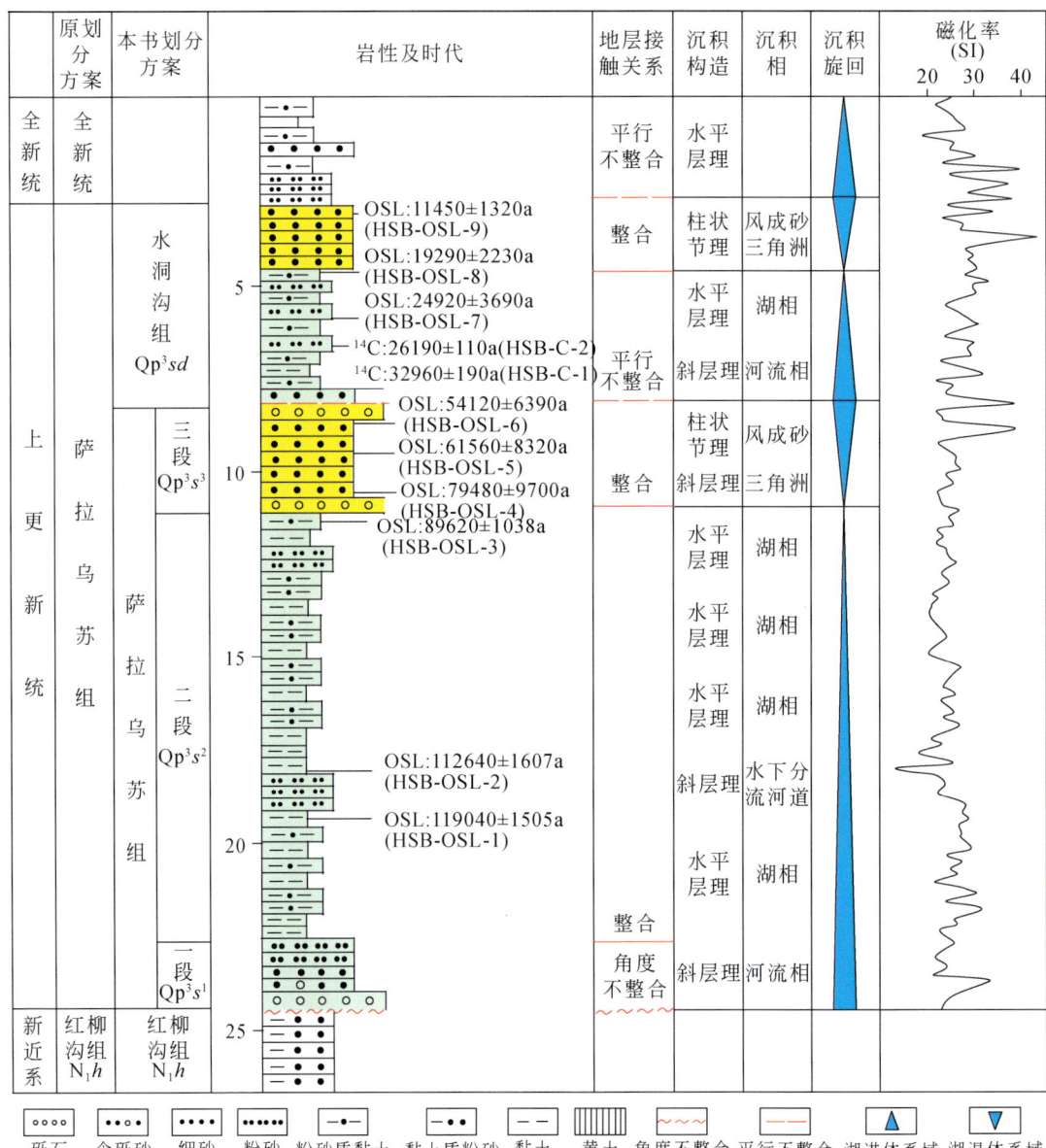

图 8-6　红寺堡沉积盆地区第四纪沉积序列及填图单元划分

重新划分的萨拉乌苏组顶部年龄与区域上现今普遍公认的萨拉乌苏组年龄之间还是存在一定的差异，特别是 7.9 万～5.4 万年沉积的这套疏松湖相砂，在萨拉乌苏河流域将其划分为城川组的底部，而本书研究将其划分为萨拉乌苏组的顶部。主要依据包括：①这套湖相砂在地层序列上与萨拉乌苏组湖相层之间构成了一个完整的沉积旋回，地层之间为整合接触；②这套湖相砂与上部的水洞沟组之间存在一明显的沉积间断，两者之间为区域不整合接触。因此，根据沉积旋回及地层接触关系将其归属于下部的萨拉乌苏组更为合理（图8-6）。

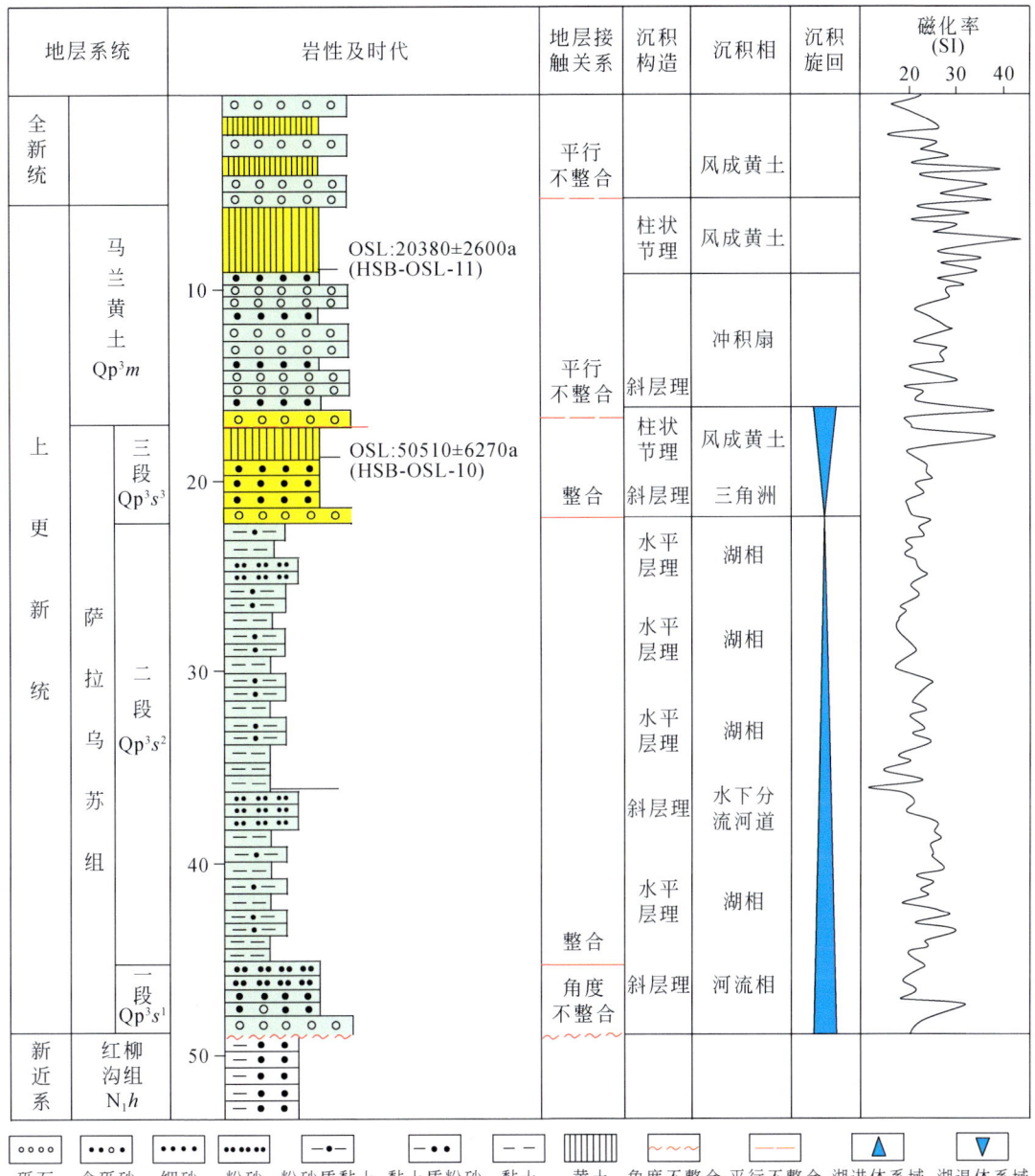

图 8-7 大罗山造山带前缘第四纪沉积序列及填图单元划分

三、地层划分与对比

为了查明红寺堡盆地萨拉乌苏组、水洞沟组与马兰黄土之间的相互叠置关系，本次调查首先在红寺堡盆地红柳沟两岸开展廊带地质填图，红柳沟走向主要为近南北向，与大罗山、烟筒山构造带近于平行，正好贯穿于红寺堡盆地的核心部位，沉积地层以湖相沉积为特征，在纵向上主要包括萨拉乌苏组和水洞沟组（图8-6）。根据湖盆充填序列，按照最新确定的填图单元，萨拉乌苏组自下而上可以划分为明显的三段，代表了在红寺堡盆地萨拉乌苏组沉积时期湖盆从初始发展到最终消亡的整个过程。萨拉乌苏组一段（Qp^3s^1）整体为一套含灰白色钙质结核粉砂，底部含砾石层，代表了湖盆充填的初期阶段，整体岩性较粗，部分地区可以见到普遍含有钙质结核。萨拉乌苏组二段（Qp^3s^2）整体为一套紫红色薄层黏土质粉砂与黏土不等厚互层，水平层理发育，代表了湖盆充填的高峰期。萨拉乌苏组三段（Qp^3s^3）为一套灰白色厚层状粉砂，砂质疏松，易风化，代表了湖盆衰退期。各套地层之间均为整合接触，不存在沉积间断。水洞沟组底部为一套河流相含砾粗砂，斜层理发育，向上逐渐过渡为薄层粉砂与黏土互层，与其下的萨拉乌苏组三段之间为明显的侵蚀不整合接触。

为了进一步查明晚更新世萨拉乌苏组、水洞沟组与马兰黄土三者之间的叠置关系，沿着与红柳沟近于相交的支沟分别向东、向西追踪，直至大罗山山前、烟筒山山前。沿途大部分地区沟谷体系切割深度较浅，仅能观察到水洞沟组底界，水洞沟组岩性和沉积特征观察较为明显。但在大罗山山前局部地区沟谷体系切割较深，可以观察到萨拉乌苏组二段、萨拉乌苏组三段以及水洞沟组的完整沉积（图8-7）。综合多条路线调查结果，可以发现在大罗山山前局部地区观察到的萨拉乌苏组仍表现为明显的湖相沉积特征，厚层状粉砂与薄层状黏土互层，与盆地沉积中心相比，粉砂的含量明显增加，说明其位于当时湖盆沉积的边缘。萨拉乌苏组之上的水洞沟组则完全相变为典型的马兰黄土，柱状节理发育，无古土壤层。在沿途典型剖面，可以观察到水洞沟组与马兰黄土之间的过渡界线，沉积地层由层理发育的湖相层逐步过渡到柱状节理发育的典型风成黄土，在二者的过渡部位兼具了湖相层和黄土层的特征（图8-8）。根据地质路线调查结果，可以确定红寺堡盆地水洞沟组与马兰黄土之间为同时异相的相变关系，在湖盆中心为湖相沉积，在湖盆边缘地形相对较高的部位，则为同时期的黄土沉积。

图8-8 马兰黄土与水洞沟组过渡关系

在红寺堡盆地沉积中心，局部地区可以观察到萨拉乌苏组三段顶部具有明显的风成沉积特征的参与，似柱状节理发育（图8-9）。同时在萨拉乌苏组三段的下部可以观察到小型的水下分流河道，砾石磨圆好，分选好，砾石成分以紫红色和灰白色砂岩为主，可见少量的石英砾。这种下部为水成、上部为风成的沉积特征,进一步说明红寺堡盆地在萨拉乌苏组三段沉积末期才开始接受黄土沉积。为了进一步探讨萨拉乌苏组三段厚层状粉砂顶部和底部成因的差异,本次调查过程中分别在顶部和底部采集了粉砂样品,进行了扫描电镜分析。石英具有较大的硬度和较高的化学稳定性,因而其沉积物颗粒表面特征能很好地反映沉积环境,而通过扫描电子显微镜研究石英颗粒表面微细特征是分析砂岩沉积环境行之有效的方法(Krinsley and Takahashi,1962;Brown,1973;Baker,1976;江新胜等,2003;刘高等,2015)。分别在两个样品中随机选取50颗石英砂在Hitachi S4900扫描电子显微镜下观察石英颗粒表面形态特征。扫描电子显微镜下萨拉乌苏组下段石英颗粒全部呈现圆状、次圆状,具有水下磨光面与V形坑,显然具有河流成因的特征(图8-10)。而萨拉乌苏组上段石英颗粒以次棱角状为主,也有部分呈现圆状、次圆状,样品表面多具有碟形坑、坑内粗糙不平,可见细粒充填物质及硅质沉淀薄膜(图8-11)。石英颗粒表面发育碟形坑、新月形坑、麻面、蛇脊及硅质沉淀等被认为是风成环境中石英颗粒表面结构的典型特征(陈发虎等,1987)。根据扫描电子显微镜下观察分析砂岩的成因,下部石英颗粒普遍表现为水成的特征,而上部石英颗粒不仅具有水成的特征,而且大部分具有风成的特征,风蚀坑的出现,正好说明了在萨拉乌苏组三段沉积末期,红寺堡盆地已经整体上接受了区域上黄土的沉积,萨拉乌苏组三段与马兰黄土为上下叠置关系,水洞沟组与马兰黄土为横向相变关系,具有同时异相的特征。

图 8-9 萨拉乌苏组三段沉积特征典型照片

Qp^3sd. 水洞沟组;Qp^3s^3. 萨拉乌苏组三段

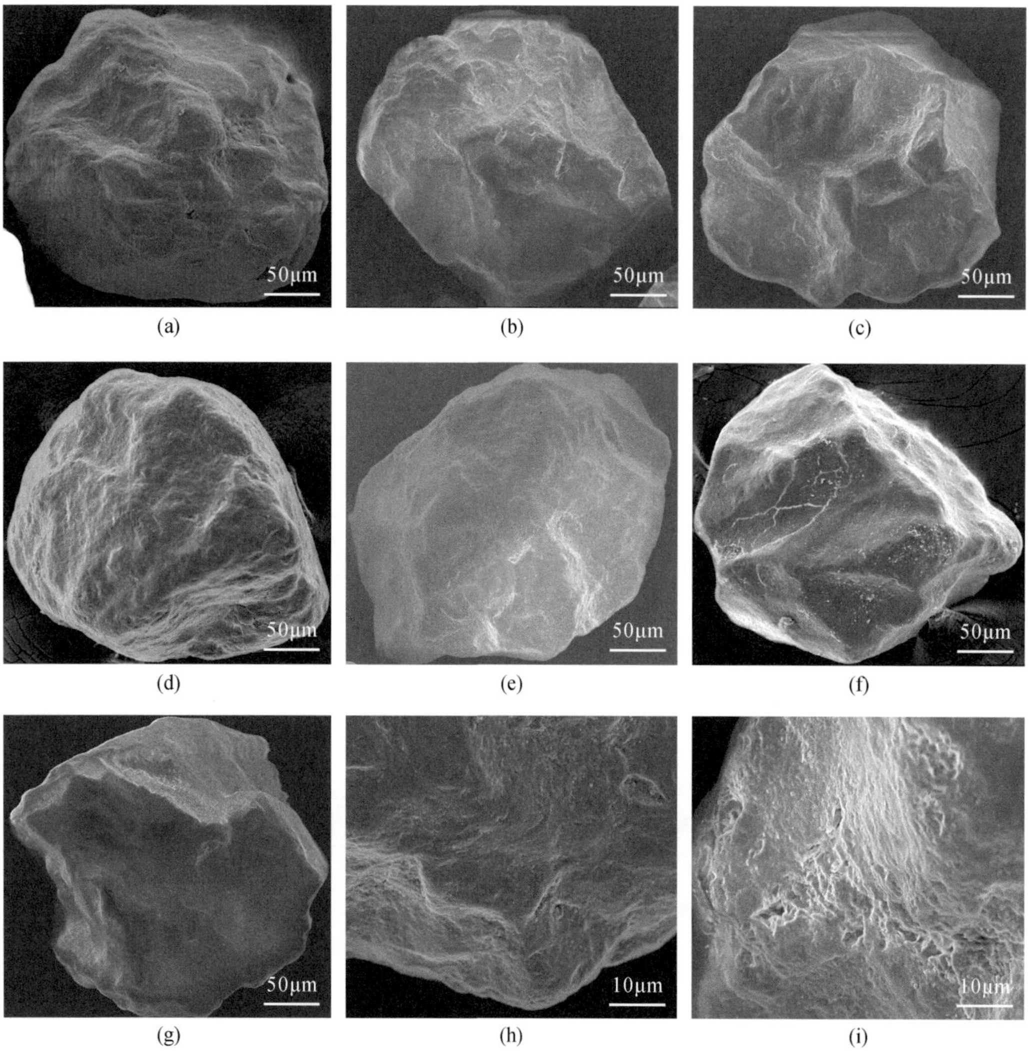

图 8-10 萨拉乌苏组下段扫描电子显微镜下石英颗粒表面特征

（a）~（g）石英砂水下磨光面与 V 形坑；（h）V 形坑底部的硅化物沉积物；（i）V 形坑

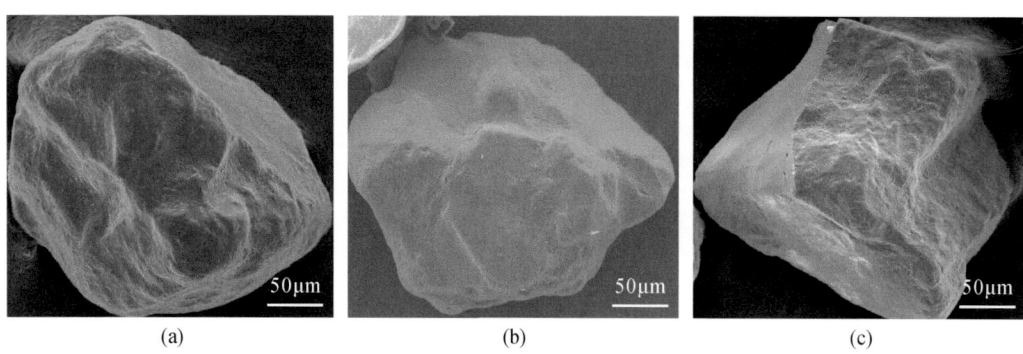

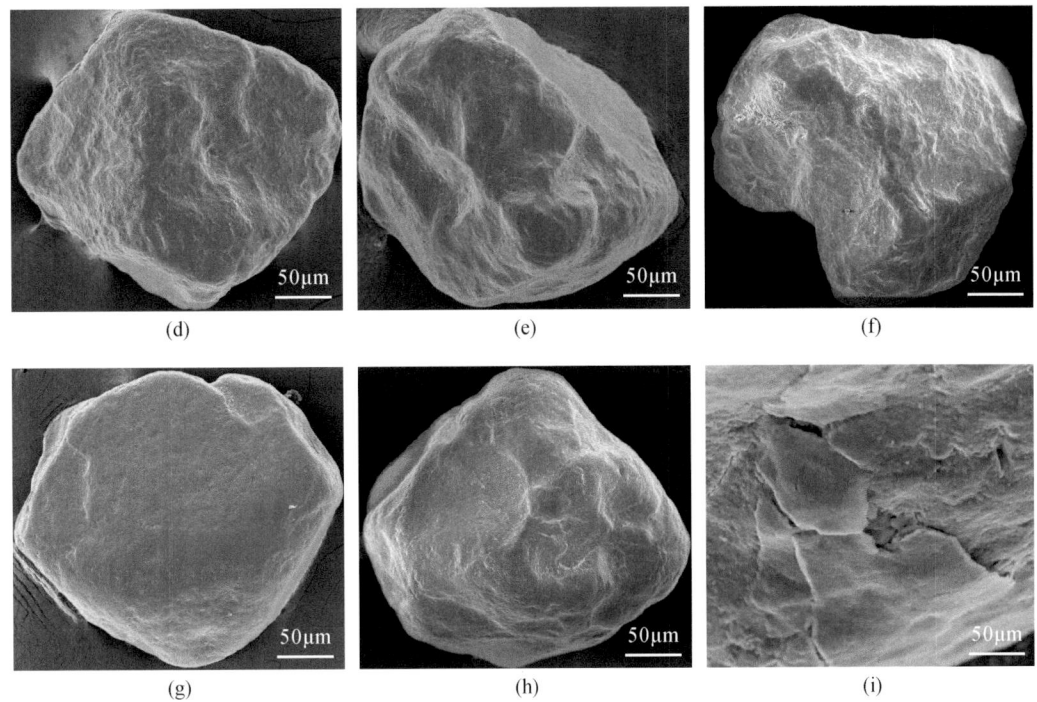

图 8-11 萨拉乌苏组上段扫描电子显微镜下石英颗粒表面特征

(a)～(d) 石英砂水下磨光面与 V 形坑；(e)(f)(h)(i) 风成沉积蝶形坑；(g) 现代沙丘平整表面

第二节 古气候背景调查

新生代以来由于中国中东部构造体制由早期的滨太平洋构造域控制，逐步过渡为青藏高原构造域的控制，青藏高原整体隆升，直接导致了中国西高东低构造地貌格架基本形成，从而影响了中国、亚洲乃至全球气候环境的变迁以及古人类生存环境的变化。青藏高原东北缘现今的毛乌素沙漠、腾格里沙漠所处的位置在晚更新世时期发育早、晚两期古湖，在腾格里沙漠已有的研究资料表明晚期古湖的沉积厚度已经达 300m（张虎才等，2002）。

早期古湖以萨拉乌苏湖为代表，时限介于 14 万～5 万年之间；晚期古湖以水洞沟湖为代表，时限介于 3.2 万～1.1 万年之间；两期古湖在区域上分别代表了末次冰期两期相对温暖湿润的沉积环境。本次调查过程中重点采用了黏土矿物含量的变化来分析该阶段气候环境的变迁过程。黏土矿物组分变化是古环境、古气候变化的重要指针。黏土矿物通常包括蒙脱石、高岭石、伊利石，蒙脱石通常为温暖风化气候条件下的风化产物，高岭石一般在暖湿风化条件下形成，伊利石通常形成于干冷的环境，当遭受干湿交替的环境时，伊利石可能开始经历伊蒙混层矿物变成蒙脱石。伊利石主要是云母等矿物风化的中间产物，常见于冰川附近的冰碛物当中，它的存在表明气候较为寒冷并干燥。蒙脱石一般是在碱性环境下经脱钾水化作用而形成，它的出现同样反映气候较为干燥，但比伊利石要湿润。绿泥石是层状硅酸盐矿物，它的出现表现为气候温凉偏干。高岭石类矿物是长石等矿物在高温多雨的酸性条件下形成的，它的出现反映气候温暖湿润。第四纪沉积物中很少有纯的黏土，因而需要进行处理。一般取 50～60g 原样，用盐酸去钙，再用过氧化氢（双氧水）去有机质，测试分析在北京北达燕园微构分析测试中心完成。检测依据《沉积岩中黏土矿物和常见非黏土矿物 X 衍射分析方法》（SY/T 5163—2018）；仪器名称为 X 射线衍射仪（D/max-rA）。测试结果见表 8-3。

表 8-3 黏土矿物相对含量统计表

样品名称	样品编号	黏土矿物相对含量 /%			
		S（蒙脱石）	It（伊利石）	Kao（高岭石）	C（绿泥石）
1	萨拉乌苏组三段	30	55	1	14
2	萨拉乌苏组三段	27	59	2	12
3	萨拉乌苏组三段	26	60	1	13
4	萨拉乌苏组三段	25	58	1	16
5	萨拉乌苏组三段	27	55	1	17
6	萨拉乌苏组三段	27	57	1	15
7	萨拉乌苏组二段	40	40	12	8
8	萨拉乌苏组二段	45	31	15	9
9	萨拉乌苏组二段	43	36	14	7
10	萨拉乌苏组二段	42	36	13	9
11	萨拉乌苏组二段	45	31	14	10
12	萨拉乌苏组二段	43	30	15	12
13	萨拉乌苏组一段	37	45	8	10
14	萨拉乌苏组一段	32	47	9	12
15	萨拉乌苏组一段	34	48	8	10
16	萨拉乌苏组一段	33	50	8	9
17	萨拉乌苏组一段	32	52	6	10
18	萨拉乌苏组一段	32	50	8	10
19	水洞沟组上部	28	59	1	12
20	水洞沟组上部	26	61	1	12
21	水洞沟组上部	27	58	1	14
22	水洞沟组上部	25	60	1	14
23	水洞沟组上部	25	58	2	15
24	水洞沟组上部	24	60	1	15

续表

样品名称	样品编号	黏土矿物相对含量/%			
		S（蒙脱石）	It（伊利石）	Kao（高岭石）	C（绿泥石）
25	水洞沟组中部	40	34	12	14
26	水洞沟组中部	45	33	10	12
27	水洞沟组中部	40	36	12	12
28	水洞沟组中部	42	36	10	12
29	水洞沟组中部	45	31	12	12
30	水洞沟组中部	43	31	13	13
31	水洞沟组下部	35	47	4	14
32	水洞沟组下部	36	46	5	13
33	水洞沟组下部	34	50	2	14
34	水洞沟组下部	33	50	3	14
35	水洞沟组下部	30	54	1	15
36	水洞沟组下部	30	50	6	14

从测试结果来看，总体上具有一定的变化规律。萨拉乌苏组一段伊利石含量介于 45%～52% 之间，平均为 48.6%；蒙脱石含量介于 32%～37% 之间，平均为 33.3%；绿泥石含量介于 9.1%～12% 之间，平均为 10.2%；高岭石含量介于 6%～9% 之间，平均为 7.8%。萨拉乌苏组二段伊利石含量介于 30%～40% 之间，平均为 34%；蒙脱石含量介于 42%～45% 之间，平均为 43%；绿泥石含量介于 7%～12% 之间，平均为 9.1%；高岭石含量介于 12%～15% 之间，平均为 13.8%。萨拉乌苏组三段伊利石含量介于 55%～60% 之间，平均为 57%；蒙脱石含量介于 25%～30% 之间，平均为 27%；绿泥石含量介于 12%～17% 之间，平均为 14.5%；高岭石含量介于 1%～2% 之间，平均为 1.2%。水洞沟组下部伊利石含量介于 46%～54% 之间，平均为 49.5%；蒙脱石含量介于 30%～36% 之间，平均为 33%；绿泥石含量介于 13%～15% 之间，平均为 14%；高岭石含量介于 1%～6% 之间，平均为 3.5%。水洞沟组中部伊利石含量介于 31%～36% 之间，平均为 33.5%；蒙脱石含量介于 40%～45% 之间，平均为 42.5%；绿泥石含量介于 12%～14% 之间，平均为 12.5%；高岭石含量介于 10%～13% 之间，平均为 11.5%。水洞沟组上部伊利石含量介于 58%～61% 之间，平均为 59.2%；蒙脱石含量介于 24%～28% 之间，平均为 25.8%；绿泥石含量介于 12%～15% 之间，平均为 13.6%；高岭石含量介于 1%～2% 之间，平均为 1.2%。从萨拉乌苏组一段至水洞沟组上部，伊利石含量自 48.6%→34%→57%→49.5%→33.5%→59.2%，在萨拉乌苏组二段和水洞沟组中部分别表现为含量低值；蒙脱石含量自 33.3%→43%→27%→33%→42.5%→25.8%，在萨拉乌苏组二段和水洞沟组中部分别表现为含量高值；绿泥石含量自 10.2%→9.1%→14.5%→14%→12.5%→13.6%，在萨拉乌苏组二段和水洞沟组中部分别表现为含量相对低值，但

总体波动性不大；高岭石含量自 7.8%→13.8%→1.2%→3.5%→11.5%→1.2%，在萨拉乌苏组二段和水洞沟组中部含量明显增加。综合上述分析可以看出，在萨拉乌苏组二段与水洞沟组中部，伊利石和绿泥石含量表现为相对低值，而蒙脱石和高岭石含量表现为相对高值，蒙脱石含量明显增加，但同时又有高岭石矿物的出现，总体上反映了温暖湿润的沉积环境（图 8-12）。

第四纪以来，中国东部处于海水进退的主要波动期，华北平原区海陆变迁频繁。晚更新世以来，发生了 127～75ka、40～20ka 和 11ka 以来三次规模较大的海侵事件（杨子赓等，1991）。同时，黄土高原的黄土古土壤序列与华北平原海退海侵序列之间具有较好的对应关系，海退序列正好对应于黄土序列，海侵序列正好对应于古土壤序列（安芷生等，1992）。晚更新世早期（127～75ka），华北平原发生了晚更新世以来的第一

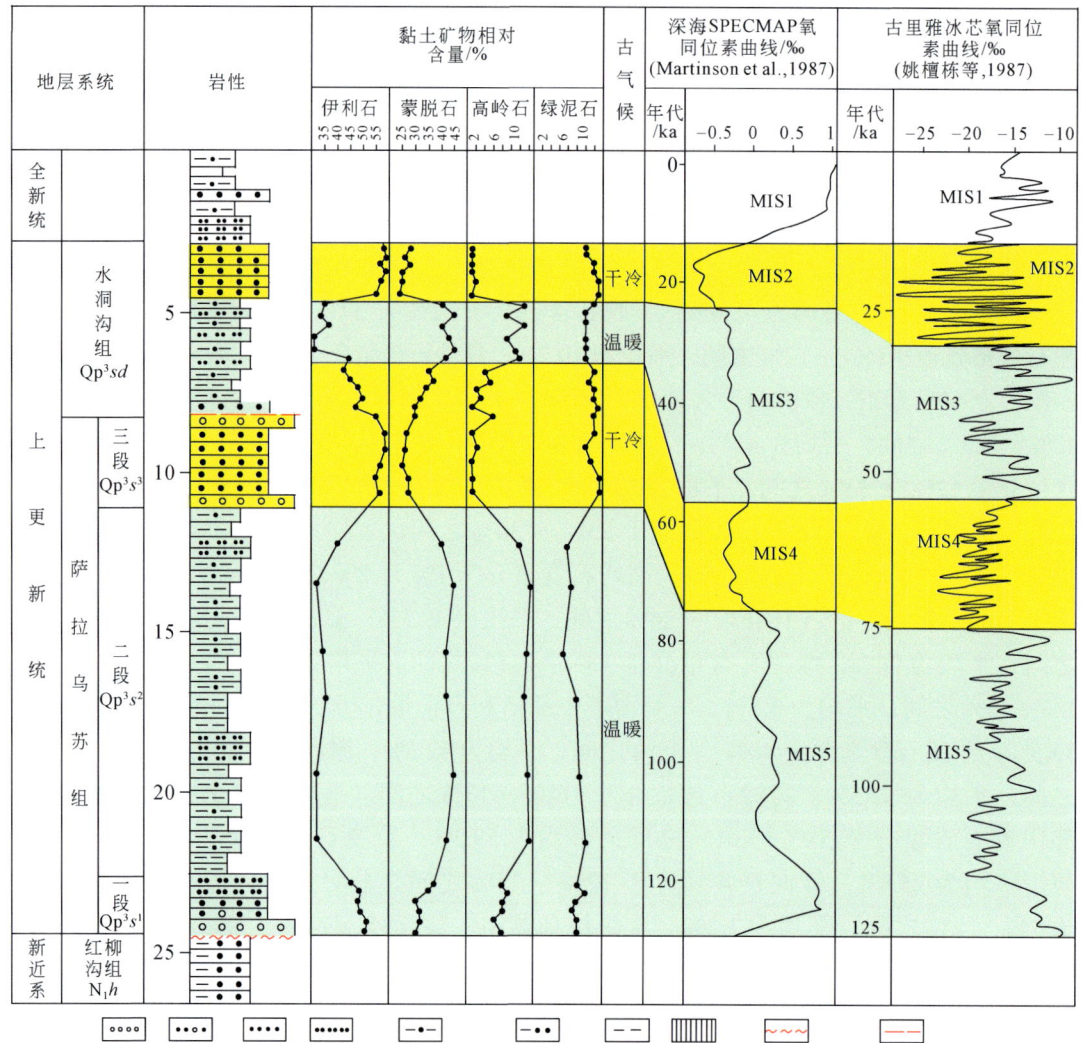

图 8-12 宁夏红寺堡盆地晚更新世气候环境变迁综合柱状图

次强烈大规模海侵事件，华北平原乃至整个黄土高原气候温暖湿润，在黄土高原黄土序列中发育了 S_1 古土壤。S_1 古土壤形成之后，华北平原乃至黄土高原气候整体变为干旱，沉积了较厚的黄土序列和弱古土壤序列。40~20ka 期间，华北平原发生了晚更新世以来的第二次大规模海侵事件，黄土高原普遍发育了 L_1SS_1 古土壤，此阶段的降水和侵蚀程度应该与 S_1 古土壤形成时期的气候条件基本一致（张信宝和张杰，1996）。中国中东部晚更新世发育的两期温暖湿润的气候期在时间序列上正好对应于青藏高原东北缘的萨拉乌苏组二段与水洞沟组中部沉积时期，进而说明这两期古气候事件分布范围广，具有较强的区域对比意义。

青藏高原东北缘晚更新世发育的两期古湖事件在层位上与黄土高原区的古土壤（S_1 与 L_1SS_1）、华北地区的两期重要海侵层位（白洋淀海侵和沧州海侵）以及深海氧同位素曲线 MIS3（末次冰期间冰阶）与 MIS5（末次冰期间冰期）基本相当，说明在两期古大湖发育时期，中国中东部处于温暖湿润的气候环境，这与全球晚更新世的古气候环境基本一致（图 8-13）。古人类的生存空间与古湖的发展密切相关，晚更新世的两期古湖也分别是古萨拉乌苏人、水洞沟人栖居的主要时代，"沿湖居住、沿河迁徙"是古人类生存、发展的主要方式。

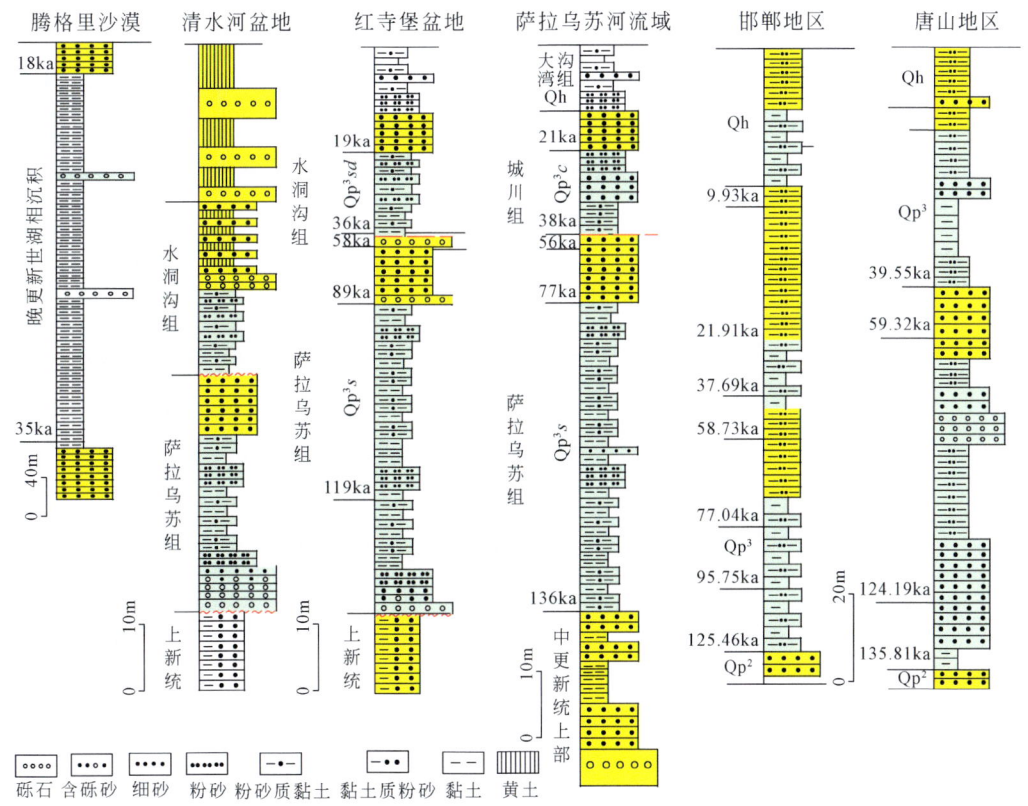

图 8-13 中国中东部晚更新世典型剖面对比图

第三节 古构造背景调查

在两期古大湖发育的间断期，79～32ka，青藏高原东北缘可能存在一期重要的构造-气候事件，在气候上相当于全球末次冰期的早冰阶，气候干冷，在构造上可能响应了一次青藏高原的强烈隆升事件。主要证据包括：①青藏高原东北缘萨拉乌苏组三段与上覆水洞沟组之间存在明显的沉积间断，缺失了54～32ka沉积地层，两者之间呈现明显的侵蚀不整合接触，水洞沟组沉积完全叠加在早期萨拉乌苏组沉积之后抬升剥蚀形成的古地貌背景之上，其早期沉积处于填平补齐阶段。②萨拉乌苏组三段整体上代表了一期干旱的气候环境，但在该阶段大罗山山前同期的砾岩发育，砾岩的发育有两种可能，一是气候湿润，剥蚀量加大，二是构造隆升剥蚀，显然该期砾岩代表了一期快速隆升剥蚀的产物。③黄土高原阶地研究结果表明，在40～50ka之间存在一期重要的阶地，该期阶地可能是青藏高原的快速隆升造成的。④河套盆地阶地研究结果表明，在40～50ka之间存在一个重要的T_4阶地，该时期河流下切深度最大，阴山造山带处于强烈隆升剥蚀期。⑤在运城盆地，该时期首先存在一套突然死亡的厚蚌层，其时限大约为78ka，在大于50ka全区存在一期可以完全对比的侵蚀面，在侵蚀面之上就是著名的丁村文化层。从以上的分析结果可以看出，该期构造事件可能向北影响到了河套盆地，向东影响到了汾渭地堑系的运城盆地，具有区域性的对比意义，响应了晚更新世青藏高原的一期重要的隆升事件。为了进一步查明萨拉乌苏组三段与上覆水洞沟组之间的地层接触关系，调查过程中采用地质雷达对覆盖区进行了探测，结果发现水洞沟组在萨拉乌苏组三段顶面的侵蚀沟槽中发育较厚，其沉积过程首先是一个填平补齐的过程（图8-14）。

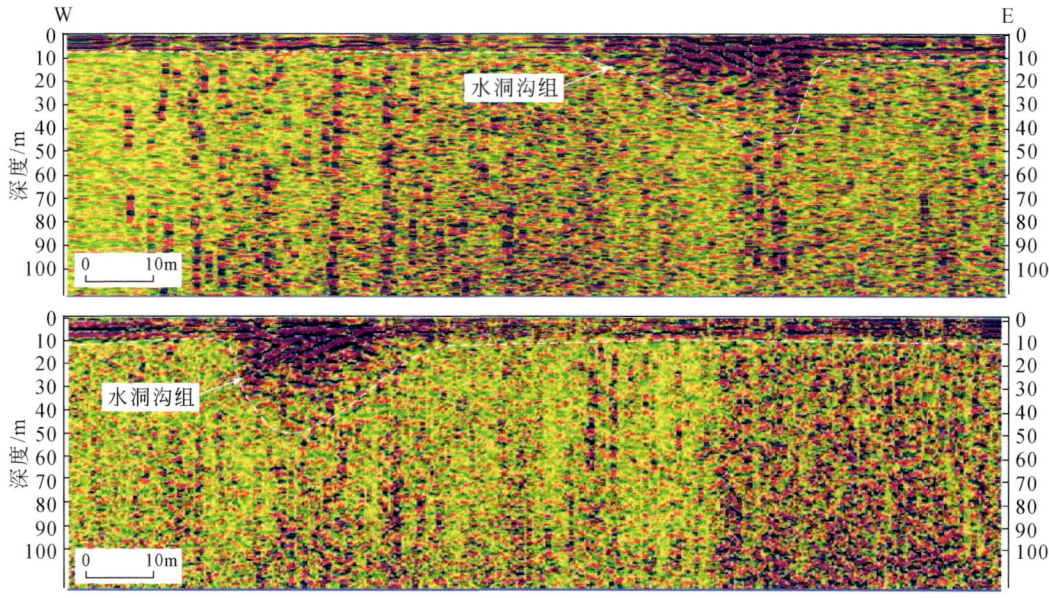

图8-14 红寺堡盆地探地雷达典型剖面

第九章 构造地貌调查

第一节 阶 地

河流阶地作为河流系统演化的产物,是构造地貌学研究的重点内容之一。它能够对气候变化、构造抬升和基准面变化等做出积极而敏感的响应(Schumm et al.,2000;Cohen et al.,2002;Pan et al.,2009)。其在研究新构造、古气候变化、古水系演化及侵蚀基准面变化等方面具有不可替代的优势。

1. 烟筒山东西两侧

烟筒山东西两侧主要发育红柳沟和丁家二沟两大沟谷体系,这两大沟谷体系中阶地的发育特征及形成时限是研究青藏高原隆升的重要证据(图9-1)。

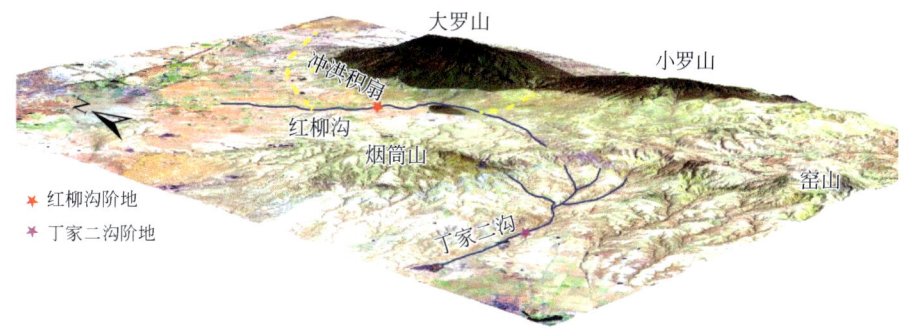

图9-1 大罗山—烟筒山地区构造地貌图

大罗山西缘山前红柳沟发育二级阶地(图9-2)。T_2为侵蚀阶地,拔河高度24m,宽95m,阶地基座上部为黏土、黏土质细砂互层湖相地层,厚约7m,下部为具有类似二元结构的河流相物质,砾石次圆状,岩性以灰岩居多,可见硅质岩、紫红色石英砂岩,厚约17m。T_1为堆积阶地,阶地面宽80cm,拔河高度2m,砾石分选一般,呈圆、次圆状,岩性以灰岩、紫红色砂岩为主。河流形态上为宽谷,河流裁弯取直现象普遍,这说明地表径流在萨拉乌苏组地层上汇流成河,然后河流有一次快速下切,形成深切河谷,接着河流发育长期处于稳定时期,开始了侧向摆动,形成宽谷和河道裁弯取直。上述阶地发育特征说明红柳沟的深切河谷形态可能是对区域构造活动的响应。T_1阶地光释光测年结果5.67±0.7ka,^{14}C测年结果5060±30a;T_2阶地光释光测年结果11.45±1.32ka。

烟筒山西侧丁家二沟大沟河流发育三级阶地。以现代河床为起点，从低往高依次为T_1阶地、T_2阶地和T_3阶地（图9-3）。T_1阶地面宽39m，拔河高度0.5m，砾石层厚约50cm，未见底，岩石成分以砂岩、硅质岩为主，砾石层上覆盖约10cm河漫滩沉积。T_2阶地面宽105m，拔河高度1.2m，T_2阶地面出现河流二元结构，上部厚约1m，河漫滩相沉积，下部砾石层未见底，厚约30cm，砾石分选较好，胶结较好，岩性以砂岩、硅质岩为主。T_3阶地面宽93m，拔河高度3m，阶地面出露厚约2m河漫滩沉积，未见砾石层。丁家二沟大沟三级河流阶地间高差比较小，拔河高度较小，上述河流阶地特征显示它们为堆积阶地，因此这三级阶地的形成很可能和气候变化作用有关。T_3阶地年龄为5.85 ± 0.68ka（OSL）；T_2阶地年龄为3.50 ± 0.37ka（OSL）。

对丁家二沟和红柳沟河流阶地的研究结果表明至少存在11.45 ± 1.32ka（OSL）、5.85 ± 0.68ka（OSL）和3.50 ± 0.37ka（OSL）三期阶地发育期。其中，5.85 ± 0.68ka（OSL）、11.45 ± 1.32ka（OSL）两期阶地分别对应黄土高原的T_1和T_2阶地，在青藏高原东北缘普遍发育，可能响应了青藏高原两期重要的构造隆升。

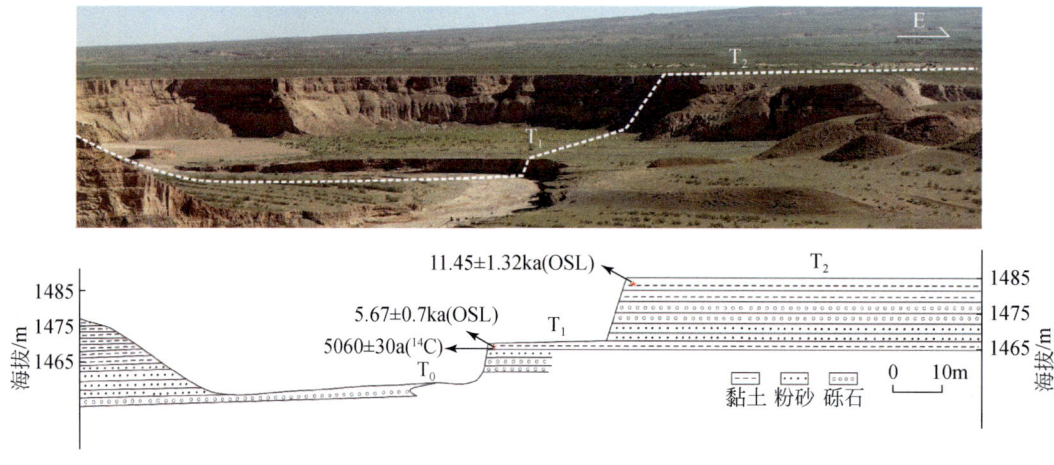

图9-2 红柳沟河流阶地

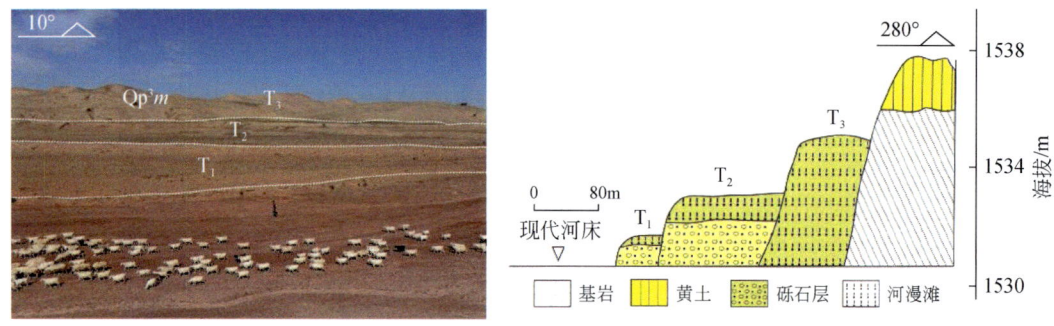

图9-3 丁家二沟河流阶地

2. 清水河流域

清水河是宁夏境内最大的黄河一级支流，普遍发育二级阶地，偶尔发育三级阶地（图

9-4）。T_1阶地多为堆积阶地，并不连续发育，高出河 3~5m。T_2阶地为基座阶地，高出河床 10~20m，不见底。其中 T_2 阶地是最连续、分布最广的阶地，构成了清水河平原主体。T_2 阶地由水洞沟组组成，主要岩性为蓝灰色、黄褐色、橘红色、紫红色粉砂质泥岩、泥岩，水平层理发育，单层厚度一般在 10cm 以内。在清水河两岸发现常常有中厚层-巨厚层的黄土与半固结的泥岩、粉砂质泥岩伴生，黄土单层厚度 1~10m 不等。黄土普遍发育柱状节理，发育孔隙和裂隙，质地松散。T_2 阶地的形成是清水河流域最新一次构造活动的结果，而 T_1 阶地的形成则是清水河盆地现代地形地貌完全建立阶段。

晚更新世与全新世之交，清水河盆地形成了 T_2 阶地，阶地地势平坦，顶部被 0.5~1m 黄土覆盖，普遍未发育河流相砾石沉积，指示了在湖转河的过程中，湖泊的快速退却和清水河的迅速下切。黄土的发育指示水洞沟湖水并不稳定，时常有高地露出水面并接受风成堆积，也暗示本区在晚更新世环境已经干旱化。为了建立清水河流域河流阶地的年代格架，本次在清水河 T_1 阶地中采取了蜗牛化石，但是所送样品未获得理想测试结果。在 T_2 阶地中采集了光释光样品，光释光样品采自阶地最上部未受扰动的黏土，样品编号为 2017-OSL-182，测试结果见表 9-1，显示 T_2 阶地上部湖相沉积物年代为 10.61 ± 1.10ka。由于湖相沉积物普遍被黄土覆盖，所以本次在黄土中也采集了光释光样品，并进行了测试，样品编号为 2017OSL11，测试结果显示黄土年代为 5.4 ± 0.5ka（表 9-1）。T_2 阶地的形成意味着水洞沟湖的消失和清水河的再度贯通，现今地貌格局就此定型。

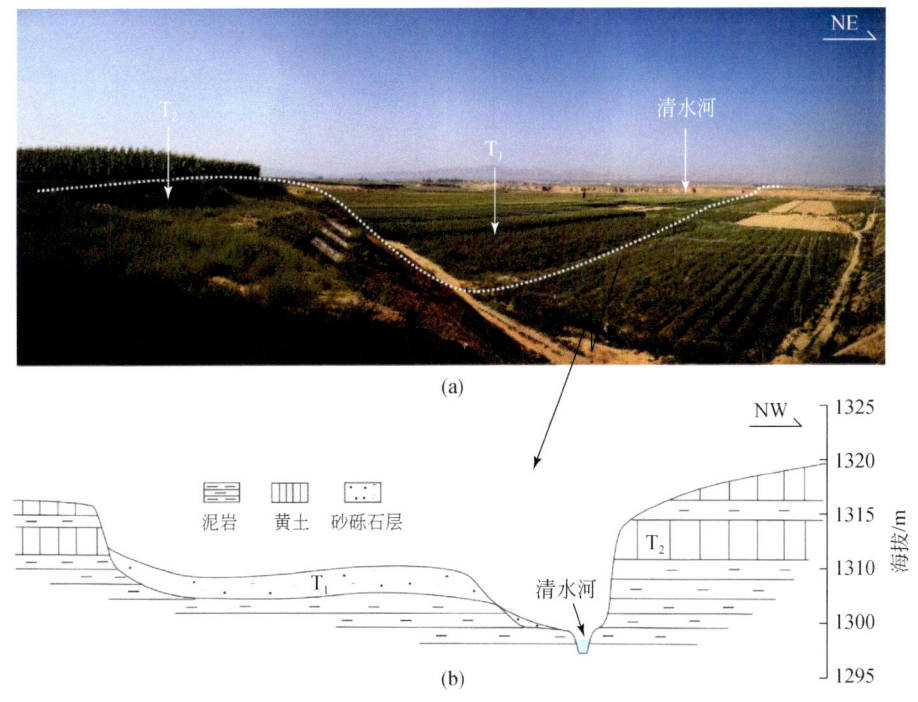

图 9-4　清水河流域河流阶地

表 9-1 清水河流域河流阶地光释光样品测试结果

样品编号	U/10^{-6}	Th/10^{-6}	K/%	剂量率/(Ga/ka)	测试方法	等效剂量/Ga	年龄/ka
2017-OSL-182	2.61	11.10	2.12	4.32	SMAR	45.87±1.32	10.61±1.10
2017OSL11	3.07±0.12	11.90±0.33	2.04±0.06	4.2±0.4	SAR	23.0±0.3	5.4±0.5

清水河流域大多数横向河流仅发育一级阶地，以同心西侧庙山烂泥沟为例，其阶地一般可分为上下两段：下段为一套无分选、无磨圆，砾石成分混杂的泥石流相粗砾岩。经统计砾石成分以紫红色泥岩（18%）、灰白色泥岩（23%）、石膏（48%）以及灰白色长石石英砂岩（6%）为主，砾石砾径在0.2～100cm之间，一般在3～10cm之间。该段砾岩整体色调为紫红色，砾石厚度为5～6m，由下而上砾石砾径有由粗变细的特点。其来源应为古近系和新近系含石膏红层，具有就地沉积的特点。上段为一套浅橘红色泥岩、粉砂质泥岩，泥岩水平层理发育，单层厚度一般不超过20cm，为中-薄层状，剖面上该套泥岩出露的总厚度约30m。观察发现该套泥岩分布范围十分有限，仅在沟谷两侧可见，靠近山体为前第四系，同时泥岩顶部十分平坦，未见黄土覆盖，仅发育少量腐殖质。沟谷内的湖相沉积物顶部十分平坦，且无河流相沉积物，河流快速下切形成30～50m高的河流一级阶地。为了研究以烂泥沟为代表的清水河横向河流阶地形成年代，本次进行了蜗牛化石样品的采集，并进行了^{14}C年代学测试。样品测试在美国BETA实验室进行，其结果见表9-2。这一结果代表了烂泥沟湖水快速退却的时代。由于在清水河流域T_2阶地黄土底部获得的年龄明显小于烂泥沟T_1阶地的年龄，因此本次认为在5ka的时候清水河盆地古湖才消失，比烂泥沟湖水快速退却的时代要晚了近3ka。而前已述及烂泥沟湖水是快速退却，并没有转为河流相沉积，而是直接转为河流快速下切，因此可以认为在烂泥沟T_1阶地完全形成阶段也就是8ka的时候，构造活动加剧，清水河盆地发生了快速下降。

表 9-2 烂泥沟河流阶地蜗牛化石测年结果

实验室编号	样品编号	测试物质	采样部位	测得年龄/a	常规年龄/a
Beta-475060	201714C02	蜗牛	T_1顶部	6770±30	7090±30
Beta-475061	201714C03	蜗牛	T_1底部	7670±30	7980±30

3. 青铜峡黄河大峡谷

在青铜峡黄河大峡谷的入口、中部及出口处进行了地貌调查，作为对比调查了黄河上游白马乡附近的地貌特征，详细测量了该地区阶地发育特征，共测量了四个阶地剖面（图9-5）。

青铜峡大峡谷出口处阶地剖面可见三级阶地，拔河高度分别为2m、10～15m、25～31m，而且受到青铜峡大坝蓄水的影响，导致青铜峡大坝上游与下游河流水面高差约14m，大坝下游河面高程约1140m，大坝上游河面高程约1154m，上游阶地拔河高度与下游阶地高差基本在14m左右，青铜峡大坝上游阶地的拔河高度需加上14m才可以与大坝下游阶地相对应，故认为在青铜峡大坝上游的T_1阶地可能已被黄河河水淹没，阶地

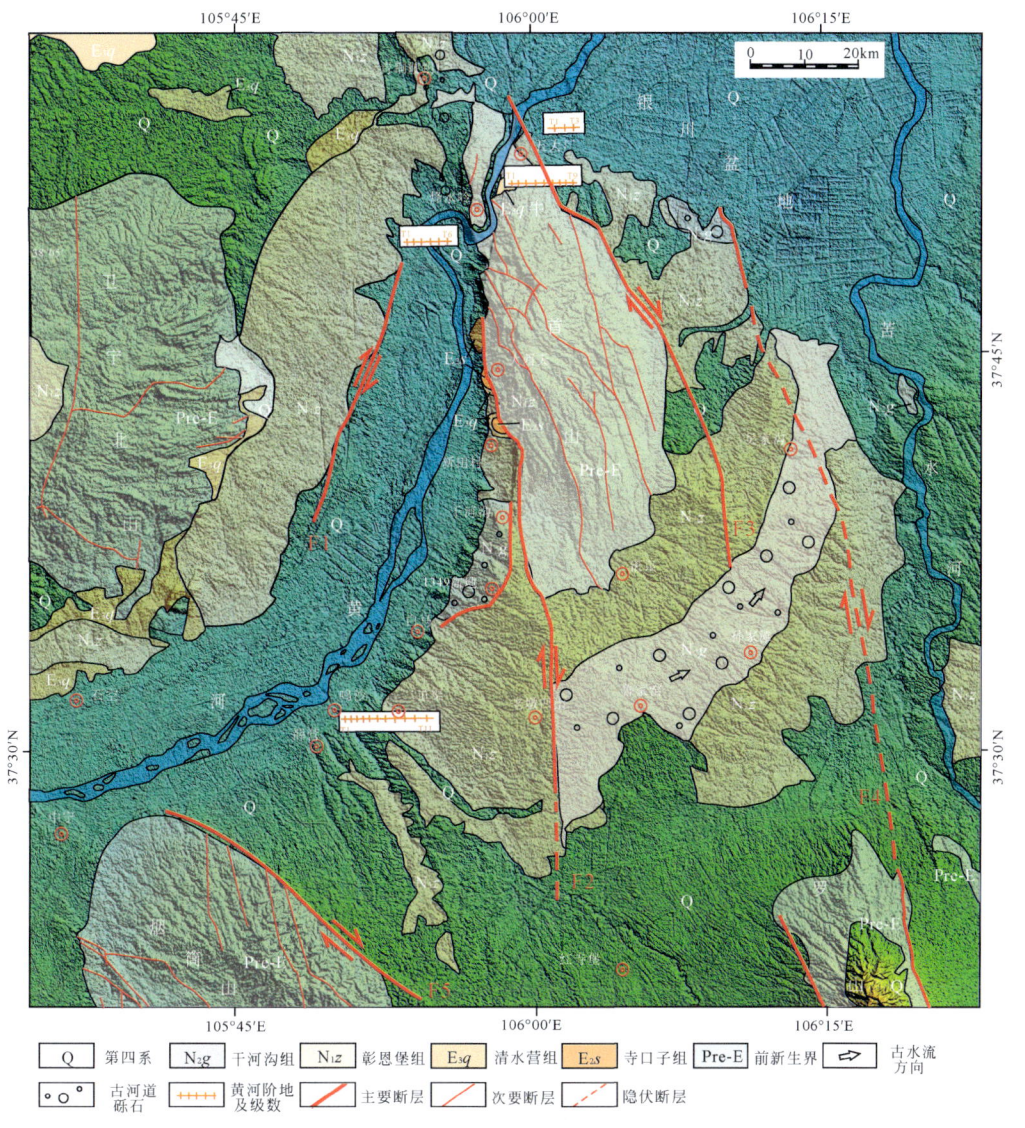

图 9-5 青铜峡大峡谷及邻区区域地质图

出露不明显，局部表现为沼泽地，在大坝下游西岸可见 T_1 阶地（图 9-6），以砂砾石堆积为主；而在青铜峡大坝上游的 T_1 阶地即为之前的 T_2 阶地，T_2 阶地在黄河两岸出露明显（图 9-6），可见典型黄河砾石沉积，二元结构明显，其中东岸的拔河高度约 1m，西岸的拔河高度约 10m，分别在黄河两岸采集了 T_2 阶地的光释光年龄样品，西岸阶地年龄为 80.91±12.14ka，东岸采集了发育在 T_2 阶地之上的一套湖相地层的光释光样品，其年龄为 77.35±9.01ka；T_3 阶地在上游东岸的拔河高度为 17m（图 9-6），下游西岸拔河高度为 25m，在 T_3 阶地中采集了光释光年龄样品，其年龄为 65.30±9.46ka，大坝上游和下游水面高差为 14m，两者高度基本一致。青铜峡大峡谷出口处均发育为低级阶地，其表明黄河在大峡谷形成之前并非是从该地区经过的，而是在 T_3 阶地时期改道经青铜峡大峡谷流入银川盆地。

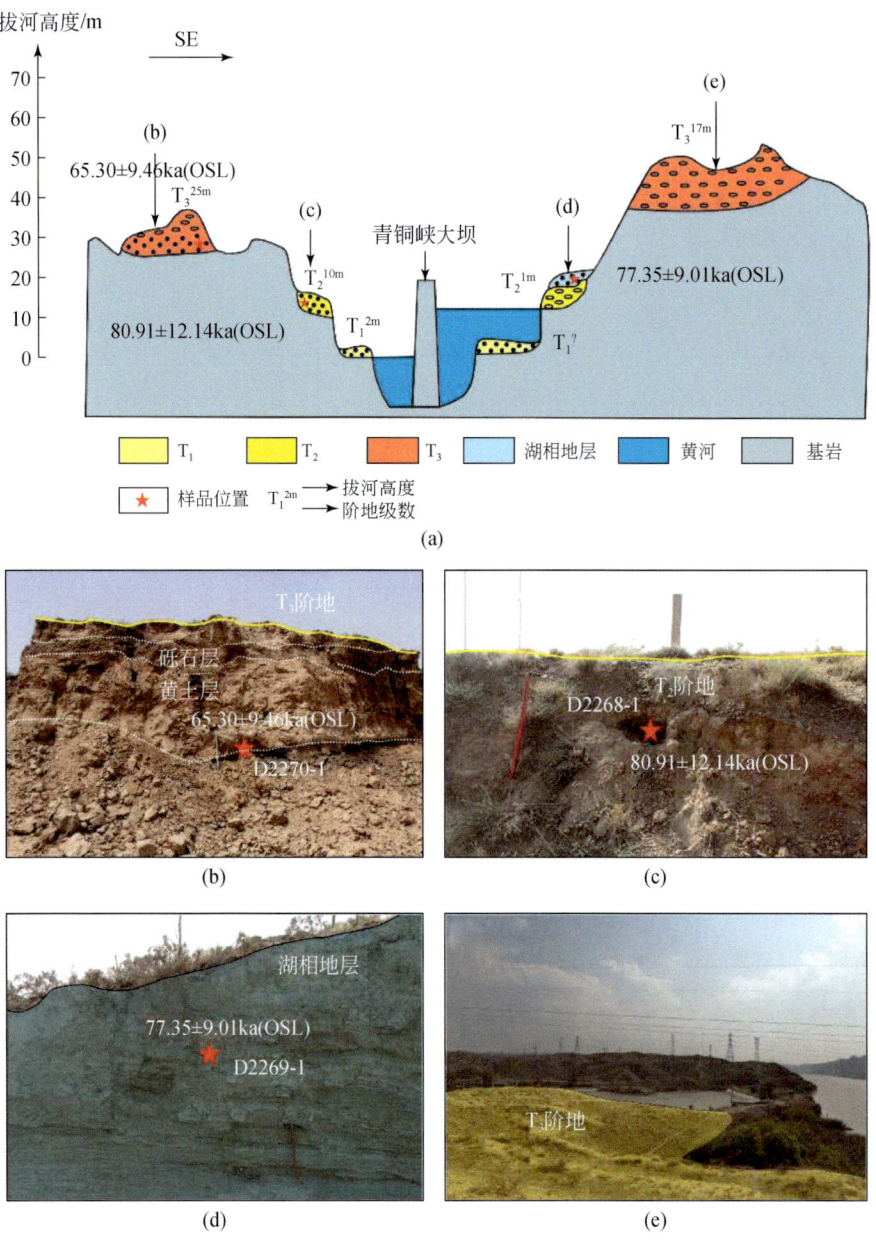

图 9-6 青铜峡大峡谷出口处阶地剖面

青铜峡峡谷中部阶地剖面仅在黄河东岸观察到 9 级阶地，西岸均为奥陶系米钵山组的灰岩、灰岩与砂岩互层及灰岩夹砂岩出露，未观察到有阶地出露。T_1 阶地推测已被现代黄河河道淹没，局部表现为沼泽地（图 9-7）；T_2 阶地在该地区出露明显，主要表现为黄河砂砾石沉积，拔河高度为 2m，青铜峡大坝的修筑导致河水上涨约 14m，故其实际拔河高度应为 16m（图 9-7）；T_3 阶地实际拔河高度为 32m，阶地上零散分布有原地沉积黄河砾石；在该地区未出露 T_4 阶地；T_5 阶地实际拔河高度为 34m，表现为黄河砂砾石层堆积，黄河砾石特征明显，覆盖于米钵山组基岩之上；T_6 阶地拔河高度为 65m，砾石层较厚，并测量了古水流，古水流方向大致向南；T_7 阶地实际拔河高度为 90m，基地表层砾石层覆盖约 60cm，且砾石粒径向东有逐渐变大的趋势，在该级阶地最东侧出露砾石粒径基本维持在 10cm 左右，未发现小粒径砾石出露，砾石层下部为彰恩堡组的褐红色泥岩，彰恩堡组下部为奥陶系灰褐色砂岩，测量该级阶地古水流方向大致为北西向；T_8 阶地实际拔河高度为 120m，该点为一山丘，山丘顶部分布有大量磨圆较好、成分复杂的黄河砾石层，古水流方向大致向北；最高级阶地为 T_9 阶地，实际拔河高度为 124～129m，古水流方向大致为西—北西向。通过对该地区的阶地调查后，发现该地区存在高级阶地，但与现今黄河河道的形态与流向均不一致，认为该地区高级阶地可能是较老的古河道形成的，故在 T_6—T_9 阶地上采集了宇宙核素样品，测量其年龄并确定其形成时代。

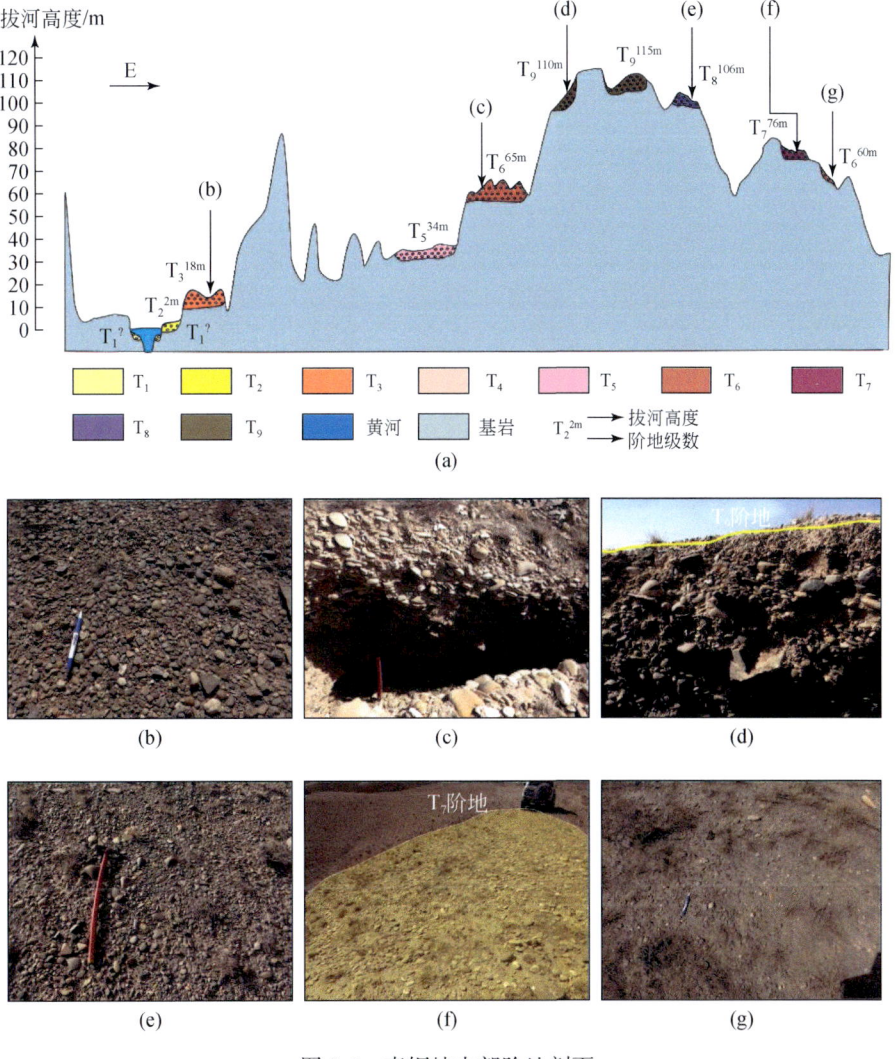

图 9-7 青铜峡中部阶地剖面

青铜峡入口处阶地剖面东岸共可见有 5 级阶地，其中推测 T_1 阶地被黄河河水淹没，局部表现为沼泽地；T_2—T_5 阶地均可见砾石、砂土层堆积，二元结构明显，实际拔河高度分别为 15m、28m、41m、54m（图 9-8），并在 T_3 阶地自上而下采集了光释光样品，测得其年龄分别为 69.54±7.47ka、86.14±11.12ka、52.86±7.65ka；T_6 阶地实际拔河高度为 65m，在 T_6 阶地面仅见少量砾石散落，黄河西岸可见两级阶地 T_5、T_3，T_5 阶地实际拔河高度为 54m，以砂层覆盖为特征，T_3 阶地实际拔河高度为 25m，表现为沼泽地，为早期古河道存在时期形成的阶地。最大的阶地面为 T_5，其拔河高度约 41m。在峡口南侧约 2km 可见唯一残留的 T_2 阶地，其拔河高度约为 8m。通过对青铜峡入口处阶地调查后，发现该地区发育的高级阶地基本是沿南北向分布的，与遥感解译的古河道可以结合在一

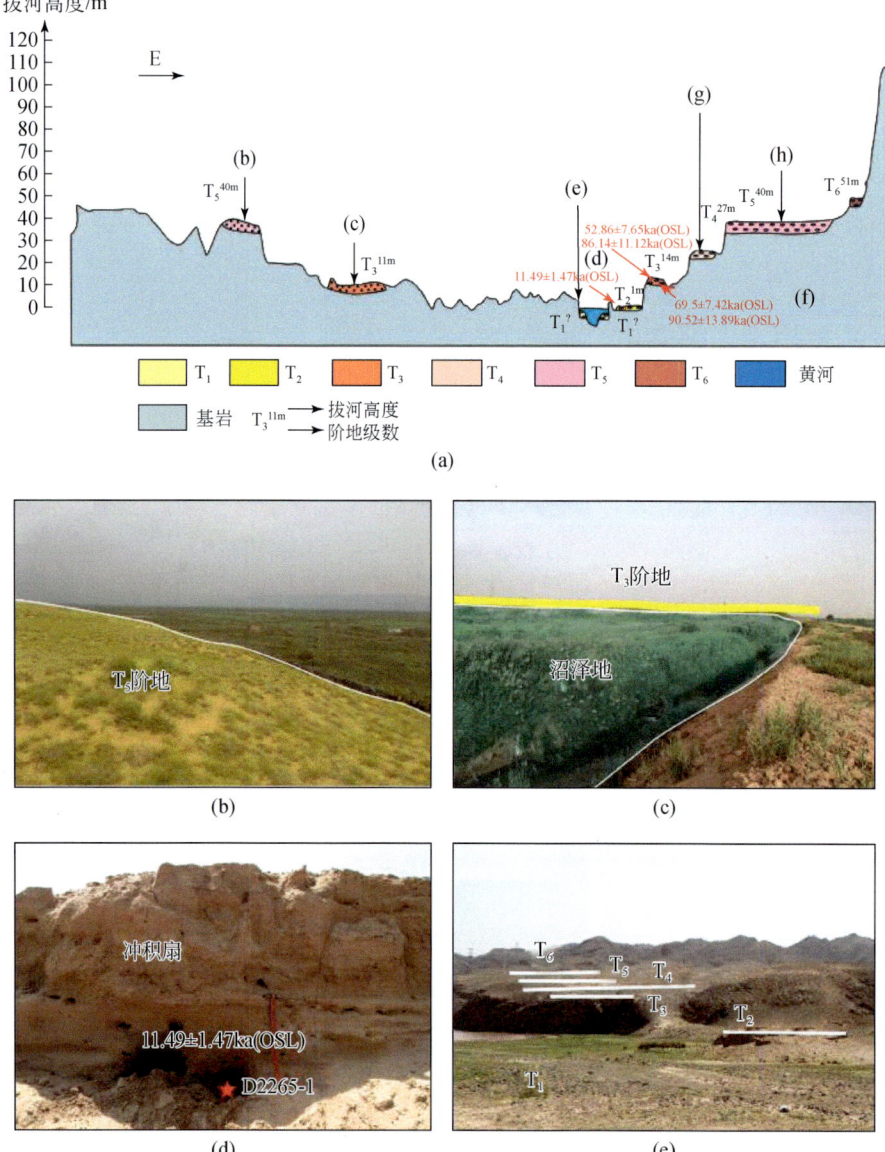

图 9-8 青铜峡大峡谷入口阶地剖面

起，进一步证明了古河道的存在，而体现出黄河拐弯的阶地发生在 T_3 阶地之后，表明青铜峡大峡谷是在 T_3 阶地时期发生了改道，沿青铜峡大峡谷流入银川盆地。

在黄河上游白马乡附近的黄河阶地剖面共揭露出了 6 级阶地，通过测量黄河河面的高程发现到白马乡附近其河面高程明显升高，表明青铜峡蓄水大坝对河流水面的影响仅到白马乡位置，即淹没的黄河阶地是从白马乡至青铜峡大坝位置的 T_1 阶地。白马乡附近在黄河西岸发现 2 级阶地，分别为 T_1、T_5（图 9-9），T_1 阶地拔河高度为 1m，并测量了其阶地后缘，拔河高度为 3m，表现为河边的河漫滩，为细砂覆盖，通常以种植庄稼和生长植被为特征；T_5 阶地拔河高度为 57m，以黄河砂砾石堆积为特征，黄河东岸发现有三级阶地，分别为 T_4、T_8、T_{11}。T_4 阶地拔河高度为 35m，阶地表面分布有典型的黄河砾石；T_8 阶地拔河高度为 97m；T_{11} 阶地拔河高度为 164m。通过对白马乡附近的黄河阶地调查，在该地区缺少 2~3 级阶地，在黄河东西两岸均未发现有 T_2、T_3 阶地，T_4、T_5 阶地基本沿现今黄河河道分布，与青铜峡入口处的高级阶地相对应，在该地区发育的高级阶地体现为黄河早期河道，高级阶地为干河沟组地层，早期黄河经牛首山南部沿牛首山的东麓流过，青藏高原隆升的远程效应导致牛首山发生隆升，同时白马断裂发生活动错断古河道，使得黄河改道从牛首山西麓向北流去，其发生的时代应为 T_5 与 T_8 阶地之间。

通过青铜峡黄河大峡谷上游和下游阶地发育特征对比，可见其上游阶地明显多于下游，

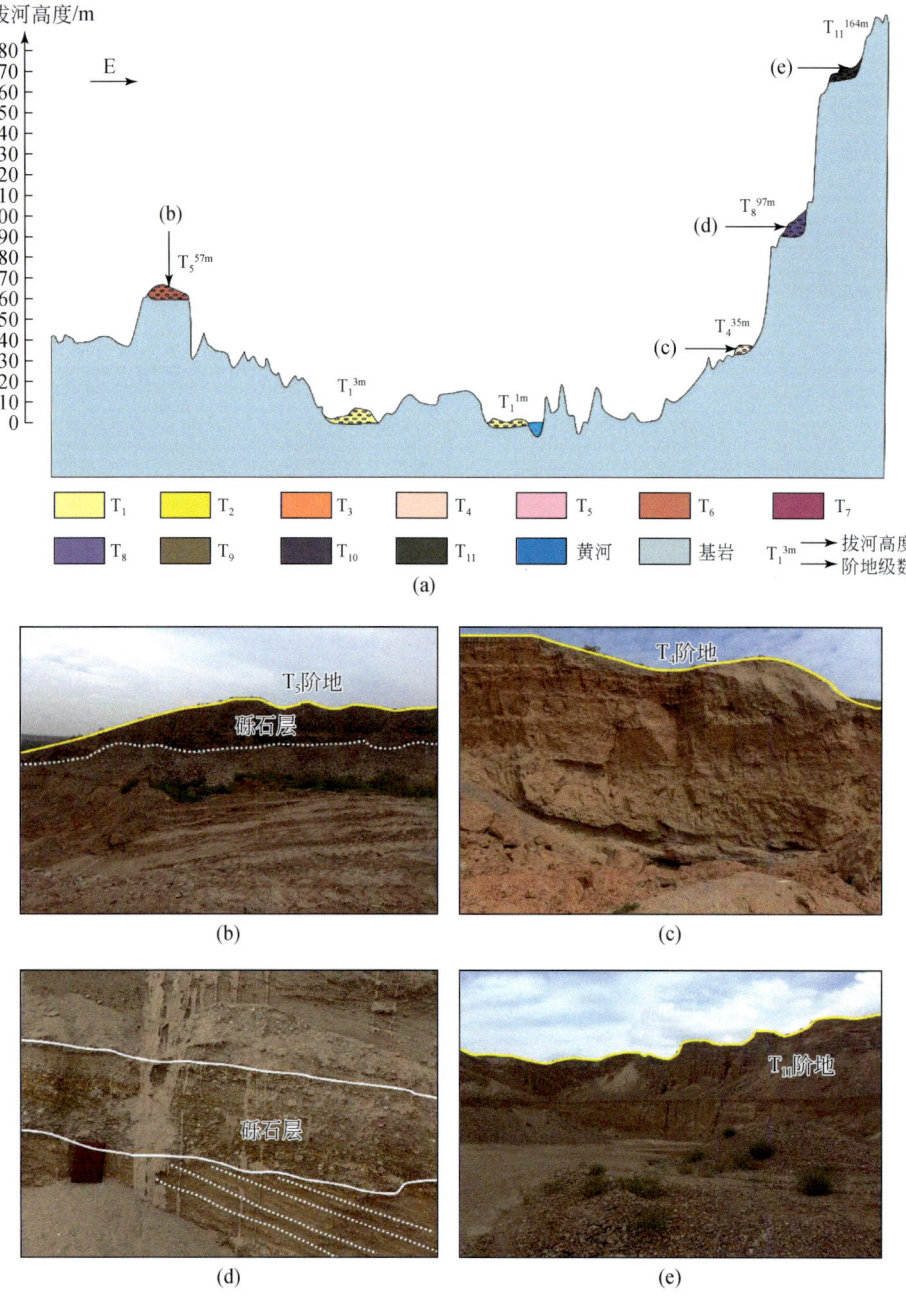

图 9-9 白马乡阶地剖面

而且上游阶地的高级阶地延伸方向以近南北向为主，反映了早期河流的水流方向应为由南往北，但是青铜峡大峡谷中部发育的高级阶地及其北西向的古水流流向仍需要后期的工作来解释。

第二节 夷平面

准平原的形成代表了较长时间的构造稳定和外力剥蚀，而夷平面则是抬升的准平原，是构造活化的产物（崔久之等，1996，1998）。若构造稳定和外力剥蚀的时间较短，可以形成分布于山前的山麓剥蚀平原，抬升后也能构成夷平面。在排除了差异升降运动的影响后，高度不同的多级夷平面代表了多次构造抬升作用，是划分构造幕式事件的重要依据之一。

香山－天景山弧形山地在平面上呈弧形展布，西段总体走向北西西，东段总体走向北北西，夷平面集中在西段的香山山脉一带（图9-10）。香山山脉长度超过150km，山体沿其北缘的香山山前断裂向北逆掩上升。山体内最高一级夷平面分布于香山寺一带，受弧顶指向东北方向的香山寺弧形断裂的围限，山体向北东方向逆冲上升，造成东北高南西低的格局，最高峰位于弧顶内侧的香山寺，海拔近2400m，向南西方向地形逐渐下降至2000m左右，虽然整个顶面已经掀斜，但是地形上下起伏不大，山顶面切割了已经褶皱的寒武纪香山群地层，代表了被掀斜的夷平面。次低一级地貌面分布最广，保存最好，卫星图像可见该平台整体东西展布，大部分被改造成村落。该地貌面海拔1800m左右，地形十分平坦，截切了较为坚硬且已经褶皱的寒武系香山群青灰色变质砂岩和始新统寺口子组红色砂砾岩，顶面无新近纪地层分布，推测该级夷平面形成于古近纪。

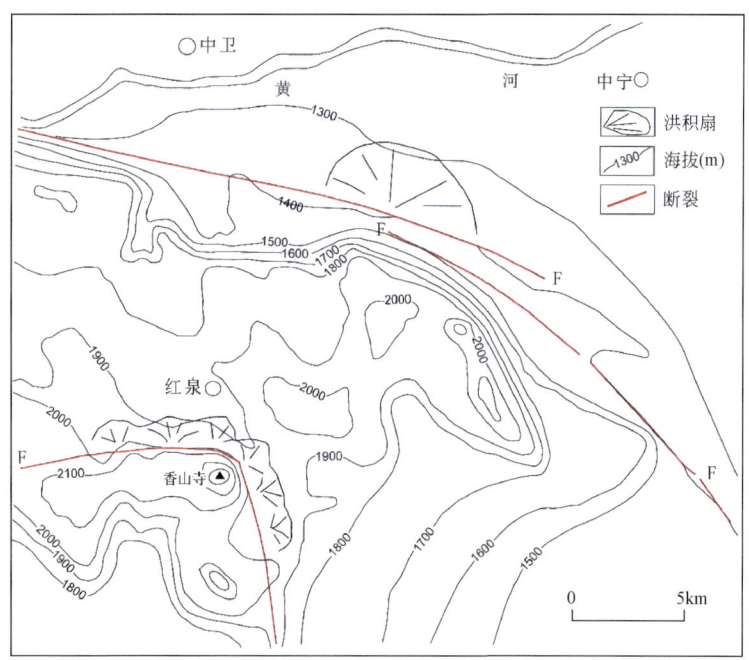

图9-10 香山－天景山夷平面分布图

第三节 台 地

在青铜峡镇北侧填图区柳木高断裂北东侧发育多级山前台地，在红墩凹山北东侧山前和青铜峡北侧均发育至少三级台地（图9-11）。

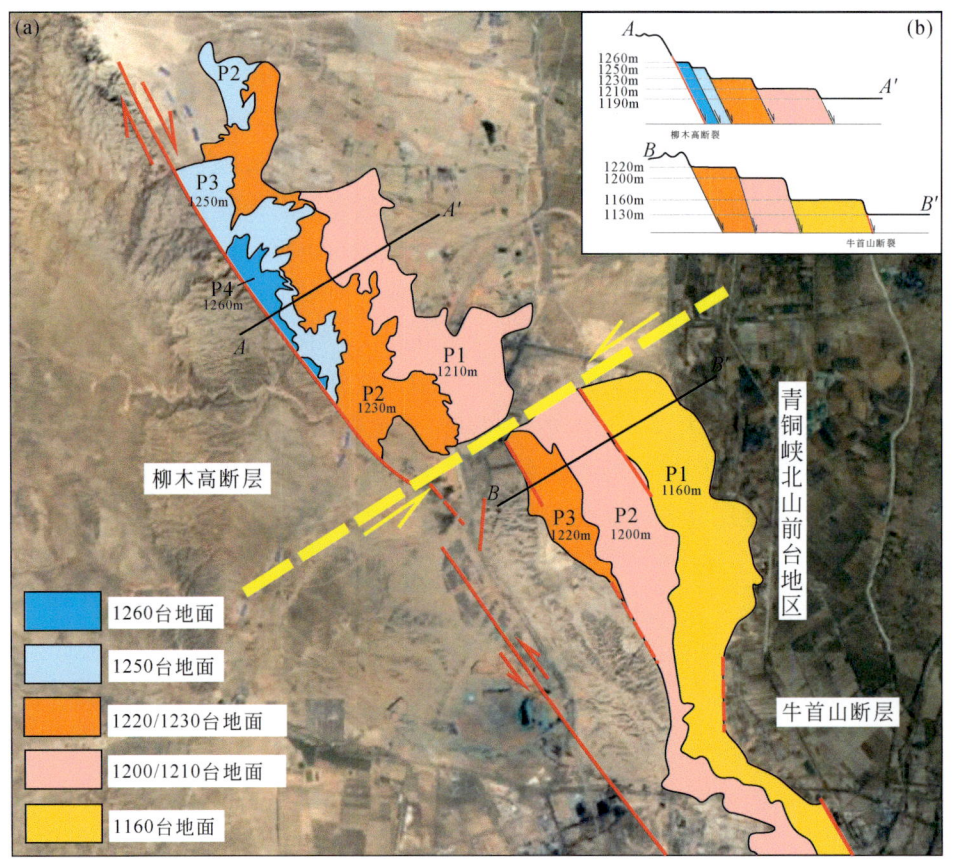

图9-11 红墩凹山-青铜峡地区山前台地地貌分布特征

红墩凹山山前台地主要是由一系列不同时代的河湖相的沉积组成。第Ⅰ级台地（P1）靠近北西向山地及前缘柳木高断层，台地面平整[图9-12（a）]，海拔为1260m，宽度为0.5～1km，沿柳木高断裂呈北西走向延伸约1.5km。该台地面表层为下更新统玉门组砾岩覆盖，下部为寺口子组砾岩[图9-12（b）]。第Ⅱ级台地（P2）总体走向与Ⅰ级台地相同，其台地面的海拔为1250m，与上一台地的高差明显[图9-12（c）]，台地面宽度为1～2km，北西向延伸4～6km。该台地面表层同样被下更新统玉门组砾岩覆盖，下部为寺口子组砾岩[图9-12（d）]，而在台地北段则以柳木高断裂为边界与西侧山地形成断层陡坎（图9-11）。第Ⅲ级台地（P3）分布于Ⅱ级台地以东，其海拔为1230m，与上级台地形成大约20m的地貌坎[图9-12（e）]，其宽度最大为1～2km，北西向延伸约6km。台地面较平整[图9-12(f)]，表层同样被下更新统玉门组砾岩覆盖，下部为红柳沟组泥岩[图9-12(g)]。第Ⅳ级台地（P4）分布于Ⅲ级台地北东侧柳树沟与大荙荙沟之间，宽度为1～1.5km，延伸长度约4km，台地面较平整[图9-12（h）]，其海拔为1210m，与东侧冲积扇平原形成大约20m的陡坎。

图9-12 红墩凹山山前台地分布特征

青铜峡北侧山前发育有三级山前台地，其海拔分别为1220m、1200m、1160m。其中Ⅰ级台地（1220m）分布面积较局限，主要分布于北部大坝电厂附近靠近山前地区，总体呈楔状，出露最大宽度约 1.2km，南北向长度约 3.5km。该级台地与西侧山地之间为地貌坎，台地面由一系列高程相同、顶面较平坦的独立山头组成 [图 9-13（a）]，台地下伏地层为红柳沟组橘黄色泥岩与砂岩互层，地层产状为 45°∠20°，上部覆盖厚约 0.5m 的砾石层，砾石成分以灰岩为主 [图 9-13（b）]。Ⅱ级台地（1200m）与Ⅲ级台地（1160m）分布于青铜峡北部山前地区，南北方向的长度大约为 11km，在南部仅出露二级和三级台面 [图 9-13（c）]。其中二级台地面的宽度为 0.5～1.5km，该级台地在南部与西侧山地为地貌坎 [图 9-13（d）]，陡坎产状为 40°∠50°，具有断层三角面特征。Ⅱ级台地面顶面较平坦，覆盖有大约 1m 厚的砾石层，砾石层中砾石磨圆较差，以次棱角为主；砾石分选中等，以 3～5cm 为主，最大粒径可达 15cm，最小约 1cm；砾石成分以灰岩为主，可达 90% 以上，含少量砂岩，具有近源沉积的特征 [图 9-13（e）]。Ⅲ级台地宽 1～1.5km，该级台地与银川盆地之间有大约 30m 的高差 [图 9-13（f）]，台地上部覆盖有河流相砾石层和冲积扇砂砾石层，厚度为 2～5m 不等。

(a)

(b)　　　　　　　　　　　　　　(c)

(d)

(e)　　　　　　　　　　　　　　　　　(f)

图 9-13　青铜峡北山前台地野外特征

在红墩凹山山前台地和青铜峡北山前台地之间发育 1220m 和 1200m 两个相同海拔的台地，但是上述两个台地在南北向延伸上并不连续，显示中间存在一条左行走滑断层，造成台地错动（图 9-11）。青铜峡以北山前三级台地其中河流相砾石层仅在推测的古河道位置才有出露，而大部分地区均被冲积扇相砂砾石层覆盖，表明上述台地并不是河流阶地，受构造作用形成的可能性较大。红墩凹山山前台地和青铜峡北山前台地的地层总体都由玉门组砾岩组成，因此台地的形成时间必然晚于玉门组砾岩形成的时间。同时，左行走滑断裂的形成时间应该晚于台地形成的时间。因此，在下更新统玉门组砾岩沉积后，在研究区至少存在两期较大的构造运动。

第四节　冲　积　扇

牛首山－罗山断裂带是青藏高原东北缘弧形断裂带的最外侧断裂，是新生代以来强烈变形的青藏高原与相对稳定的鄂尔多斯地块两大块体之间的边界断裂。由于鄂尔多斯盆地西缘巨厚的第四系沉积，野外断层剖面和露头很少能够直接观察到活动断层遗留的痕迹，给研究该条断层晚新生代以来的构造活动性带来了较大的困难。本次调查的目的是探讨牛首山－罗山断裂带中段的大罗山段晚新生代以来的构造活动期次及其具体活动时限。

本书研究方法主要是通过对大罗山造山带西缘第四系扇体的详细刻画，进而划分扇体的发育期次，厘定每期扇体的形成时限，利用第四系扇体的发育过程来响应大罗山造山带的隆升过程及其活动期次，进而探讨牛首山－罗山断裂带大罗山段晚新生代以来的构造活动性。具体研究方法为：首先，以高精度的 SPOT6 和 WorldDEM 卫星数据为基础，进行精细的遥感解译，详细刻画大罗山造山带西缘第四系扇体的基本轮廓和扇体中沟壑的分布状况；其次，选择主要的冲沟，对每条冲沟内地层以间距 100m 为基础，建立精细的地层柱状图，通过不同冲沟之间的地层对比，对扇体进行全面解剖，划分扇体的发育期次；最后，利用高精度 ^{14}C 测年技术，对每期扇体进行精确的定年。

大罗山构造带西缘第四系扇体在纵向序列上自下而上主要划分为三期（图9-14）。

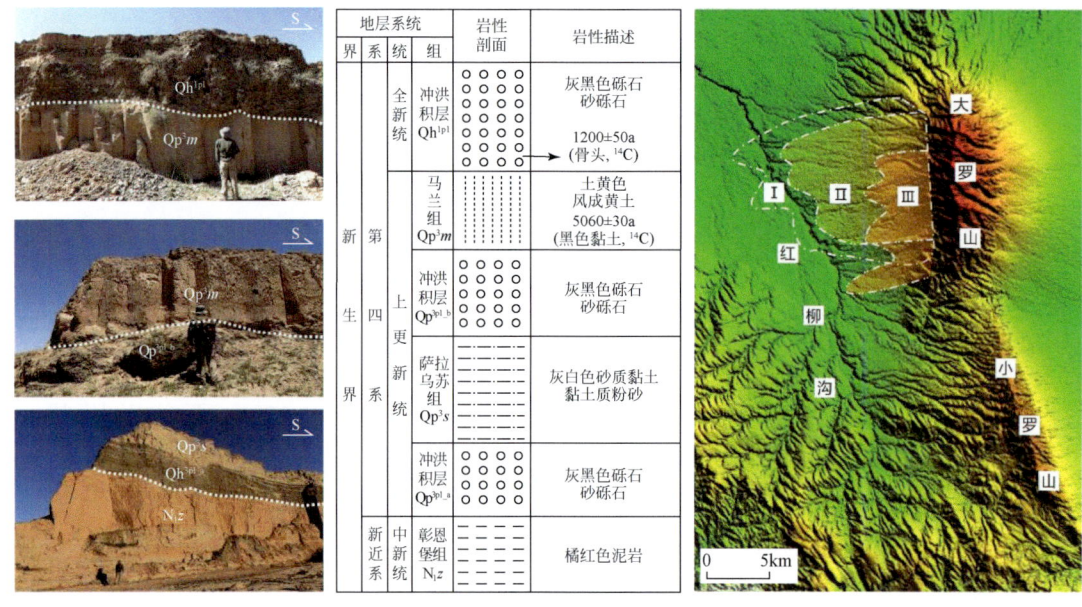

图9-14 大罗山构造带西缘第四系扇体综合解译图

Ⅰ期（Qp^{3pl_a}）：发育于新近系彰恩堡组（N_1z）与上更新统萨拉乌苏组（Qp^3s）之间的砾岩层。新近系彰恩堡组（N_1z）为一套橘红色泥岩，无明显层理，上更新统萨拉乌苏组（Qp^3s）为一套薄层粉砂与黏土互层的湖相层。砾石成分全部为深灰色浅变质砂岩，砾石大小混杂，分选差，磨圆差，物源全部来自大罗山构造带中奥陶统米钵山组。

Ⅱ期（Qp^{3pl_b}）：发育于上更新统萨拉乌苏组以粉砂和黏土互层的湖相层（Qp^3s）与上更新统马兰黄土（Qp^3m）之间，马兰黄土柱状节理发育，无古土壤层，可以作为明显的标志层。砾石成分全部为深灰色浅变质砂岩，物源全部来自大罗山构造带中奥陶统米钵山组。砾石成分大小混杂，分选、磨圆差。

Ⅲ期（Qh^{1pl}）：发育于上更新统马兰黄土（Qp^3m）之上，为最新的一套砾岩，砾石成分全部为深灰色浅变质砂岩，物源全部来自大罗山构造带中奥陶统米钵山组。砾石大小混杂，无分选、磨圆。

大罗山构造带西侧第四系三期扇体在区域上相互叠置，但分布范围不尽相同：①Ⅰ期扇体（Qp^{3pl_a}）分布范围最大，其扇体前缘直接越过了测区内的第四系主要沟谷体系——红柳沟；②Ⅱ期扇体（Qp^{3pl_b}）规模次之，但其扇体前缘并未越过测区内的第四系主要沟谷——红柳沟，扇体前缘受到红柳沟的制约而终止于红柳沟的东侧；③Ⅲ期扇体（Qh^{1pl}）规模最小，仅仅发育于大罗山构造带西缘的东侧，分布范围及发育规模远小于前两期扇体。

Ⅰ期扇体（Qp^{3pl_a}）的形成时间大约为32960±190a（Ⅰ期扇体底部湖相暗色层 ^{14}C 测年结果）；Ⅱ期扇体（Qp^{3pl_b}）主要发育于萨拉乌苏组（Qp^3s）湖相层沉积之后，马兰黄土（Qp³m）沉积之前，时间为5060±30a前后（依据马兰黄土底部暗色层¹⁴C测年结果）；Ⅲ期扇体（Qh¹ᵖˡ）主要形成于马兰黄土（Qp³m）沉积之后，其时间为1200±50a前后（依据砾岩夹层中的人体骨骼¹⁴C测年结果）。

通过对大罗山西缘扇体的解译，得出以下两点认识：

（1）大罗山构造带西侧第四系扇体在纵向序列上主要发育三期，响应了大罗山构造带晚新生代以来的三期构造隆升过程，预示着牛首山－罗山断裂带大罗山段晚新生代以来至少经历了三次明显的构造活动。

（2）大罗山构造带晚新生代以来的第一次隆升可能发生在32960±190a前后，第二期构造隆升可能发生于5060±30a前后，第三期构造隆升可能发生在1200±50a前后。

第五节　现代河流分析

数字高程模型是对地球表面地貌的数字表达和模拟（张会平等，2006）。20世纪60年代以来，基于DEM的空间分析、水系盆地、地形因子提取等功能，并结合地质资料进行地貌和新构造、活动构造研究，国内外学者开展大量工作（Keller and Pinter，2002；刘少峰等，2005；张会平等，2008；施炜，2008；Perez et al.，2009；李利波，2012；王平等，2013；王一舟等，2013；Zhang et al. 2014；赵国华等，2014；苏琦等，2016；刘蓓蓓等，2017）。目前，很多地貌参数被用来定量地描述地形变化，如盆地形状指数、山前曲折度、面积高程积分、盆地不对称度等地形因子（Keller and Pinter，2002）。水系结构形态特征对流域内构造作用的反应不仅极为敏感，而且是多方面的，河流的平面结构形态、纵横剖面形态都会因为构造因素而发生变形和自身调整。Marple等及Rhea在南卡罗来纳海岸平原的研究结果指出河流由于受到地下未出露构造的抬升影响，其Hack剖面在构造活动带附近皆出现上凸的现象（Rhea，1989；Marple and Talwani，1993）。Seeber和Gornitz（1983）在进行喜马拉雅地区各河流的坡降指标分析时，将每条河流上各河段的坡降指标值都除以该河流的均衡坡降指标值，即形成"标准化河流坡降指标（SL/K）"，并指出在相对于均衡的理想剖面时，SL/K值介于2～10之间为陡河段，SL/K大于10则为极陡河段（Seeber and Gornitz，1983）。近年来基于数字高程模型DEM和GIS技术的地形地貌参数的研究为定量化分析断裂带的活动性提供了很好的平台。本次针对青藏高原东北缘活动构造发育区区域地质填图，通过美国国家航空航天局（NASA）数字高程模型数据（SRTM-DEM）处理分析，系统地提取了宁南盆地的4条弧形断裂带相关的4级亚流域盆地，进而通过构造活动性相关的地形因子的空间分析，探讨其构造活动的差异性。同时，提取柳木高断层带控制的水系及流域盆地，获取面积－高程积分Hi值、Hack剖面和标准化的河长坡降指标SLK值等地形地貌参数，从而定量地分析柳木高断层带的活动性强弱（图9-15）。

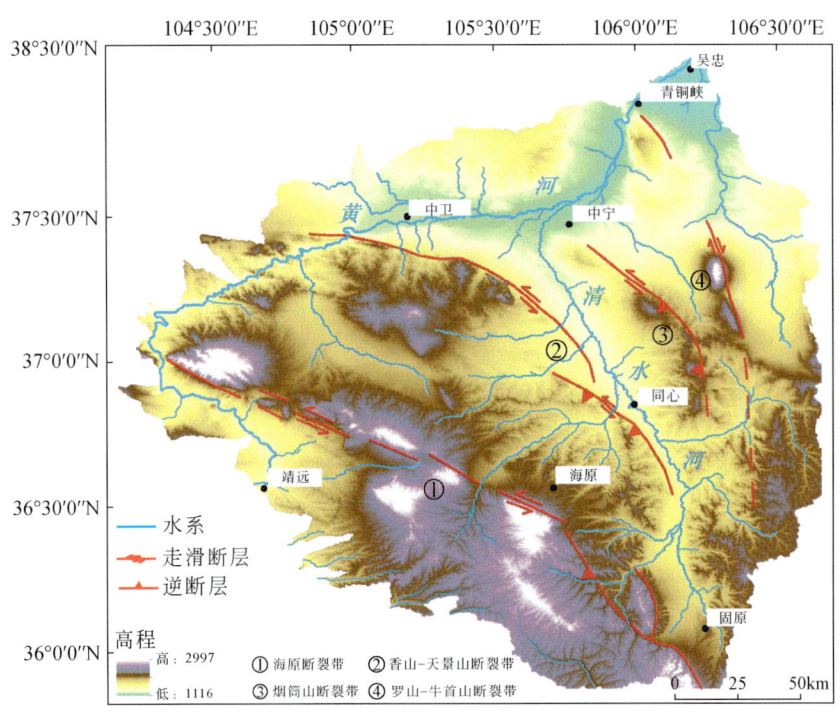

图 9-15 青藏高原东北缘及其周缘构造纲要图

青藏高原东北缘宁南弧形构造带处于鄂尔多斯地块、阿拉善地块与青藏高原 3 个构造单元的汇聚部位，新生代以来作为青藏高原北东向扩展的最前缘，经历了多期强烈构造变形，塑造了现今向北东突出的 4 条弧形断裂带：海原断裂带、香山-天景山断裂带、烟筒山断裂带与罗山-牛首山断裂带（图 9-15）。

前人的研究主要集中于青藏高原东北缘的 4 条弧形断裂带的构造演化，提出多种构造演化模式，Meyer 等（1998）和 Métivier 等（1998）认为这些弧形断裂带由多条以走滑为主兼具逆冲分量的活动断裂组成，其晚新生代向北东方向的逆冲推覆，形成了多条与断裂带平行的造山带和压陷盆地群，构成了青藏高原向北东方向扩展的前缘部位和最新组成部分；王伟涛等（2013，2014）认为海原断裂带第一阶段强烈的北东向逆冲始于 12±3Ma，第二个阶段以左旋走滑变形为主，约 5.4Ma；施炜等（2013）认为海原断裂带新生代以来经历了 5 个构造演化历史阶段；陈虹等（2013）对牛首山-罗山断裂带构造应力场及构造变形的研究表明，该断裂带新生代以来经历了 4 期构造变形。但这 4 条弧形断裂带的活动差异性如何，如何定量化分析其现今构造活动性差异，仍然不清楚。

1. 数据源及分析方法

1）DEM 数据源

本书定量化分析地貌因子的 DEM 数据来源于美国国家航空航天局（NASA）、美国国家图像测绘局（NIMA）、德国及意大利航天局共同实施的航天飞机雷达地形测量数据（Shuttle Radar Topography Mission，SRTM）。这些数字高程模型数据是迄今为止人类历史上第一次从地球轨道高度对地球表面进行雷达三维成像所获取的。SRTM-DEM 数据采集范围是从南纬 56° 到北纬 60° 之间的区域。SRTM-DEM 采集数据也分为两类，即 SRTM-1 和 SRTM-3。由于在赤道附近 1 弧秒对应的水平距离大约为 30m，所以上述两类数据通常也被称为 30m 或 90m 分辨率高程数据。本书采用的 SRTM3 数据是目前已经公开的全球数据产品，其空间分辨率为 90m。

2）亚流域信息提取

水系是地表水的侵蚀、搬运和堆积作用形成的地貌景观，也是内外地质营力作用的产物。一般地，新构造活动的强弱控制了其相应区域的地表介质条件和地形地貌条件，即一定的构造运动会塑造一定的地貌形态，进而控制了水系的展布特征，从而使水系呈现出不同的展布特点及复杂程度。本次调查以 ArcGIS 为技术平台，利用 ArcMap 中的水文分析工具实现对宁南盆地的水系网的自动提取，水系分级是按照 Strahler 流域结构模式，最初的没有分叉的水系为一级河流，两个一级水系汇合后，汇合点下游的水系为二级水系，以此类推。本书按照 Strahler 流域结构模式，在宁南盆地提取了 4 级水系，即黄河为四级水系，清水河为三级水系以及另外两级水系 [图 9-16（a）]。水系格网生成后，提取该区域内的亚流域盆地。提取流域盆地时，首先选择流域出水口。出水口一般在整个流域内沿水系的主干河道的高程最低点，为该区域的基准高程，是整个盆地内流水以及沉积物最终集中的地区，各亚流域盆地的级别等同于盆地内最高一级水系的级别。本次研究利用 ArcMap 水文分析平台中的 Watershed 工具，提取研究区的亚流域盆地，并从中选取 4 条断裂带上盘的亚流域盆地，共 42 个 [图 9-16（a）]。在此基础上，通过提取断裂控制的亚流域盆地的地形因子来分析四条断裂带的活动性差异。

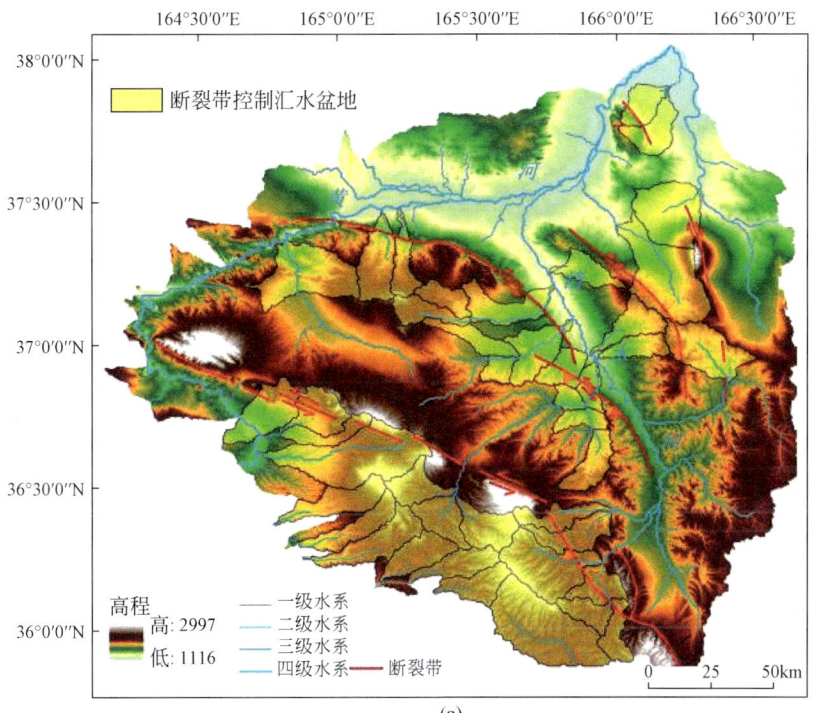

(a)

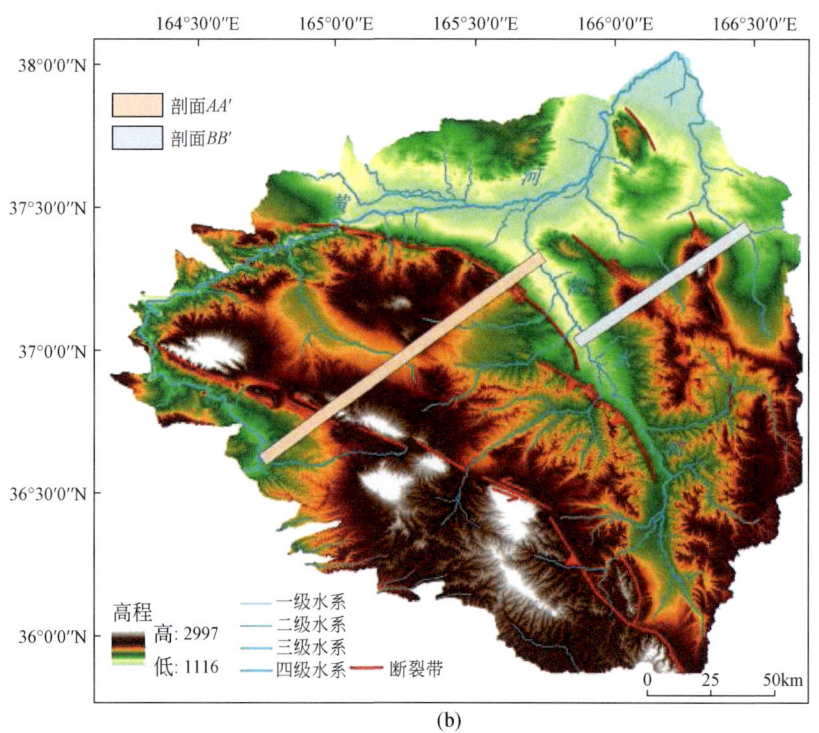

(b)

图 9-16 宁南弧形构造带地貌特征

(a) 4 条断裂带控制的汇水盆地；(b) 条带剖面 AA' 与 BB' 位置

3) 条带剖面分析方法

条带剖面 (swath profile) 是一种描述某区域内的地形起伏变化特征的剖面，是根据数理统计学原理，获取垂直剖面线方向上一定缓冲区范围的高程信息，通过计算最大、最小高程和平均高程以及地形起伏度，可反映区域内地貌的宏观变化趋势。本次调查利用 ArcMap 绘制两条 40° 方位的条带 AA' 和 BB'[图 9-16 (b)]，分别将 AA' 和 BB' 条带分为 1 行 100 列和 1 行 50 列的栅格区块，利用 ArcGIS 工具中的分块统计工具，统计出每个栅格的高程、起伏度等数据，将提取出来的数据表导入 Excel 表格中生成高程起伏度折线图。

剖面 AA' 位于研究区北西部，西起黄河，东至清水河，横跨黄家湾山山地、海原盆地和天景山山地等地貌单元，全长 280km[图 9-17 (a)]。剖面 BB' 位于研究区东侧，西起清水河，东至苦水河，横跨烟筒山山地、红寺堡盆地和罗山山地等地貌单元，全长 180km[图 9-17 (b)]。

4) 地形特征因子

(1) 面积 – 高程积分 (Hi)

面积 – 高程积分是描述区域内的高程值分布的参数指标。流域中的 Hi 值是独立的，定义为面积 – 高程曲线下的面积，能反映流域盆地是否被侵蚀的响应。面积 – 高程的计算公式为

$$Hi = (平均高程 / 最小高程) / (最大高程 / 最小高程) \qquad (9-1)$$

式 (9-1) 的最大高程、最小高程和平均高程可由 ArcGIS 中 Zonal Satastics 工具提取。

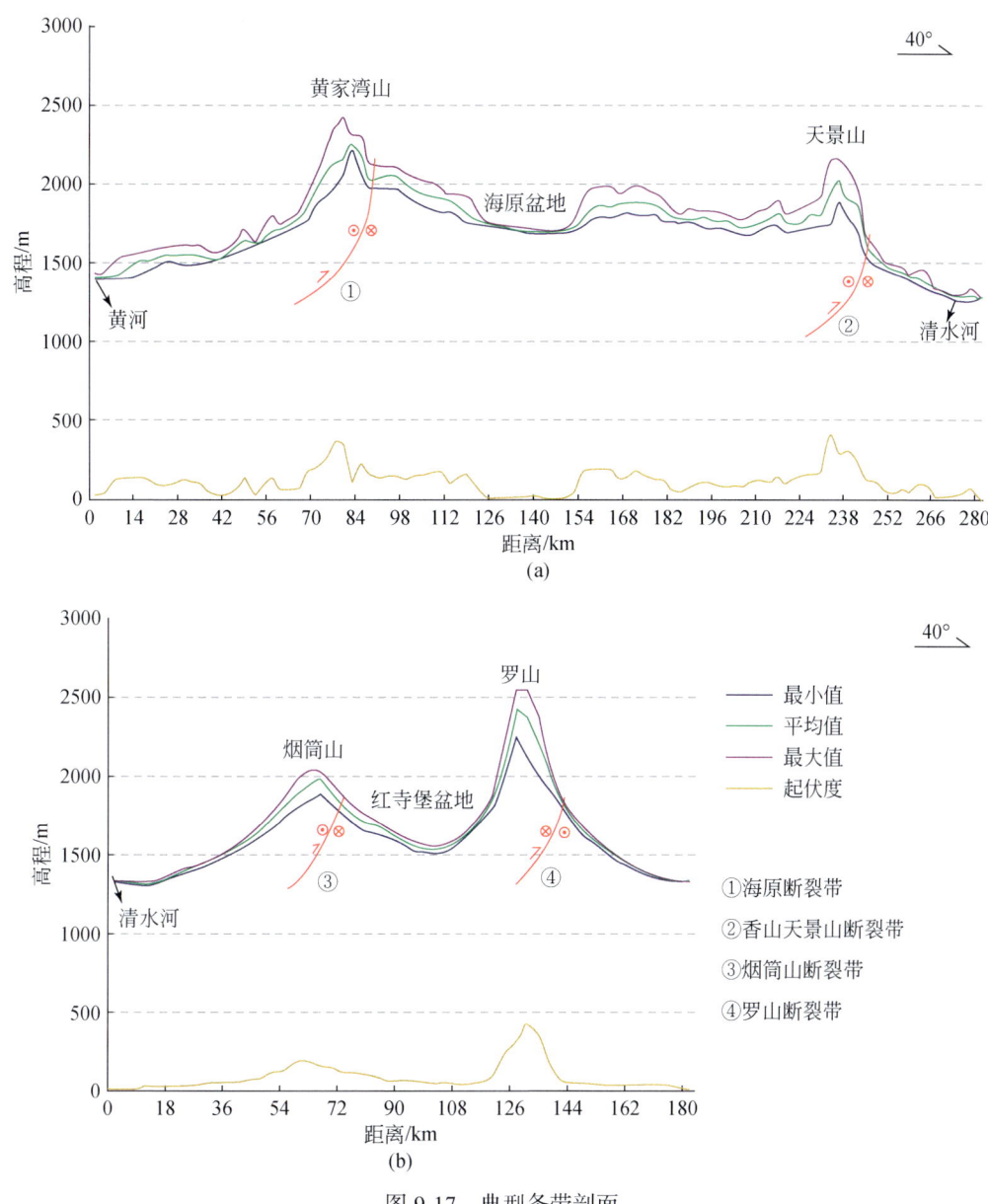

图 9-17 典型条带剖面

Hi 值与活动构造没有直接关系，但是 Hi 越高表明地貌侵蚀作用较强，大多数地貌较平均值较高；Hi 值较低表示地貌侵蚀作用较弱，侵蚀时期较老，很少受到近期的活动构造影响（Silva et al., 2003）。

（2）山前曲折度（Smf）

山前曲折度是反映山前侵蚀程度的参数指标。山前曲折度的计算公式为

$$Smf = Lmf / Ls \tag{9-2}$$

式中，Lmf 为山脉山麓前缘的坡度变换地带的实际长度；Ls 为山前两点之间的直线距离。

山前的构造活动决定山前山麓的蜿蜒形态,即山前构造活动性强的山前地貌上更平直,则 Lmf 值越小,Smf 值也越小;反之,若构造活动性弱或者缺乏构造活动的山前,其地貌上往往蜿蜒曲折,说明地表侵蚀较强,Smf 值偏大(Keller and Pinter,2002)。

(3) 盆地形状指数(Bs)

盆地形状指数(basin shape index)又可称为(细长比)伸长率,是描述流域盆地水平投影形状的参数指标(李利波,2012),定义如下(Cannon,1976):

$$Bs = B_l / B_w \qquad (9\text{-}3)$$

式中,B_l 为汇水盆地从出水口到最远分水岭的距离;B_w 为汇水盆地最宽处的长度。构造活动强的区域,汇水盆地较年轻,山前坡度延长较远,盆地形态狭长。因此,盆地形状指数能很好地反映构造活动性的强弱。Bs 值越高,构造活动性相对越强;Bs 值越低,构造活动性相对较弱(陈立春等,2008)。

(4) 流域盆地不对称度(AF)

流域盆地的不对称度 AF 值是用来评价某个流域盆地的构造掀斜程度(张培震等,2006)。AF 值的计算公式为(Hare and Gardner,1985)

$$AF = (Ar / At) \times 100 \qquad (9\text{-}4)$$

式中,Ar 为流域盆地右侧的面积(面向下游方向);At 为流域盆地的总面积。AF 值接近 50,表明流域盆地形态稳定,在垂直主干流方向掀斜较小(Pérez-Peña et al.,2010);AF 值大于或小于 50,表明流域盆地左侧或右侧发生掀斜,受构造活动、岩性差异的影响。在相同岩性条件下,AF 值能很好地反映构造活动的程度。可将 |50-AF| 值分为 3 个级别(常直杨等,2014),|50-AF| < 7 为 1 级,表示构造活动性一般;7 < |50-AF| < 15 为 2 级,表示构造活动性较强;|50-AF| > 15 为 3 级,表示构造活动强(李利波,2012;常直杨等,2014)。

2. 地形因子分析及讨论

1) 条带剖面分析

从剖面 AA′ 中可以看出,黄家湾山和天景山地区高程变化较大,分别在 1900～2400m 和 1800～2300m 之间,地形起伏度变化较大;海原盆地高程变化较小,在 1650～1700m 之间,地形起伏度较小,地势平缓。该条剖面穿过海原断裂带和香山-天景山断裂带,这两条断裂带在剖面上有很好的响应,断裂位于高程和起伏度突变的地方。通过山体的高度和起伏度突变明显程度可知,海原断裂带对地貌的改造比香山-天景山断裂带稍强。

剖面 BB′ 中烟筒山和罗山地区高程变化较大,分别在 1700～2050m 和 2000～2550m 之间,地形起伏度变化较大;红寺堡盆地高程变化较小,在 1500～1600m 之间,地形起伏度变化较小,地势变化不大。剖面 BB′ 穿过烟筒山断裂带与罗山断裂带,剖面高程和起伏度突变部位很好地响应了两条断裂带的位置。从罗山和烟筒山山体高程和山地起伏度的变化比较分析,罗山断裂带对地貌的改造比烟筒山断裂带更强。

2) 地形因子分析

本次调查选取 4 条活动断裂带上盘的汇水盆地,即与 4 条断裂带相关的第一级汇水盆地进行研究，提取这些汇水盆地的面积 – 高程积分（Hi）、盆地形状指数（Bs）参数值，结合二级流域盆地的不对称度 AF 以及 4 条断裂带控制的山前的曲折度 Smf 值，进而分析 4 条断裂带活动的差异性（图 9-18，表 9-3）。

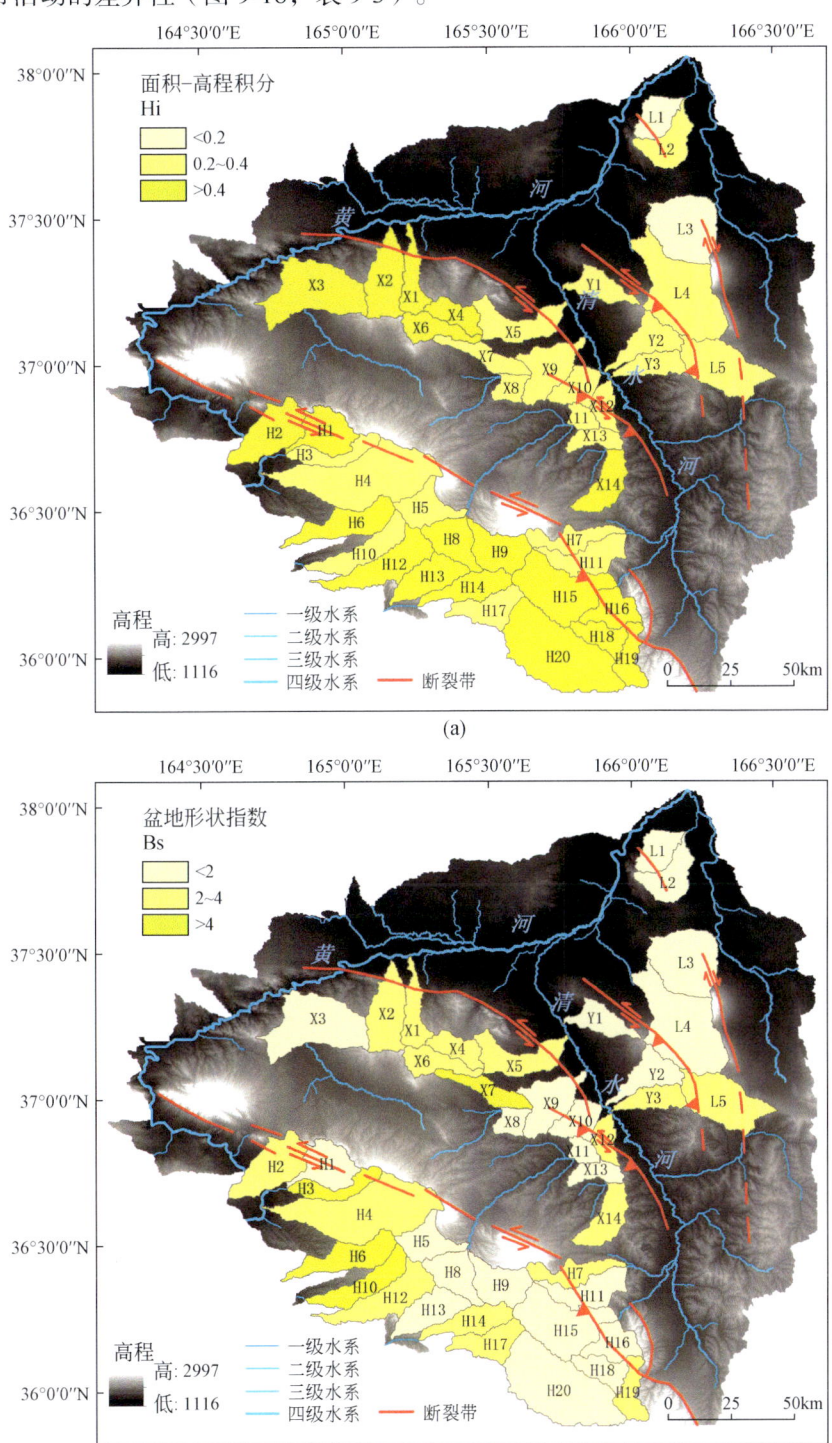

(a)

(b)

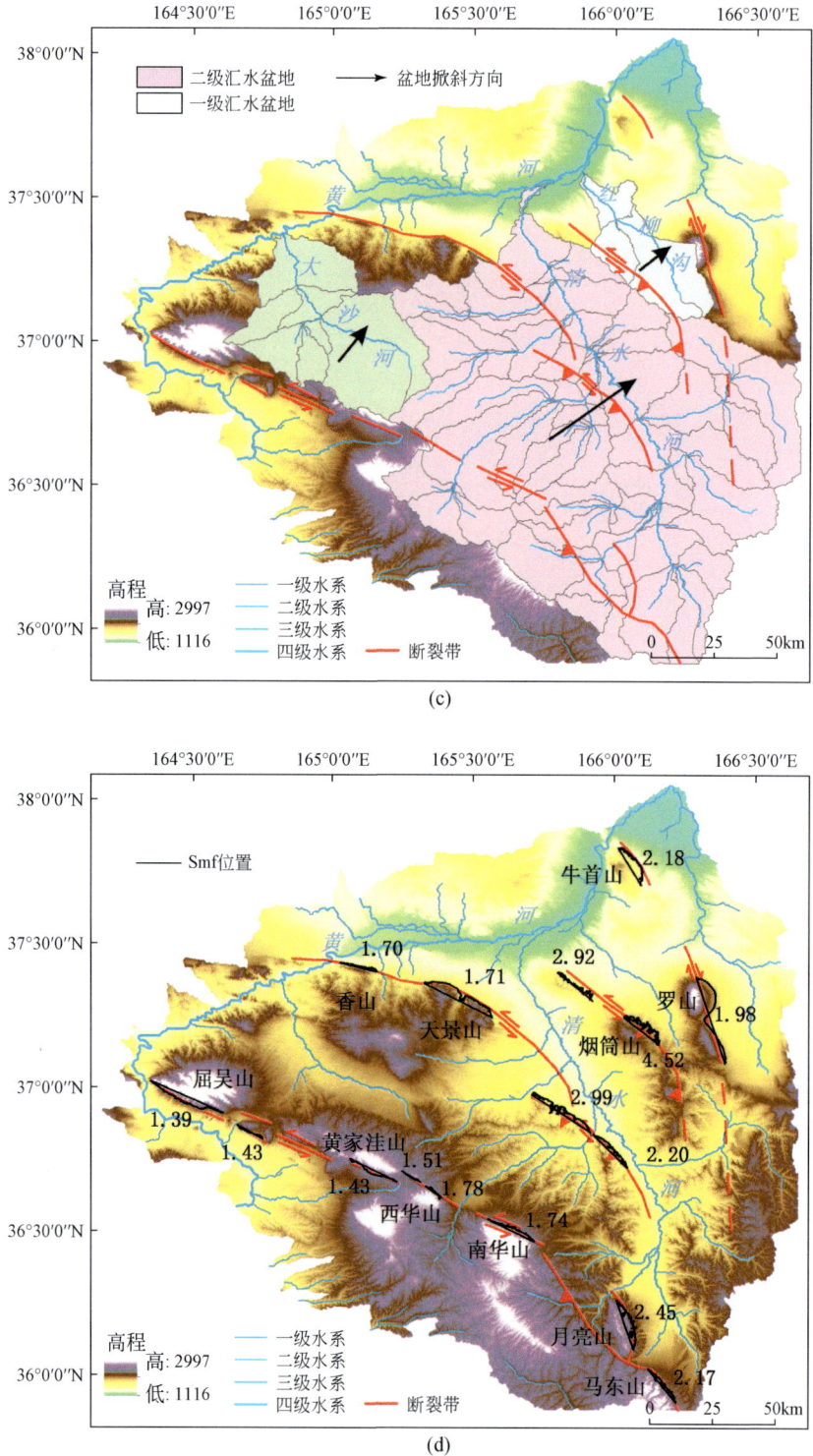

图 9-18 宁南盆地地形因子特征

(1) 汇水盆地面积 – 高程积分（Hi）

本书研究将汇水盆地的面积 – 高程积分 Hi 值分为 3 个级别：Hi ＜ 0.2 的为 1 级，用浅黄色表示；Hi 在 0.2～0.4 之间的为 2 级，用黄色表示；Hi ＞ 0.4 为 3 级，用深黄色表示 [图 9-18（a）]。如图 9-18（a）所示，海原断裂带控制的汇水盆地中 Hi 值达到 3 级的有 H1、H2、H8 等 13 个汇水盆地，但没有 1 级的；香山 – 天景山断裂带控制的汇水盆地中 Hi 值为 3 级的有 X4、X5 等 6 个；而烟筒山断裂带和罗山 – 牛首山断裂带控制的汇水盆地中则没有 Hi 值为 3 级的，多数为 1、2 级汇水盆地。此外，海原断裂带汇水盆地的平均 Hi 值为 0.42，香山 – 天景山断裂带汇水盆地平均 Hi 值为 0.39，烟筒山断裂带汇水盆地平均 Hi 值为 0.34，罗山 – 牛首山断裂带平均 Hi 值为 0.25（表 9-3）。

表 9-3 宁南盆地汇水盆地地形因子数据

	汇水盆地编号	流域面积 /km²	流域周长 /km	Hi 值	Bs 值
海原断裂带	H1	246.46	91.17	0.42	1.28
	H2	333.25	92.29	0.46	2.55
	H3	157.39	85.74	0.29	4.40
	H4	758.55	160.44	0.38	2.24
	H5	197.52	81.64	0.34	1.23
	H6	281.85	109.66	0.46	4.13
	H7	181.03	101.52	0.34	3.39
	H8	217.71	77.02	0.47	1.12
	H9	245.74	82.31	0.45	1.75
	H10	244.68	101.02	0.35	4.07
	H11	239.75	99.95	0.38	1.99
	H12	332.13	129.26	0.53	3.69
	H13	242.47	83.02	0.51	1.99
	H14	210.93	90.16	0.48	2.99
	H15	490.20	118.22	0.45	1.60
	H16	182.42	71.97	0.42	1.07
	H17	203.72	80.68	0.39	2.47
	H18	145.99	64.01	0.44	1.65
	H19	152.83	74.25	0.44	3.58
	H20	771.90	139.63	0.50	1.75
	平均值	291.83	96.70	0.42	2.45

续表

	汇水盆地编号	流域面积 /km²	流域周长 /km	Hi 值	Bs 值
香山-天景山断裂带	X1	162.52	92.67	0.48	3.37
	X2	300.20	100.16	0.52	2.79
	X3	529.77	128.45	0.47	0.80
	X4	141.01	62.90	0.46	2.24
	X5	270.82	105.51	0.37	3.33
	X6	164.64	77.97	0.40	2.41
	X7	159.67	83.77	0.29	4.56
	X8	92.18	47.04	0.37	1.06
	X9	283.49	97.26	0.37	1.40
	X10	165.45	62.32	0.36	1.82
	X11	73.37	39.16	0.30	1.01
	X12	106.20	53.73	0.29	2.75
	X13	110.34	59.87	0.29	1.94
	X14	210.10	82.21	0.47	2.55
	平均值	197.84	78.07	0.39	2.29
烟筒山断裂带	Y1	163.01	77.62	0.29	1.61
	Y2	210.50	91.84	0.39	1.50
	Y3	156.07	70.19	0.33	2.35
	平均值	176.53	79.88	0.34	1.82
罗山-牛首山断裂带	L1	166.33	62.55	0.18	1.62
	L2	215.22	86.15	0.30	1.54
	L3	453.56	94.04	0.14	1.12
	L4	672.19	145.90	0.28	1.74
	L5	406.16	107.24	0.33	2.09
	平均值	382.69	99.18	0.25	1.62

汇水盆地的 Hi 值指示盆地侵蚀的强弱，Hi 值越高地貌的侵蚀作用越强，而侵蚀作用的强弱主要受构造活动的影响。因此，对比 4 条断裂带汇水盆地的 Hi 值，发现 4 条断裂带的构造活动性强弱顺序依次为海原断裂带最强，香山-天景山断裂带次之，烟筒山断裂带再次之，罗山-牛首山断裂带最弱。

（2）汇水盆地形状指数（Bs）

本书研究将汇水盆地的盆地形状指数（Bs值）分为3个级别[图9-18（b）]，Bs＜2的为1级，用浅黄色表示；Bs为2～4的为2级，黄色表示；Bs＞4的为3级，用深黄色表示。盆地形状指数分析表明，汇水盆地Bs达到3级的，有4个汇水盆地。其中，3个汇水盆地发育在海原断裂带；烟筒山断裂带与罗山－牛首山断裂带汇水盆地Bs值均为1、2级，而没有3级汇水盆地。就其平均值而言，海原断裂带汇水盆地平均Bs值为2.45；香山－天景山断裂带汇水盆地平均Bs值为2.29；烟筒山断裂带汇水盆地平均Bs值为1.82；罗山－牛首山断裂带平均Bs值为1.62（表9-3）。

Bs值大的盆地，盆地形状狭长，受构造影响较强，该区域的构造活动相对较强。所以，盆地形状指数Bs反映4条断裂带的活动性强弱顺序为海原断裂带、香山－天景山断裂带、烟筒山断裂带、罗山－牛首山断裂带。

（3）流域盆地不对称度（AF）

本书研究提取4条断裂带相关的3个次级流域盆地[图9-18（c）]，其中清水河流域盆地为三级流域盆地，大沙河流域盆地及红柳沟流域盆地为二级流域盆地。3个次级流域盆地的AF值分析表明，3个流域盆地都发生一定的掀斜。其中，大沙河流域盆地AF值为36.66，|50-AF|=13.34，为二级，表明构造活动性较强，掀斜方向倾向盆地右侧；清水河流域盆地AF值为34.57，|50-AF|=15.43，为三级，表明构造活动性较强，掀斜强烈，盆地左侧抬升强烈；红柳沟流域盆地AF值为40.85，|50-AF|=9.15，为二级，构造活动较强，掀斜方向倾向盆地右侧。3个流域盆地的掀斜方向都为南西向北东掀斜，表明西南侧构造活动较强，即4条断裂带的构造活动性由南西向北东减弱。

（4）断裂带山前曲折度（Smf）

本书研究选取4条断裂带控制的4列山体，包括海原断裂带控制的黄家洼山、西华山、南华山和月亮山等，香山－天景山断裂带控制的香山与天景山等，烟筒山断裂带控制的烟筒山，罗山－牛首山断裂带控制的牛首山、罗山，提取4列山体前缘与断裂带平行的山前的Smf值[图9-18（d）]。通过计算分析，海原断裂带控制的山前的Smf值整体偏小，平均值为1.74；香山－天景山断裂带控制的山前的Smf值平均为2.15；烟筒山断裂带和罗山－牛首山断裂带的山前Smf值分别为3.72和2.08。构造活动性强的山前形态上较平直，Smf值较小；相反则山麓前缘较曲折，Smf值偏大。罗山－牛首山断裂带Smf值较小，由于该断裂带位于鄂尔多斯西缘，受鄂尔多斯板块影响，以及断裂带后期走滑作用，山前较平直。这4条断裂带整体的Smf值是由南西向北东增大，即4条断裂带的活动性由南西向北东减弱。

上述汇水盆地的面积-高程积分（Hi）、盆地形状指数（Bs）、流域盆地不对称度（AF）和山前曲折度（Smf）等地形因子分析表明，宁南盆地4条弧形断裂带的构造活动性存在显著差异，由强到弱，依次为海原断裂带、香山－天景山断裂带、烟筒山断裂带以及罗山－牛首山断裂带。这种构造活动的差异性表明，青藏块体新生代以来向北东方向挤出作用存在从南西向北东减弱的趋势，即构造挤压作用首先为海原断裂带吸收，且依次向北东扩展。

地形因子出现显著差异，主要与青藏高原东北缘宁南弧形断裂带晚新生代一系列由南西向北东的逆冲缩短相关，也是晚第四纪以来强烈走滑活动改造的结果。早期强烈逆冲在区域上形成一系列平行排列的弧形山脉，不均匀抬升使区域内流域盆地形态不规则，剥蚀强烈；后期走滑活动，使区域上山脉在平行断裂带方向山前形态平直。最新断层运动学研究表明，沿海原断裂带，除主干断层为左行走滑活动外，断裂带多处黄土中也可见近水平擦痕，指示 NEE-SWW 向挤压 [图 9-19（a）（b）]。野外调查发现，香山 – 天景山断裂带中段的一处左行位移的冲沟，左行位移 25m[图 9-19（c）]。在烟筒山山前，沿断裂带发现少数的冲沟、山脊等地貌标志发生规模不大的左行位移，断裂带北段可见近直立的两组左行走滑断裂 [图 9-19（d）]。断层运动学调查与分析表明，牛首山断裂带最新活动以右行走滑为主 [图 9-19（e）（f）]。这些研究均表明青藏高原东北缘 4 条断裂带晚期以强烈走滑活动为主，塑造了现今线性构造地貌。

3. 断裂活动性

本次利用 SRTM-DEM（90m）数据，基于 ArcGIS 空间分析平台，定量化提取海原断裂带控制的 20 个汇水盆地，香山 – 天景山断裂带控制的 14 个汇水盆地，烟筒山断裂带和罗山 – 牛首山断裂带分别控制的 3 个和 5 个汇水盆地，这 4 条断裂带控制汇水盆地面积 – 高程积分 Hi 平均值分别为 0.42、0.39、0.34 和 0.25；盆地形状指数 Bs 值分别为 2.45、2.29、1.82 和 1.62；4 条断裂带控制山体的山前曲折度平均值分别为 1.74、2.15、3.72 和 2.08；这 3 个地形因子都指示了这 4 条断裂带的活动性顺序为海原断裂带最强，香山 – 天景山断

(a)　　　　　　　　　　　　　　　(b)

(c)

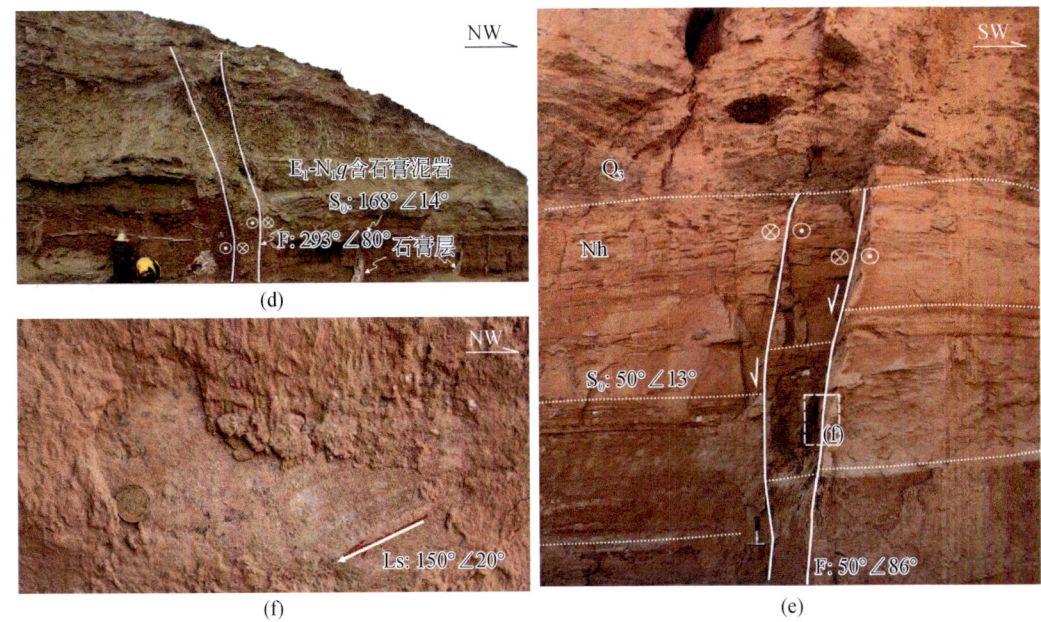

图 9-19 青藏高原东北缘弧形断裂带运动学特征

裂带次之，烟筒山断裂带活动性一般，罗山 – 牛首山断裂带最弱。3 个由多条断裂带控制的二级流域盆地——大沙河流域盆地、清水河流域盆地和红柳沟流域盆地的盆地不对称度 AF 值都指示这 3 个二级流域盆地掀斜方向为南西向北东掀斜，表明这 4 条断裂带由南西向北东活动性依次减弱。青藏高原东北缘海原断裂带、香山 – 天景山断裂带、烟筒山断裂带和罗山 – 牛首山断裂带，构造活动性由南西向北东依次减弱，指示宁南盆地构造变形主要受青藏高原东北缘北东向构造挤出作用影响，而且变形扩展由南西向北东逐渐减弱。

第十章 活动断层调查

第一节 裸露断裂调查

一、柳木高断裂

青藏高原东北缘弧形断裂系自南向北由海原断裂带、香山-天景山断裂带、烟筒山断裂带和牛首山-罗山断裂带组成（图10-1）。这些断裂记录了青藏高原向北东扩展的过程，具有很强的活动性，引发了一系列重大的地震事件，如1920年的海原8.6级大地震，引起了国内外学者的广泛关注（Deng et al., 1984; Zhang et al., 1987, 1990, 1991; Burchefiel et al., 1991; 柴炽章等, 1997; 冉永康等, 1997; Ding et al., 2004; 刘静等, 2007; 施炜等, 2013）。牛首山-罗山断裂是青藏高原东北缘弧形构造带的最外缘断裂（Chen et al., 2015），自南向北由固原断裂、罗山东麓断裂、牛首山断裂及三关口断裂组成[图10-1（b）]。

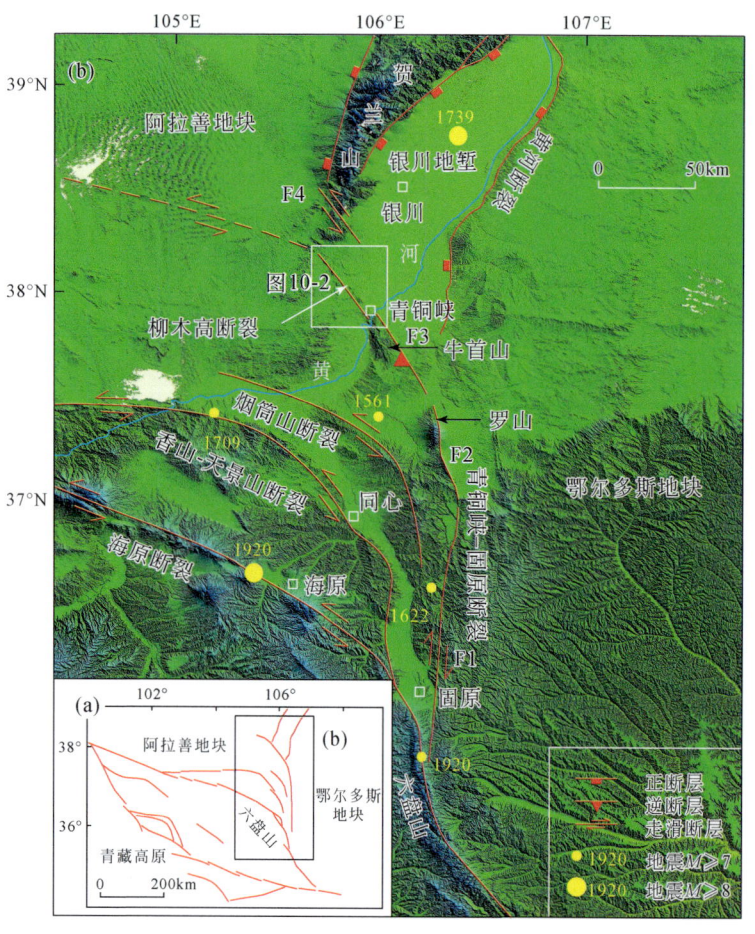

图10-1 青藏高原东北缘构造及地貌简图

数据为30m分辨率的GDEM；F1.固原断裂；F2.罗山东缘断裂；F3.牛首山断裂；F4.三关口断裂

前人研究认为，牛首山-罗山断裂带新生代经历了始新世末—渐新世 NS 向挤压逆冲、中新世晚期—上新世 NW-SE 向挤压与左行走滑、上新世末—中更新世 NNE-SSW 向挤压逆冲及晚更新世以来近 EW 向挤压与伸展的构造演化过程。牛首山断裂北段的柳木高断裂穿过青铜峡大坝、青铜峡铝厂，部分学者提出该断裂为晚更新世活动断裂，具有左旋错动特征（杨明芝等，2007）。但是对于该断裂第四纪详细的运动特征及活动性，始终缺乏研究。

本次调查通过遥感解译、野外调查、探槽开挖及年代学测定等方法对牛首山-罗山断裂带北段柳木高断裂的几何学特征、运动学特征及第四纪活动性进行了分析。研究结果对认识牛首山-罗山断裂带的运动学特征及青铜峡地区地震预测具有重要意义。

（一）地质概况

牛首山-罗山断裂带南起甘肃华亭马峡口，向北经固原、小罗山、大罗山、牛首山、青铜峡至三关口，地表可追踪长度约 400km。断裂南段总体走向为 NS 向，自青铜峡以北转为 NW-NWW 走向。断裂由南向北主要由 4 条次级断裂组成，依次为 NS 向的固原断裂 F1、罗山东麓断裂 F2、牛首山断裂 F3 及 NW 向三关口断裂 F4，向西的延伸仍存在争议[图 10-1（b）]。沿断裂带出露地层包括奥陶系、侏罗系、白垩系、古近系、新近系和第四系。断裂带不同部位的几何学和运动学特征具有差异。固原断裂 F1 以逆冲及右行走滑运动为主；罗山东麓断裂 F2 是一条以右旋走滑为主的全新世活动断裂，该断裂全新世曾发生过 5 次 7 级左右的古地震事件，最早的一次时间不明，其余 4 次发生在距今约 8400a、5400～5020a、3900a 和 2260a；牛首山断裂 F3 以挤压逆冲及右行走滑为主。

（二）研究方法

本次研究通过高分辨率遥感影像，包括 SPOT6 及 Google 卫星图像解译，识别可能与断层活动相关的线性地貌，并进行野外调查验证，确定断裂的构造地貌特征及构造变形特征。在此基础上，进行探槽揭露，通过断裂与地层的截切关系识别古地震事件，并采集相关的年代学样品。其中，富有机质黏土及粉砂样品送往美国 Beta 实验室进行加速器质谱法（Accelerator Mass Spectrometry，AMS）碳十四测年（AMS ^{14}C），砂及粉砂样品则送往浙江省中科释光检测技术研究所进行光释光测试。

（三）柳木高断裂特征

1. 断层地貌特征

柳木高断裂位于牛首山-罗山断裂带北段，总体走向 NNW[图 10-1（b）]，断裂北起小口子，经大口子、红墩凹山、青铜峡铝厂，南至青铜峡大坝，全长约 32km。沿断裂走向，不同位置具有不同的断层地貌特征（图 10-2）。其中，断裂北段大口子向北一带，表现为基岩山前连续的断层陡崖和台地前缘不连续的地貌陡坎（图 10-2，图 10-3）。其中，基岩山前断裂陡坎地貌上西高东低，表现为一系列断层陡崖以及地震鼓包、山脊错断、鞍状地貌等断层地貌。在大口子附近，断层陡崖高1～3m[图10-4（a）（b）]，沿着山前台地，发育线状展布的地貌陡坎，最高可达4.3m（图10-5）。大柳木高至红墩凹山一带发育断层三角面和断层陡崖。红崖子一带主要为一系列NW走向的地貌陡坎（图10-2）。青铜峡断裂南段，总体NW走向，全长约4km，断层从青铜峡铝厂电厂、青铜峡火车站及青铜峡铝厂之间穿过，地貌上主要表现为东、西两条线性陡坎（图10-6），东侧陡坎高3.2m（图10-7）。

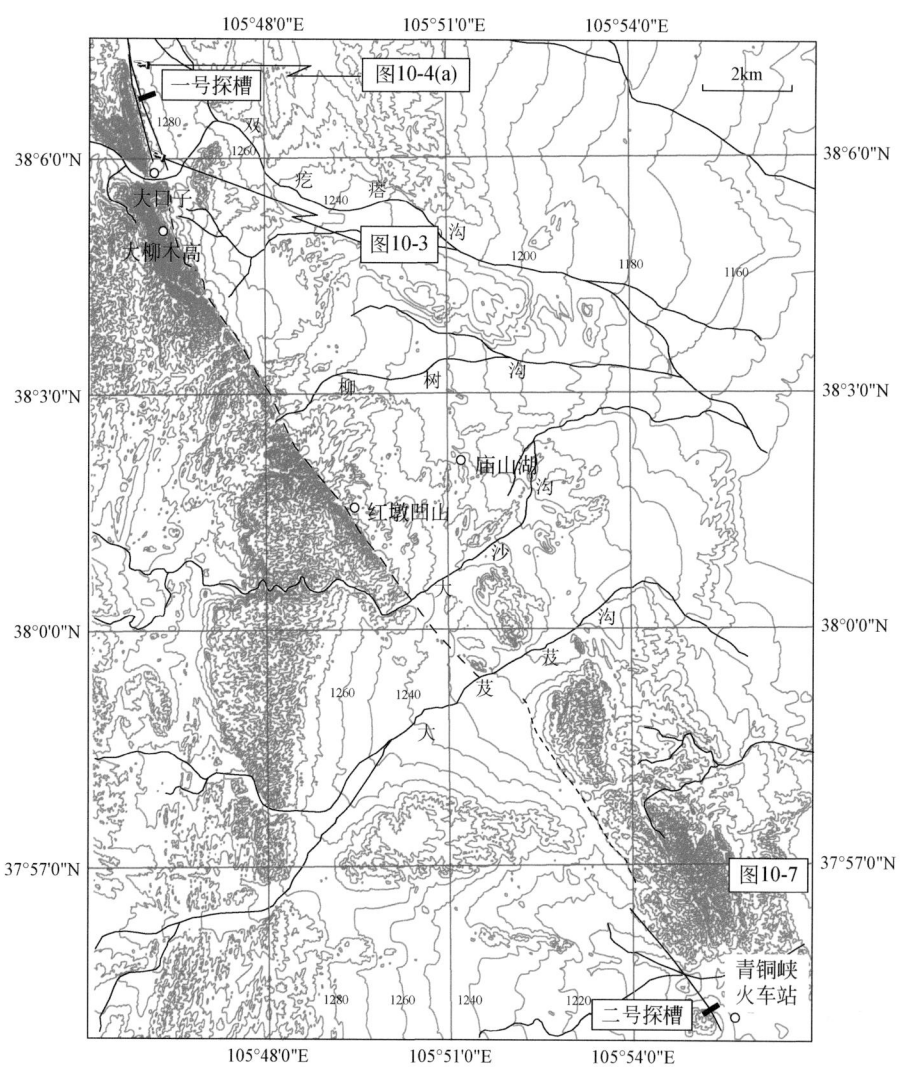

图10-2　柳木高断裂地貌特征及剖面位置

第十章 活动断层调查

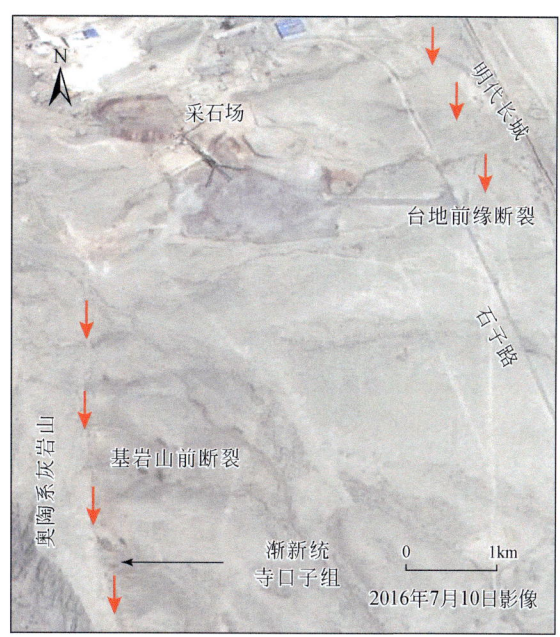

图 10-3 柳木高断裂大口子地貌特征（图像来自 Google Earth）

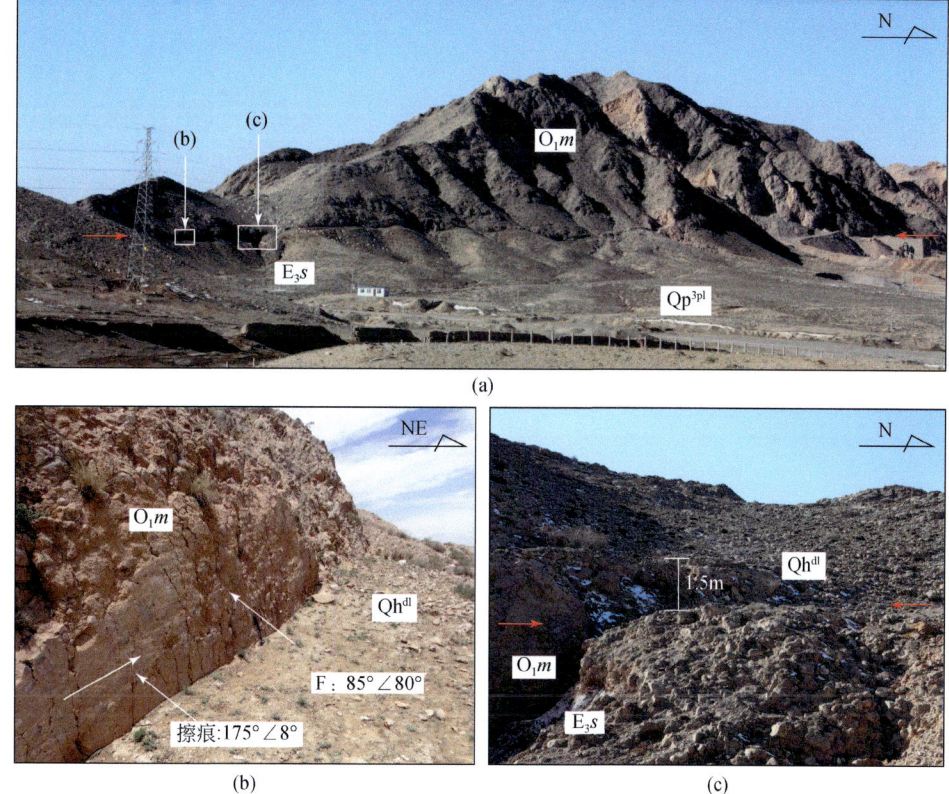

图 10-4 柳木高断裂大口子山前基岩断裂特征

(a) 断层陡坎；(b) 断层面及擦痕；(c) 错断的早期坡积物；O_1m. 奥陶系马家沟组灰岩；E_3s. 渐新统寺口子组砾岩；Qp^{3pl}. 上更新统冲洪积物；Qh^{dl}. 全新统残坡积物

图 10-5 柳木高断裂大口子台地前缘断裂地貌特征

（a）小口子附近断层陡坎，高约 2.5m；（b）大口子附近线性断层陡坎，高 4.3m

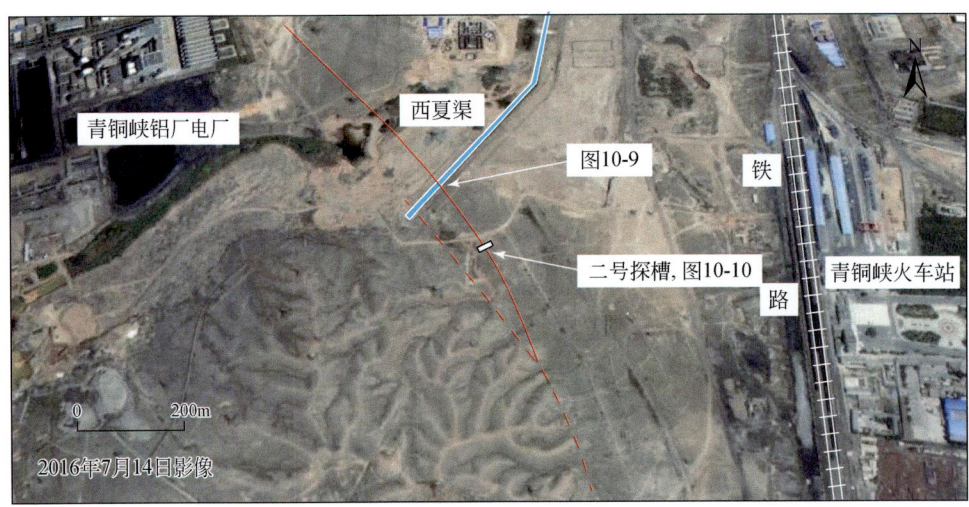

图 10-6 青铜峡火车站西柳木高断裂断层地貌特征及二号探槽位置

图 10-7 青铜峡火车站西柳木高断裂线性地貌陡坎

2. 断层活动特征

1）大口子剖面

青铜峡断裂北段的大口子剖面，断裂由基岩山前断裂和台地前缘断裂组成（图 10-2，

图10-3）。剖面中揭示了两期断层活动。一是早期左行压扭性运动。基岩山前断裂为奥陶系和渐新统寺口子组的界线[图10-3（a）]。断裂总体走向NW，向东或向西陡倾。在大口子附近，断层面近直立，总体产状85°∠80°，断层面上见近水平擦痕，产状175°∠8°[图10-4（b）]。断面及擦痕等运动学标志共同指示左行压扭性运动特征。二是晚期正倾滑运动。在奥陶系灰岩与渐新统寺口子组砾岩之上，覆盖了两期山麓残坡积物，其坡积物均为奥陶系灰岩原地剥蚀堆积，但固结程度明显不同。早期坡积物胶结较好，晚期为松散堆积。早期坡积物的坡面发生了明显的位错，垂直断距约1.5m[图10-4（c）]，而较新的松散残坡积覆盖物未被错断，显示沿着早期走滑断层断面发生了正倾滑运动，未见明显的走滑运动分量。台地前缘断裂与基岩山前断裂平行，总体走向NW。沿着鞍状地貌鞍部的延伸线，冲沟侧壁出露活动断层，断层产状60°∠73°，错断全新世冲洪积物，断距约0.5m，并被顶部的腐殖土层覆盖。

2）大口子山前台地探槽

在大口子以北沿冲沟发现断层露头的位置开挖了一号探槽。探槽长5m，宽2.5～3m，深3.5～4m，其长轴垂直于断层走向。探槽南侧壁揭示了两条主要的断层。f1近直立，产状270°∠85°。f2较缓，向东倾，产状90°∠60°。根据探槽剖面上所揭示的断层截切地层关系，可识别出四次断层活动事件，其中前三次为走滑兼逆冲，第四次为正倾滑（图10-8）。

第一次断层活动事件发生于①～③沉积之后，形成了f1与f2，两条断层构成了对冲构造样式，导致f2上盘的②～③层被剥蚀，之后沉积了④～⑦层。其中，⑤层底部砂的OSL年龄为142.75±14.48ka（图10-8，TC0102）和140.99±14.2ka（图10-8，TC0103），⑥层中部粗砂的OSL年龄为94.1±17.0ka（图10-8，TC0104）。第二次断层活动事件发生于⑦层沉积之后，⑧层沉积之前。沿着f1与f2再次发生对冲，f1垂直位移量较大，垂直位移量约为0.5m。沿着f1上部，⑤层沉积物进入断层带，形成了地震楔。f1断裂西盘抬升幅度较大，形成了正地形，导致第⑦层沉积物被剥蚀。f2断裂带附近⑥～⑦层发生了牵引褶皱变形。之后⑧层沉积。第三次断层活动事件发生于⑧层沉积之后，⑨层沉积之前。以f2上盘自东向西逆冲为主，上、下盘的⑧层沉积物在断层附近发生牵引褶皱，断裂f1上部分散，⑧层被f1错断，灌入断层带形成地震楔。之后沉积了⑨层。第四次断层活动事件为断裂f2的正倾滑运动，发生于⑨层沉积之后，⑩沉积之前，剖面上表现为f2上盘相对下降，下盘相对抬升，⑨层沉积物被剥蚀。本次地震事件之后，形成了顶部的耕植土层⑩，该层未受断裂影响。其底部粉砂质黏土的^{14}C年龄为420±30a，校正年龄为公元1605～1610年（图10-8，TC0107）。

3）西夏渠剖面

青铜峡断裂南段的西夏渠剖面，上新统干河沟组N_2g及其上覆中更新统Qp^2砂砾石层中发育一系列倾向SW及NE的断层，剖面上构成了正花状构造。倾向SW的断层，断层面产状240°∠75°。倾向NE的断层，断层面产状60°∠77°[图10-9（a）]，其上发育近水平擦痕，产状308°∠5°[图10-9（b）]，共同指示左行走滑运动特征。

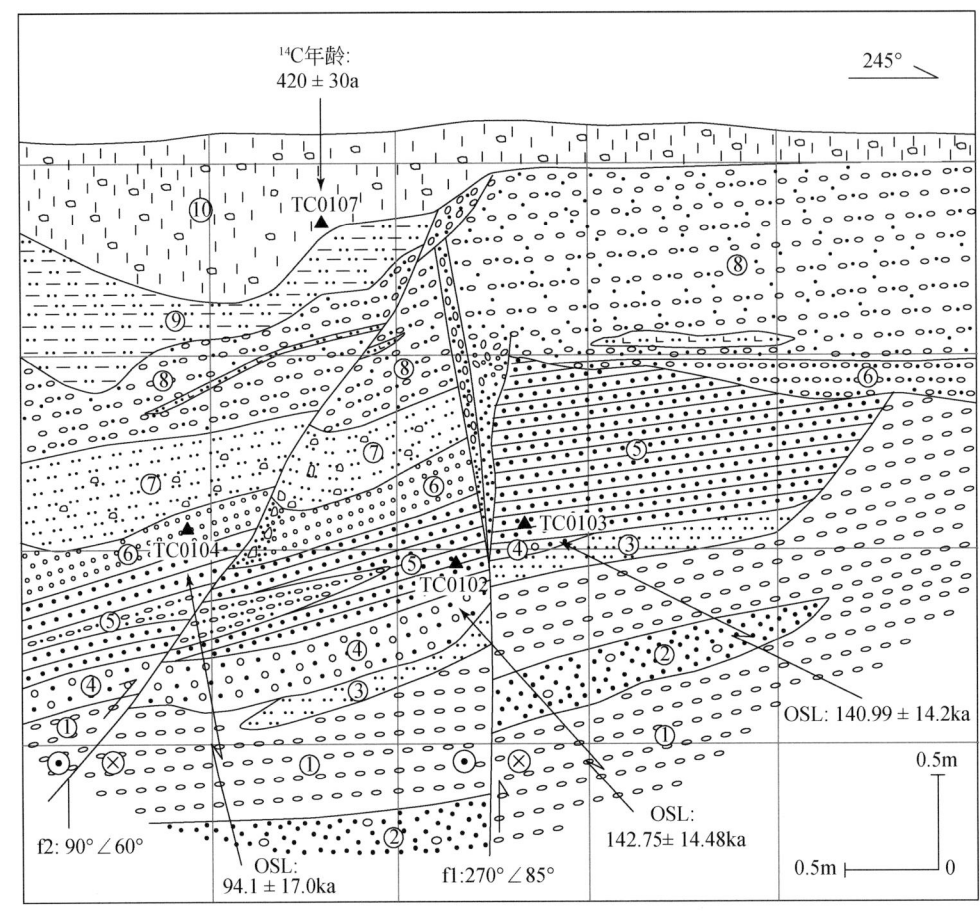

图 10-8 柳木高断裂大口子一号探槽南侧壁素描图

①固结砾石层，具平行层理，砾石分选中等，磨圆中等，砾径平均为 2～3cm；②固结的砂砾石层，为①中的透镜体，砾石含量较少，砂含量较高；③粉砂透镜体层，剖面中部 f1 断裂两盘；④松散砂砾石层，砾径平均为 1～2cm，主要发育于断裂 f1 两侧，但西侧呈较小透镜体；⑤中–晚更新世具平行层理的粗砂、细砾石层，发育细砾石透镜体，OSL 年龄为 14 万年；⑥中–晚更新世松散砾石层，分选较好，粒径为 1～2cm，OSL 年龄在 9 万年左右；⑦含少量砾石的粉砂层；⑧厚松散砾石层，层理不清楚，夹钙质粉砂透镜体；⑨土黄色粉砂层；⑩腐殖土层，砂、砾、黏土混杂堆积

4）青铜峡火车站西探槽

在青铜峡火车站西，垂直地貌陡坎开挖二号探槽（坐标：37°55′10.3″N，105°55′15.5″E），探槽长约 12m，宽 2～2.5m，深 3～4m。探槽中揭露了一系列断裂，总体可分为三期。早期断裂 f1 至 f7 的活动，产状 240°∠65°，上盘自南西向北东逆冲。断裂主要发育于上新统干河沟组 N_2g 中（①层），地层向东陡倾。①层紫红色泥岩变形呈透镜体状，在断层带附近可见碎裂岩及断层泥发育。①层及其中发育的断裂被②层角度不整合覆盖，不整合面起伏较大，显示断层活动之后强烈的侵蚀作用。

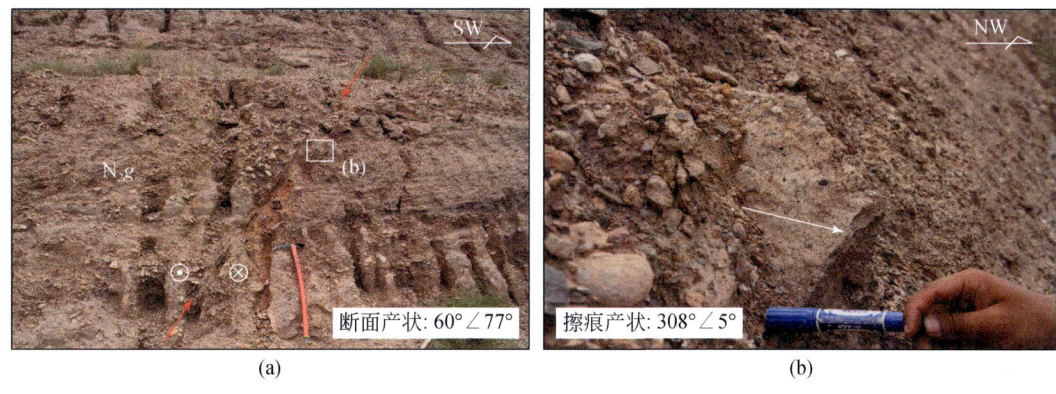

图 10-9 柳木高断裂西夏渠剖面断层特征

(a) 断层错断上新统干河沟组 N_2g 砾岩；(b) 断层擦痕

第二期断层活动形成了 f8~f11，断裂活动晚于②~④层沉积，断裂影响了①~④层。剖面上，f8~f11 总体构成了正花状构造，之间所夹的①层（上新统干河沟组 N_2g）紫红色泥岩、砂岩，强烈变形透镜体化。f10 产状 255°∠45°，上盘①层 N_2g 紫红色泥岩、灰白色粗砂岩自南西向北东逆冲至③层晚更新世灰黄色粉砂之上。③层灰黄色粉砂的 OSL 年龄为 6.5 万年左右（图 10-10，TC0511）。f11 产状 50°∠60°，上盘①层 N_2g 紫红色泥岩自北东向南西逆冲至②层晚更新世砂砾石之上，并引起下盘砂砾石层拖曳变形。f10 与 f11 上盘抬升，导致①层上覆的②~④层均被剥蚀。在该期事件中，早期断裂 f5 活化，切割了②层底部砂砾石层。之后沉积了⑤层。

第三期断层活动发生于⑤层沉积之后，主要表现为断裂 f11 的正倾滑运动。f11 倾向 NE，地貌上，下盘表现为正地形，⑤层沉积物被剥蚀，上盘为负地形，残留了⑤层沉积物。断裂 f9 发生活化，⑤层沉积物沿着 f9 与 f11 的裂缝灌入，形成地震楔。该期活动时间导致断裂 f11 下盘抬升，使下盘⑤层被剥蚀。⑤层底部黏土质粉砂的 ^{14}C 年龄为 1690±30a，校正年龄为公元 320~415 年（图 10-10，TC0509）。之后沉积的第⑥层耕植土层未受断裂影响。

（四）第四纪活动特征

根据野外露头及探槽揭示的断裂活动特征，柳木高断裂第四纪演化过程可分为三个阶段。

上新世至早更新世自西向东逆冲。断裂南段青铜峡火车站西二号探槽中，上新统干河沟组 N_2g 中发育一系列自南西向北东逆冲的断层（断裂 f1~f7），断裂被中更新世砂砾石层（图 10-10，②层）不整合覆盖，这表明该时期断裂活动较强烈，且之后存在一个相对平静的时期，沉积了晚更新世地层。

晚更新世晚期至全新世之前左行走滑逆冲。断裂北段，大口子剖面基岩山前断裂断层面总体向东陡倾，其上的擦痕向南缓倾，共同指示该断裂以左行压扭性运动为主；

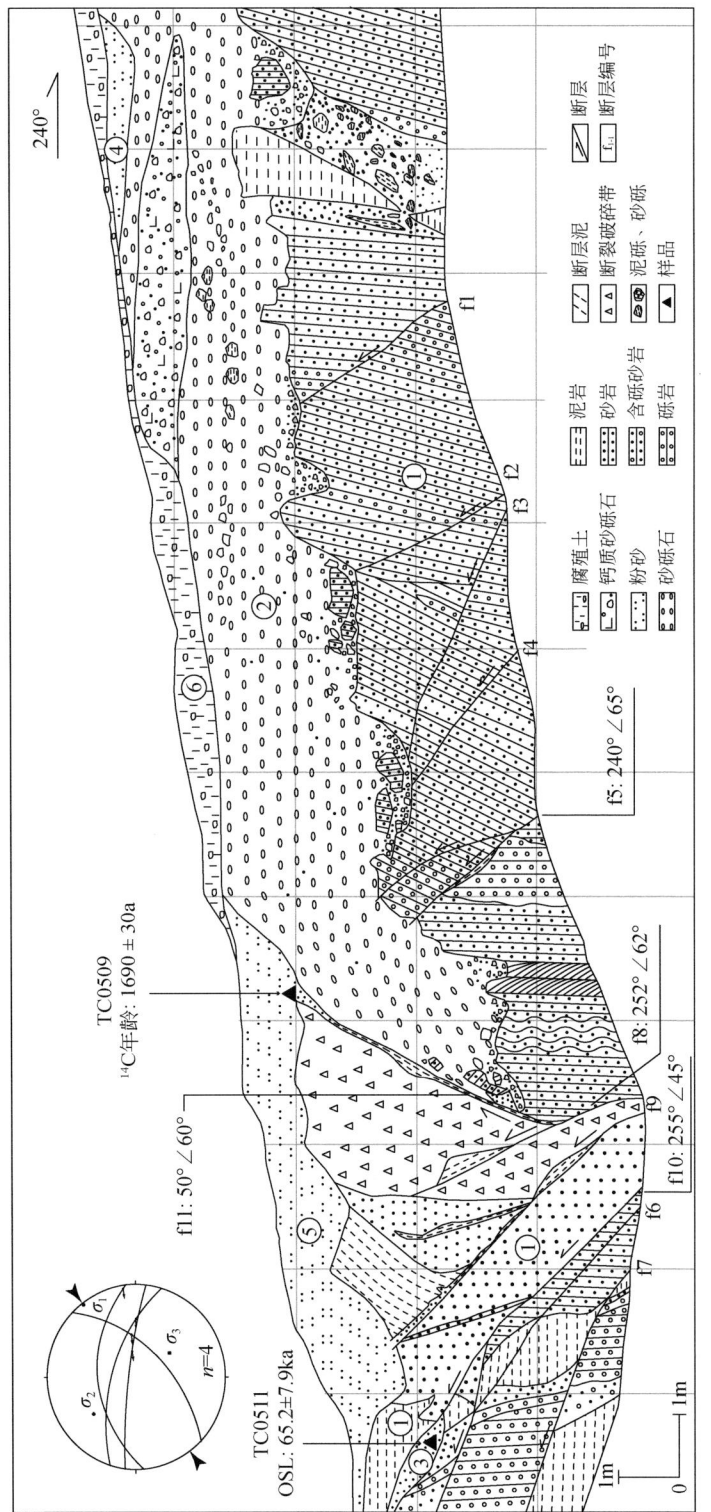

图10-10 柳木高断裂南段青铜峡火车站西二号探槽南侧壁剖面图

①上新统干河沟组$N_{2}g$(5.4~2.5Ma)灰白色砾岩、含砾砂岩及砂岩、紫红色泥岩及砂岩,砂岩中发育平行层理、斜层理及波状层理;②中更新世Qp^2杂色松散砂砾石沉积,砾石分选、磨圆差,不整合覆盖于$N_{2}g$之上,底部见大量①层原地剥蚀堆积的灰白色砂岩、紫红色泥岩泥砾石,上部夹钙质胶结砂砾石透镜体;③晚更新世Qp^3粉砂;④全新世灰白色粉砂层;⑤全新世灰绿色粉砂层;⑥全新世耕植土层

台地前缘断裂一号探槽中揭露的前两次地震事件影响的最新地层分别为③层及⑦层，剖面上部⑤层的光释光年龄为1.4万年左右，⑥层的光释光年龄为94.1±14.0ka，可限定断裂活动时间为更新世晚期至全新世之前。断裂南段，西夏渠剖面上新统干河沟组N_2g及上覆砂砾石层中发育的左行走滑逆冲断层，以及青铜峡火车站西二号探槽中断裂f8～f11构成的正花状构造，其上盘上新统干河沟组逆冲至②～④层之上，其中③层的OSL年龄为6.5万年左右。根据断层面及之上的擦痕，恢复该期活动的主压应力为NE-SW向挤压（图10-10）。

全新世的正倾滑运动。断裂北段大口子一带，基岩山前断裂错断了上覆固结残坡积物，并被较新的松散残坡积物覆盖，台地前缘一号探槽中，f2错断了全新世粉砂（图10-8，⑨层），上盘抬升导致⑨层被剥蚀。断裂南段红崖子一带，沿着断层发育直线形沟谷，表现为西盘下降的正断层。青铜峡火车站西二号探槽中，f11错断了全新世黏土质粉砂（图10-10，⑤层），其^{14}C年龄为1690±30a，校正年龄为公元320～415年。

根据以上分析，可以确定柳木高断裂上新世至早更新世自西向东逆冲，晚更新世晚期至全新世之前左行走滑逆冲，与固原断裂、罗山东麓断裂及牛首山断裂第四纪运动特征基本一致，是青藏高原向东北持续扩展引起的。对于柳木高断裂全新世正倾滑运动的动力机制，推测可能与银川地堑的伸展有关。银川地堑的西界和东界分别为走向NNE的贺兰山山前断裂及黄河断裂，全新世以正倾滑运动为主，其中黄河断裂可能引起了1739年$M8.0$平罗大地震。前人研究表明，银川地堑伸展作用的影响范围向南可达牛首山北东侧地区，根据浅层地震探测结果，牛首山北东侧台地前缘的关马湖断裂以正倾滑运动为主，可能是银川地堑的南西边界。从位置上来看，位于牛首山断裂南段的关马湖断裂已受到银川地堑伸展作用的影响，则相对距银川地堑更近的柳木高断裂也可能表现出伸展的特征，即全新世的正倾滑运动。

（五）古地震事件

如前所述，柳木高断裂北段大口子一号探槽和南段青铜峡火车站西二号探槽中，均揭示了全新世的正倾滑运动。根据测年结果，青铜峡火车站西二号探槽中，断裂f11在⑤层沉积之后曾活动过，即1690±30a（校正年龄公元320～415年）之后发生过古地震事件。据《新唐书》记载，公元876年7月14日，在青铜峡南发生了地震，"州城庐舍尽坏，地陷水涌，伤死甚众"，估计本次地震为6.5级，最大裂度为8级。因此，推测柳木高断裂很可能是公元876年青铜峡南6.5级地震的发震断裂。

二、黄河断裂

银川盆地是青藏高原东北缘典型的新生代断陷盆地，该盆地正好位于中国大陆中部地震活动频繁的南北地震带内（白铭学和焦德成，2005；Bai et al.，2010；柴炽章等，2011；酆少英等，2011）。在该盆地中发生了1739年平罗8级地震，该地震是由典型正断层引发的8级大震，然而在陆内由正断层引起的超过7级的大型地震较为罕见（Lee et al.，1976；Tapponnier and Molnar，1977；Deng et al.，1984；Middleton et al.，2016），故众多学者对这次地震的发震断裂展开了详细研究。在20世纪60年代，石油地震勘探揭示了银川隐伏断裂的存在，由于银川隐伏断裂在空间展布上与1739年平罗地震极其吻合，有学者认为该断裂可能是平罗地震的发震断裂（李孟銮和万自成，1984；郭增建，1988；宁夏回族自治区地质调查院，2017）。自20世纪80年代以来，大量研究者通过对红果子沟明长城的几何特征，以及断裂的地表破裂和活动性等方面的研究认为，平罗地震的发震断裂是贺兰山东麓山前断裂，该断裂最新活动时代主要通过断层错断明长城来限定（张维岐等，1982；邓起东和尤惠川，1985；杨景春等，1985；国家地震局鄂尔多斯周缘断裂课题组，1988；崔黎明等，1990；雷启云等，2015；Liu et al.，2017），但是最近也有学者通过红果子沟明长城及附近断层变形的精细测量与研究发现，红果子沟长城并未发生位移和断裂错断，明长城是在先前的断层陡坎上建造的（Lin et al.，2013），同时对贺兰山东麓山前断裂变形与黄河断裂北段的综合研究表明，贺兰山东麓山前断裂与黄河断裂的最新活动均发生在过去2570年内，并推测平罗地震的发震构造可能为黄河断裂（Lin et al.，2015），但是并没有直接的证据表明黄河断裂在1739年平罗地震发生时活动过。而且目前研究显示黄河断裂在不同位置的活动速率差异较大（雷启云等，2014；Lin et al.，2015）。所以黄河断裂是否为平罗地震的发震断裂仍需要进一步研究，尤其是该断裂往南的构造变形、地貌和活动性等特征。

银川盆地的深部地震反射剖面研究结果表明，银川盆地内发育四条主要断裂带，自西向东依次为贺兰山东麓山前断裂、芦花台断裂、银川隐伏断裂和黄河断裂，四条断裂在深部均汇聚到黄河断裂（柴炽章等，2006；Liu et al.，2008；Huang et al.，2016）。通过震源深度与地震剖面的综合发现，1739年平罗地震的震源投影正好位于贺兰山东麓山前断裂和黄河断裂在深部的相交位置（Lin et al.，2015），这可能是目前平罗地震发震断裂存在争议的主要原因。

本次详细调查了黄河断裂的中段和南段，通过野外构造变形与地貌调查、探槽挖掘等方法（李孟銮和万自成，1984；邓起东和尤惠川，1985；王熙和王明镇，2013；Lin et al.，2015），详细分析了黄河断裂的活动和分段性特征，对重新认识平罗地震的发震断裂具有重要意义。

（一）区域地质背景

银川盆地位于贺兰山构造带与鄂尔多斯地块之间，盆地北至石嘴山惠农区，南到吴忠市青铜峡（图10-11），总体呈NNE向，是典型的新生代断陷盆地（国家地震局鄂尔多斯周缘断裂课题组，1988；酆少英等，2011）。盆地最初断陷时代为中元古代—早古生代（酆少英等，2011），后经历了多期构造叠加，沉积了巨厚的新生代沉积物，总厚度为4000～7000m，最厚达8000m（宁夏回族自治区地质调查院，2017；杨承先，2002）。盆地基底为寒武系—奥陶系及白垩系，新生代沉积物自下而上可划分为渐新统清水营组

（E_3q）、中新统彰恩堡组（N_1z）、上新统干河沟组（N_2g）和第四系（Q）（Chen et al.，2015；宁夏回族自治区地质调查院，2017）。清水营组厚度为 1000～1300m，岩石组成为中厚层状紫红色粉砂岩、泥岩，紫红色、橘红色夹灰绿色粉砂质泥岩，含石膏晶体和石膏晶体细脉；彰恩堡组厚度为 840～1800m，岩石组成为厚层状橘红色－橘黄色砂岩、砂质泥岩、黏土质粉砂岩夹灰白色长石石英砂岩；干河沟组厚度达 2500m，岩石组成下部为厚层状灰白色、褐黄色中－粗砂、细砾与砖红色黏土质粉砂互层，上部为厚层状中－粗粒砾石夹褐黄色斑杂铁锈色中－细砂透镜体（杨承先，2002；黄兴富等，2013；梁浩等，2013）。第四系沉积物厚度为 800～1000m，主要由黄河冲积和贺兰山洪积物组成，沉积物由南向北颗粒变细，层次增多，层厚减薄，分选性逐渐变好（童国榜等，1995；宁夏回族自治区地质调查院，2017；白雪等，2017），而且盆地内第四系沉积物厚度明显受盆地边界断裂控制（柴炽章等，2011）。

银川盆地中发育四条主要断裂，由西向东依次为贺兰山东麓山前断裂、芦花台断裂、银川隐伏断裂、黄河断裂（图 10-11）。银川盆地西缘主要受控于贺兰山东麓山前断裂，

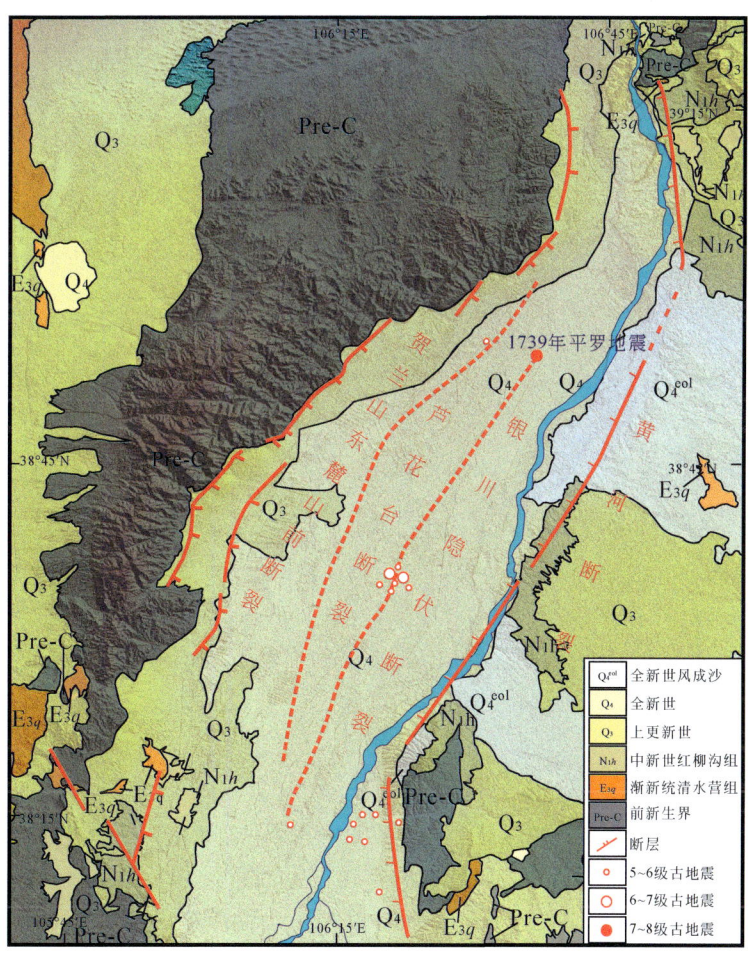

图 10-11 银川盆地地质地貌格架图

其新生代以来控制着整个银川盆地的沉降，在遥感影像上呈现明显的线性影像，是由多条正断层组合而成的锯齿状断裂带（杜鹏等，2009；黄兴富等，2013；雷启云等，2015）。芦花台断裂是一条长约80km的向东倾的铲形断层，为一条隐伏断裂，南起东大滩，从银川西夏区西部穿过，向北依次经过军马场、金山、暖泉，该断层的活动性由北向南逐渐增强（雷启云等，2011）。银川隐伏断裂走向NE，全长66km，分为南北两段，从第四纪到近代仍有持续活动（罗国富等，2013），由于其顶部受到巨厚松散地层的吸收和消减，银川隐伏断裂的破裂未抵达地表（柴炽章等，2011）。黄河断裂是银川盆地东缘的一条断裂，控制着早期银川盆地的发育，是盆地内展布最长、切割最深的一条深大断裂（雷启云等，2014）。

银川盆地中有记录的5级以上的地震共计17次，这些地震主要沿黄河断裂和银川隐伏断裂分布在银川盆地的中南部，而沿贺兰山东麓山前断裂的古地震记录较少（图10-11）。其中1739年发生在平罗的8级大震，是银川盆地有史以来发生的最大的一次破坏性地震，地震造成了大量的房屋倒塌，地面有多处发生破裂，伴随有黑水涌出，引起严重的砂土液化，有近5万人丧生，并导致位于银川市西北2km的海宝塔及与其相对的承天塔完全倒塌（雷启云等，2015；Lin et al.，2015）。

黄河断裂位于银川盆地东缘，总体呈南北向沿黄河东侧延伸，北起石嘴山惠农区，南至灵武南，全长大于180km，是距离因平罗地震而倒塌的海宝塔最近的断裂带。人工地震深反射剖面揭示，黄河断裂切割深度大于40km，切割了壳幔边界，与贺兰山山前断裂在约19km的深处相交（崔瑾，2014）。根据断裂走向、地表位置及地貌等特征，可将黄河断裂划分为红崖子段、陶乐段、滨河段和灵武段[图10-12（a）]。其中红崖子段北起惠农区，南至红崖子乡，呈NNW向延伸约35km；陶乐段北起三棵柳村，南至三道墩，呈NNE向延伸约60km；滨河段分布在红墩子至二道沟，呈NNE向延伸约40km；灵武段主要分布在红柳湾村至大泉，呈NNW向延伸约40km。

（二）地貌特征

黄河断裂是鄂尔多斯地块的西部边界，断裂中部沿黄河东岸呈NNE向延伸，但是在南北两端的走向有一定差异[图10-12（a）]。黄河断裂在地貌上主要表现为陡立的陡坎，特别是发育在冲积扇中的部分，陡坎高度为10～30m，陡坎总体为NNE向延伸，陡坎总体倾向西。但是受黄河河流冲刷以及风成沙覆盖的影响，黄河断裂不同位置的地表地貌特征差异明显。红崖子段的断层坎被黄河侵蚀严重，主要以发育黄河阶地为特征。根据黄河河道的分布和高程，其中T_2阶地与黄河断裂的断层坎近平行（Lin et al.，2015）。断层坎东侧均为古近系—新近系基岩。

陶乐段的断层陡坎被风成沙覆盖严重[图10-12（b）（c）]，沙丘下伏基岩为古近系—新近系砂岩和泥岩。其中北段受耕地开发的影响，仅残留了沙丘覆盖基岩与耕地之间的地貌陡坎，高差20～30m[图10-12（b）]；南段断层坎依然被风成沙覆盖，但是可以观察到沙丘顶面约10m的高差[图10-12（c）]。

图 10-12 黄河断裂分段性及其地貌特征

（a）黄河断裂分段性及其主要点位；（b）陶乐段地貌特征；（c）陶乐段地貌特征；（d）滨河段地貌特征；（e）灵武段地貌特征

滨河段断层陡坎主要发育于第四系冲洪积物中，局部被现今黄河河道侵蚀或风成沙覆盖，在冲积扇发育地区断层坎高差约为10m[图10-12（d）]。

灵武段主要表现为山前陡坎，其东侧为前新生代陡坎，高差一般为30～50m。但是受后期冲积扇冲刷的影响，局部地区仅残留5～10m的地貌陡坎[图10-12（e）]。

（三）构造特征

1. 红崖子段

黄河断裂红崖子段主要错动了泥沙层和砂砾石层，断裂的走向主要为NNW，倾向

SW，倾角为32°～56°。断裂发育的位置有砂土液化现象，砂土液化主要呈脉状分布于地层中，并被断裂所切割，断裂形成的破碎带和砂土液化的宽度约为5m，且冲积扇发生了向西20°～30°的倾斜（Lin et al.，2015）。

2. 陶乐段

黄河断裂陶乐段主要发育于中新统彰恩堡组和第四系河流冲积物中，断裂东侧为彰恩堡组泥岩，并且大部分被风成沙所覆盖；西侧为黄河河流冲积物。

该断裂地表地貌和断裂特征总体以正断层为主，主断层面产状为290°∠70°，断裂错断彰恩堡组泥岩及上部晚更新世以来的松散砂砾石层，断层活动形成宽5～10cm的裂缝，并充填有松散砂砾石，断层顶部被风成沙覆盖，未见错断[图10-13（a）（b）]。而在断层东盘彰恩堡组泥岩中，可见倾向西的正断层错断了早期逆断层。逆断层总体产状为85°∠46°，其上盘为彰恩堡组橘红色泥岩，下盘为灰白色泥岩[图10-13（c）]。该断层发育宽约2m的破碎带，破碎带内发育构造透镜体，其长轴方向与断层面形成宏观S-C组构，也可以指示逆冲变形特征[图10-13（d）]。晚期倾向西的正断层错断早期逆断层面，断距为0.5～3m[图10-13（a）（e）（f）]，图10-13（a）中断裂错断砾石层及彰恩堡组地层，断距约为3m，被风成沙所覆盖。通过晚期正断层擦痕测量，反演其构造应力场为σ_1：184°∠50°，σ_2：344°∠49°，σ_3：85°∠5°，指示了ENE-WSW向伸展应力场特征[图10-13（g）]。

3. 滨河段

黄河断裂滨河段主要发育于中新统彰恩堡组和第四系冲积物中，断裂东侧为前新生代地层和彰恩堡组泥岩夹砂岩，局部被砂砾石夹砂土层覆盖，西侧为黄河河流冲积物。该断裂地表地貌特征和断裂特征总体以正断层为主，主断层面产状为338°∠73°，断裂错断彰恩堡组泥岩夹砂岩，发育宽2～3m的破碎带，并充填上新统干河沟组的灰色砂岩残留体，部分层位有牵引变形[图10-14（a）]。断裂下盘彰恩堡组和干河沟组地层中发育一系列近平行的次级断裂，断距一般为0.5～1.5m[图10-14（b）（c）]。断层顶部被厚度为0.5～5m的砂砾石层覆盖，未被错断[图10-14（a）～（d）]，错断了下部的Q_3地层，断距至少为10m。其上盘下部以砾石层为主，上部为厚度3～4m的晚更新世次生黄土层夹砂砾石层，砾石层钙质含量较高，下盘以晚更新世钙质较高的砾石层为主，断面平直，可见垂直走向的擦痕线理，指示了逆冲断层的特征[图10-14（f）（g）]。通过对该逆冲断层擦痕测量，反演其构造应力场为σ_1：170°∠1°，σ_2：75°∠64°，σ_3：259°∠25°，指示了NNW-SSE向挤压与ENE-WSW向伸展的转换构造应力场[图10-14（f）]。

4. 灵武段

黄河断裂灵武段主要发育于前新生代地层、中新统彰恩堡组及第四系砂砾石层中，断裂带东侧为前新生代的基岩，西侧以山前冲积扇为主。该断裂地表地貌特征和断裂特征总体以正断层为主，断层控制了彰恩堡组与第四系之间的分界。在断裂最北端可见彰恩堡组泥岩与第四系含砾泥土层之间的断层，断层主体产状为242°∠30°[图10-15（a）]，断层面擦痕线理清晰，指示了左行走滑特征[图10-15（b）]，断层带内还发育次级左行走滑

图 10-13 陶乐段断裂变形特征

（a）断层宏观特征；（b）断裂形成的 5～10cm 裂缝；（c）逆冲断层面及破碎带；（d）破碎带及其透镜体；
（e）逆冲断层面被正断层错断；（f）正断层错断逆冲断层破碎带；（g）正断层擦痕及其应力场特征

图 10-14 滨河段构造变形特征

(a) 主断裂宏观构造特征；(b) 断裂东盘基岩地层中的次级断裂系；(c) 断裂东盘地层中的次级正断层；(d) 断裂带及其样品特征；(e) 逆冲断层构造特征；(f) 逆冲断层面擦痕及其应力场特征

正断层 [图 10-15（c）]，总体具有 C-C′ 宏观构造特征，均指示了左行走滑运动特征。同时，该断层的正断层特征明显，主体产状为 285°∠50°，断裂错断了第四系砂砾石层，并形成了宽约 3m 的破碎带 [图 10-15（d）]，靠近断裂两侧的岩层发生了明显的牵引变形，指示了正断层特征 [图 10-15（e）]。断层上部被最新的冲积扇覆盖，指示断层后期没有活动 [图 10-15（d）]。通过对早期左行走滑断层的擦痕测量，反演其构造应力场为 σ_1：66°∠29°，σ_2：184°∠39°，σ_3：310°∠35°，指示了 NE-SW 向挤压与 NW-SE 向伸展的转换构造应力场 [图 10-15（b）]。

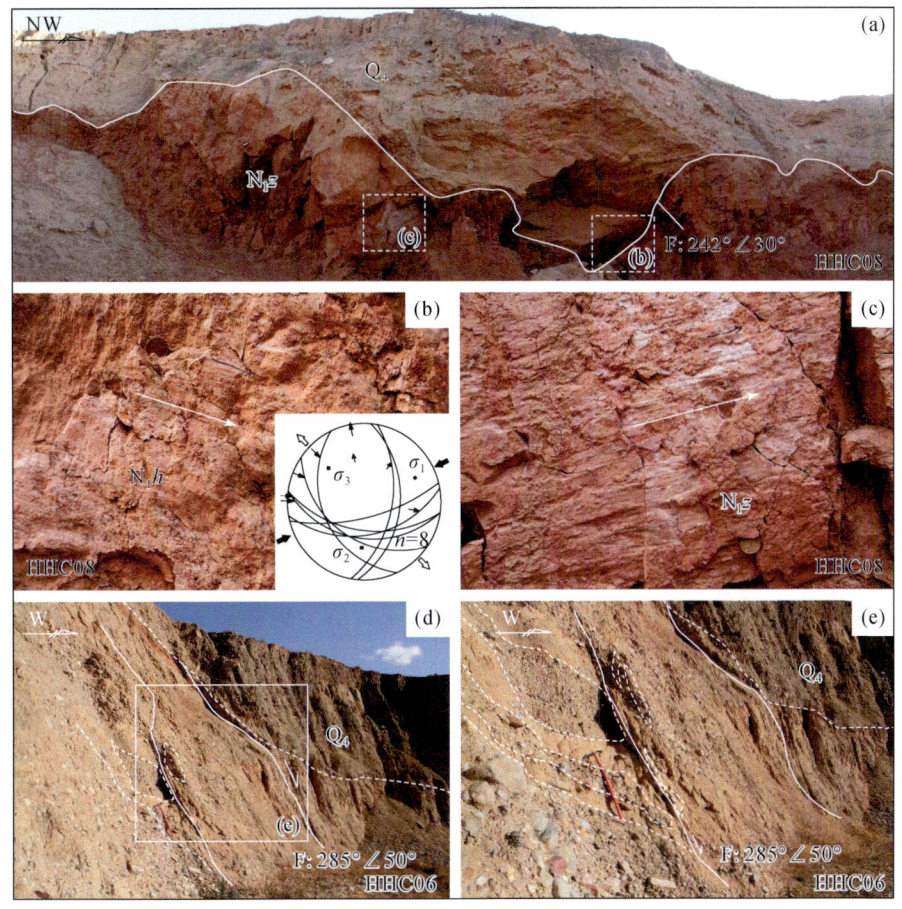

图 10-15 灵武段构造变形特征

（a）左行走滑断层宏观构造特征；（b）主断层擦痕及其应力场特征；（c）次级断层擦痕；（d）正断层破碎带及其与地层的接触关系；（e）断层带附近地层牵引变形

（四）古地震特征

黄河断裂为一条活动断裂带，断裂总体在地表的出露比较明显，但是在陶乐等地区受沙丘覆盖的影响，地表出露并不是很清楚。本次研究通过不同位置挖掘探槽和探槽剖面的剖析，获取了该断裂古地震期次信息，并采集相关的年代学样品，通过光释光和 ^{14}C 测年，获取了相关样品的准确时代。光释光样品是在原国土资源部地下水矿泉水及环境监测中心测试实验室分析，^{14}C 年龄样品由美国 BETA 实验室测试。

1. 陶乐段

陶乐段地貌陡坎较明显，但是受风成沙覆盖的影响，并未发现有明显断裂活动的痕迹。本次调查在两个地点分别进行了剖面揭露和探槽挖掘。

在该断裂段中部（HHC19）的剖面揭露发现，断裂带在该处错断了彰恩堡组的橘红色泥岩夹粉砂岩和上覆的砾石层及松散含砾砂层，砾石层中砾石主要为橘红色泥岩，可能与断裂活动有关。该断裂形成了 5～10cm 的裂缝，内部填充了与上盘松散砂层一样的松散砂砾石，而且松散砂层与下伏砾石层产状一致，具有较大的地层倾角[图10-13（a）]，另外顶部被风成沙覆盖，未见错断，表明该断裂错断的最新地层是上部松散砂层。在断裂上盘的砾石层和砂层中分别采集了炭屑样品进行^{14}C测年，其年龄结果分别为15190±10a和330±30a[图10-13（a）]。表明该断裂在15190±10a时期发生过构造活动，且在330±30a之后也有过一次古地震事件。

在断裂北部庙庙湖北侧约1km处（HHC24）挖掘探槽（图10-16）。该探槽深度约6m，长度约20m，走向为285°，探槽共揭露出3次古地震事件，并采集了4个^{14}C样品。探槽揭露出的地层主要为彰恩堡组（N_1z）、第四系（Q），总体可划分为13层，其中与地震活动相关的主要标志层有3层。

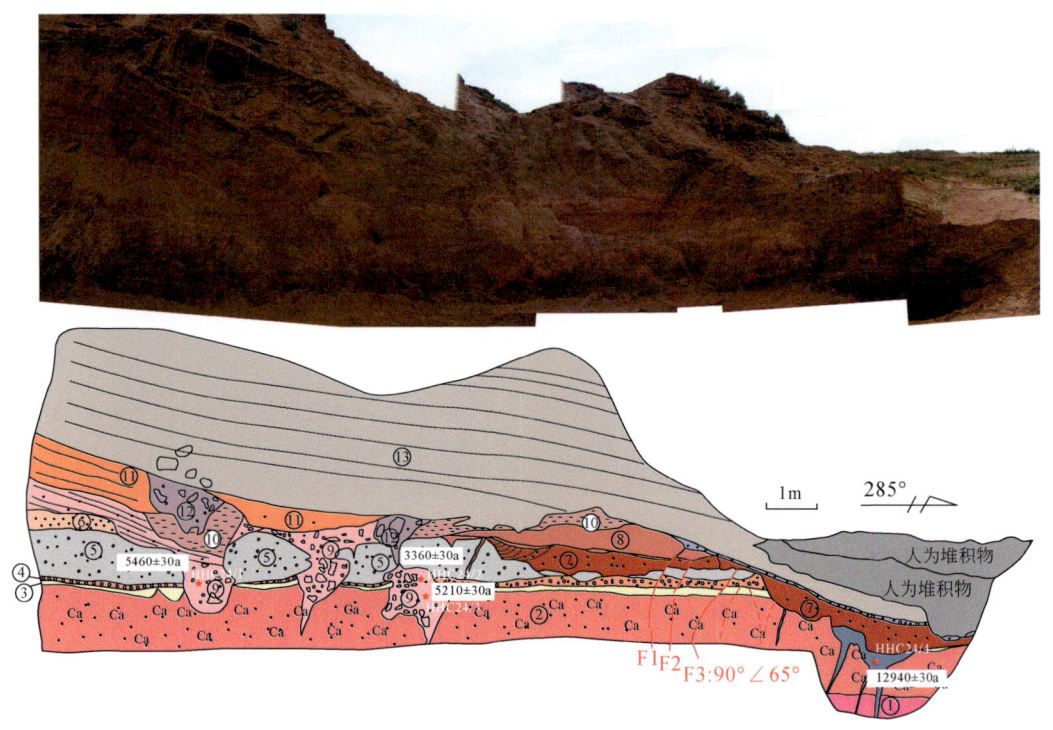

图10-16　黄河断裂陶乐段（HHC24）探槽剖面图

①紫红色泥岩（N_1z）；②肉红色、砖红色含钙质结核粉砂岩（N_1z）；③黄绿色、灰白色砂岩（N_1z）；④砖红色细砾岩，顶部为灰绿色砾岩（N_1z）；⑤灰白色细砾岩（N_1z）；⑥砖红色砂岩（N_1z）；⑦褐红色含砾粗砂层，含斜层理，夹1~2cm厚泥岩层（Q）；⑧砖红色中-细粒砂岩，水平层理（Q）；⑨中-细砾石层，砾石以砖红色泥岩为主（Q）；⑩砖红色粉砂质泥岩；⑪中-细砾石层，砾石为砖红色泥岩；⑫粗砾石、砂组成的楔状体；⑬风成沙

标志层1：第②层中发育的灰色有机质层，呈楔状贯入下部地层中，可能代表较早一期地震活动的地震楔，在其中采集样品测得年龄为12940±30a（图10-16），表明其在12940a之后，黄河断裂发生过活动，造成了地震并形成了地震楔，限定了古地震活动事件的上限时间。

标志层2：第⑨层主要为地震楔，是由于断裂活动引发地震而形成楔状体贯入地层之中，分别在⑨层和有机质中采了 ^{14}C 样品，在地震楔中主要采了炭屑，采样位置如图 10-16 所示。其结果：HHC24-1 为 5460±30a，HHC24-2 为 3360±30a，HHC24-3 为 5210±30a，表明断裂在 5460±30～3360±30a 之间曾经发生过活动，第⑨层的地震楔则为较晚的地震事件 E_3 形成的。

标志层 3：第⑫层为晚于第⑨层地震楔的最新地震楔沉积，在第⑨层中测得年龄最小为 3360±30a，表明黄河断裂在 E_3 事件之后还有一期地震事件（E_4），并形成了第⑫层地震楔。在该断面出露有 3 条倾向东的断裂，其倾向与黄河断裂主断裂相反，可能均为黄河断裂伴生的次级断裂。由于后期人为改造，该探槽并没有揭露出黄河断裂主断裂位置，其主断裂位置应该位于剖面西侧。已经揭露的剖面反映该断裂发育至少三期古地震活动，并伴生有地震楔。

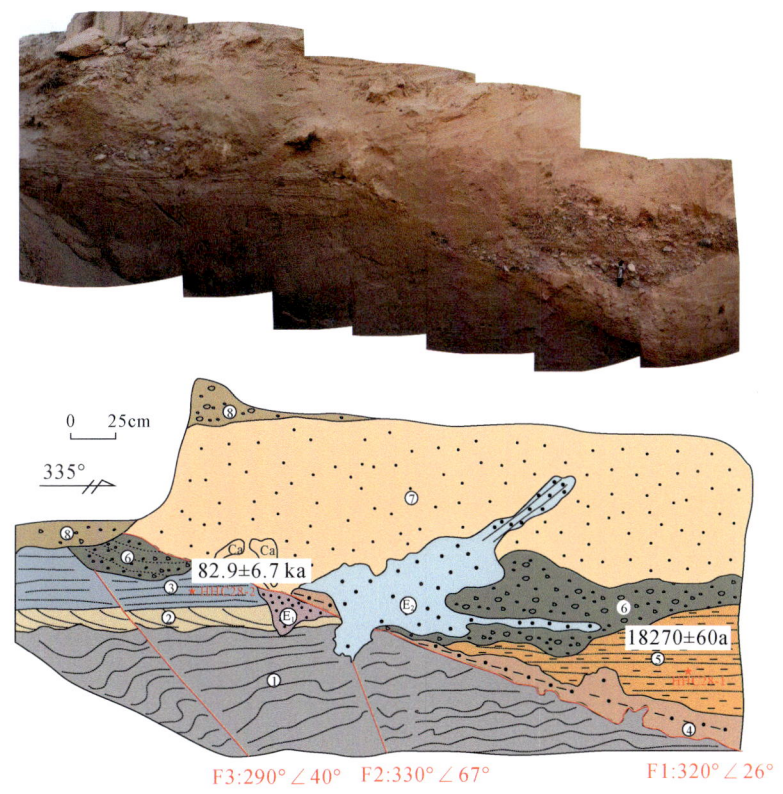

图 10-17　黄河断裂滨河段（HHC28）探槽剖面图

①深灰色中粗砂，有细纹层；②灰色粗砂，有纹理；③灰色中砂，有水平纹层；④灰褐色含泥质砂层，含砾石；⑤黄灰色、黄褐色泥层与粉砂层，夹砂层；⑥灰色砾石层，粒径以小于 2cm 为主，最大为 10cm；⑦黄灰色松散细砂层；⑧表层褐色黏土及砂层。E_1. 早期地震楔，由灰色中粗砂组成；E_2. 晚期地震楔及砂土液化，为中粗砂

2. 滨河段

滨河段的点 HHC13 处，黄河断裂错断了下部彰恩堡组泥岩与上部第四系砂砾石互层，但是未错断顶部覆盖的砾石层，在顶部砾石层中采了样品 [图 10-14（c）]，其结果

为 9280±40a，表明在 9280±40a 之前发生过一期古地震事件（E_2），在点 HHC01 断层面顶部地层中采集了蜗牛样品 [图 10-14（e）]，其年龄结果为 4530±30a，断裂未错断顶部地层，表明断裂在 4530±30a 之前发生过一期古地震事件（E_2）。

在 HHC03 点处可以观察到 5 个断层面，在剖面出露位置采集了 5 个光释光样品（图 10-17），断层上盘地层中的年龄为 111.3±6.5ka、98.0±4.3ka、69.2±3.6ka，表明在 69.2±3.6ka 之后断裂发生过活动，其顶部被砂砾石层与泥层覆盖，其中样品年龄为 4.3±0.2ka、1.4±0.1ka，表明该段断裂带在 4.3±0.2ka 之后未发生过活动。

在 38°21′54.0″N，106°27′5.32″E，H 为 1119m，明长城南侧 100m 处挖掘探槽（HHC28）。探槽深度约 1m，宽度 2m，长度约 2.5m，走向为 335°，探槽揭露了 2 次古地震事件，并在探槽中共采集两个光释光样品，一个 ^{14}C 样品。探槽揭露出的地层主要为彰恩堡组（N_1z）、第四系（Q），总体可划分为 10 层，其中与地震活动相关的主要标志层有 4 层。

标志层 1：第③层主要为灰色中砂，含有水平纹层，该标志层被断裂 F3 错断，代表在沉积了①②③层后，发生了一期断裂活动将三套地层全部错断（图 10-17）。在第③层中采了光释光样品，测试年龄结果为 829±6.7ka。表明 F3 在 82.9±6.7ka～18270±60a 之间发生过活动，为探槽中最早一期的地震事件，其累积位移量约为 1.13m，故其滑动速率约为 0.02 mm/a。

标志层 2：第⑥层主要为灰色砾石层（图 10-17），粒径以小于 2cm 为主，最大粒径为 10 cm，砾石成分以石英岩、石英砂岩为主，砾石磨圆较好，无分选。从图中可以看出，该岩层为 F1 错断的主要标志层位，位移量为 1m，F1 为黄河断裂的主断裂，表明在岩层⑥沉积之后，黄河断裂又经历了一期构造活动将第⑥层错断，在岩层⑤中采集了 ^{14}C 样品，年龄结果为 18270±60a，表明该断裂在 18270±60a 之后及其之前均发生过古地震事件（E_1，E_2）。

标志层 3：E_1 层为早期的地震楔，主要为灰色中粗砂，呈楔状，其代表了较老的古地震事件形成的地震楔（图 10-18）。

标志层 4：E_2 层为晚期的地震楔，主要岩性由中粗砂及其砂土液化组成，该地震楔覆盖于①～⑦层之上，代表了在第⑦层沉积之后的一期地震事件形成的地震楔（图 10-18）。

（五）构造变形序列与转换机制

早期对地层褶皱、活动断裂、地震形变、震源机制解和地形形变测量资料的研究表明，新近纪末以来，宁夏地区的构造应力状态并没有大的变化，其中北部银川盆地区总体处于 NNW-SSE 到 NW-SE 方向的水平拉张构造应力状态（周特先等，1985）。而沉积-构造历史分析表明，银川盆地构造应力场转换主要发生于中新世或上新世，其转换的构造背景与古太平洋板块向亚洲大陆俯冲、西太平洋边缘海盆地的近南北向扩张、青藏高原的快速隆升和向东构造挤出等多方面因素对该地区的影响相关（邓起东和尤惠川，1985；邓起东等，1999；张培震等，2003）。尤其是中新世以来，银川盆地区构造应力场演化与青藏高原隆升的关系更加紧密，而与太平洋板块向西运动的关系并不明显（赵知军等，2001；施

第十章 活动断层调查

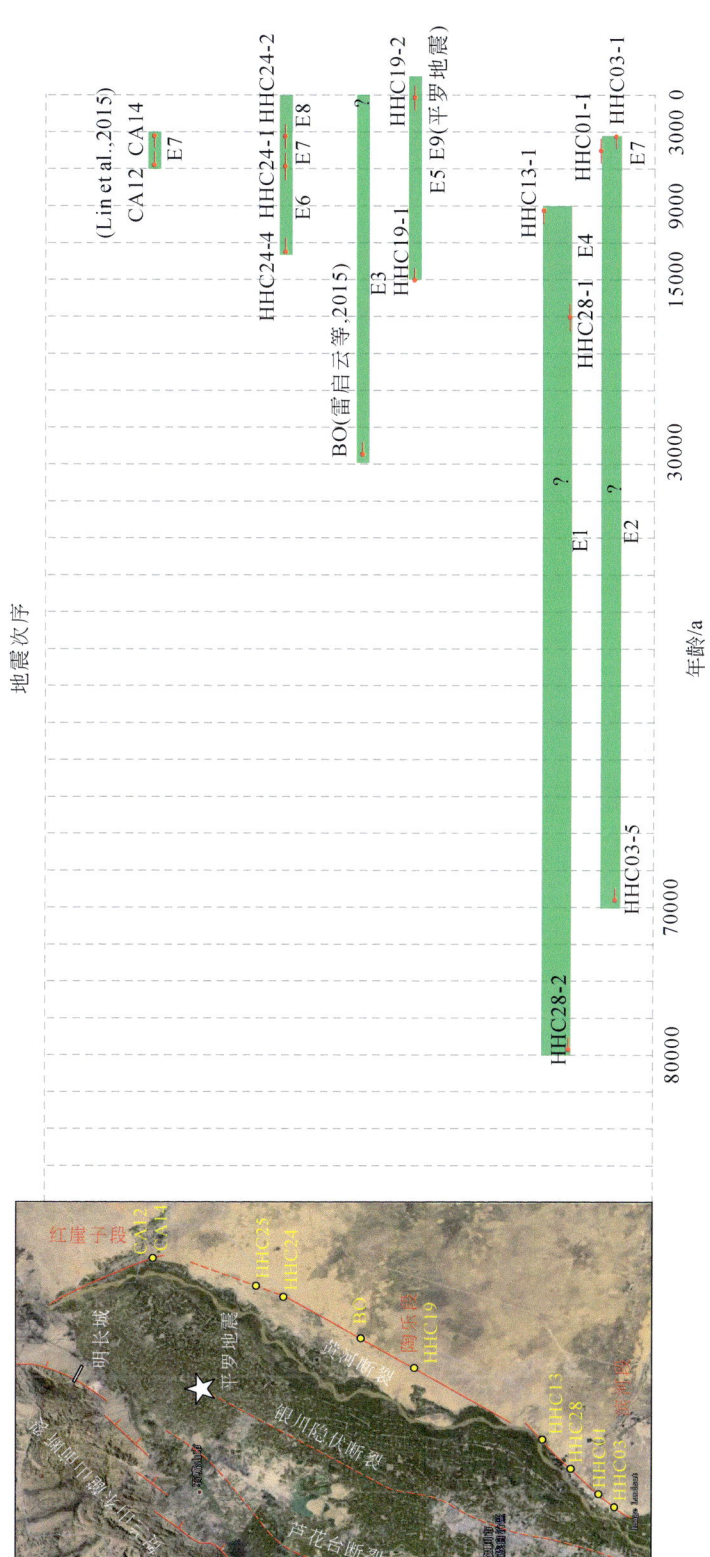

图10-18 黄河断裂古地震次序图

炜等，2013；Chen et al., 2015)。

第四纪以来，受青藏高原东北缘边缘扩展的影响，银川盆地区总体处于 NE-SW 构造应力场环境，该地区断裂活动以逆断层为主（谢富仁等，2000；Chen et al., 2015)，后期仍然经历了构造应力场转换，最新一期构造应力场转换发生在中晚更新世（张岳桥等，2006），但是对于转换的时限和方式有不同的认识。有学者认为主应力方位转变为 NEE-SWW 向，其转变时代为中更新世（谢富仁等，2000）；也有学者认为在中更新世时期，银川盆地的构造应力场转变为 NW-SE 向（李吉均等，1996）；而在晚更新世晚期以来，其应力场则转变为 NE-SW 向挤压，黄河断裂则转变为具有右行走滑特征的正断层（黄兴富等，2013），也有研究显示是以左行走滑为主（崔瑾，2014）。

本次调查通过构造变形特征研究发现，黄河断裂经历了早期逆冲变形与晚期正断层的叠加。早期逆冲变形以倾向东的逆断层为特征，错断了彰恩堡组、干河沟组和晚更新世地层，表明其形成时代为晚更新世以来。晚期正断层变形错断了早期逆冲断层面，以及最新的全新世地层，表明断层的形成时代为全新世。断层擦痕反演的应力场特征显示，早期逆冲变形的构造应力场为 NW-SE 向挤压，这与昆-黄运动的时间一致（李吉均等，1996）；而晚期正断层则处于近东西向伸展的构造环境，这与 GPS 资料分析得出的晚期应力场方向一致（刘雷等，2017）。在黄河断裂滨河段可见大量全新世冲洪积物覆盖于正断层之上，未被错断，表明该位置正断层开始活动的时间至少在全新世初 [图 10-13（a），图 10-14（a）～（d），图 10-15（a）（d）]。而在滨河段出露的逆冲断层发育于中-晚更新世地层中，从而表明黄河断裂由挤压逆冲变形转变为伸展的时间应该是晚更新世末，这与前人研究获得的区域应力场转换特征一致（李吉均等，1996；张岳桥等，2006；黄兴富等，2013）。这可能是因为在晚更新世时期，太平洋板块俯冲作用减弱，而印度板块向北的挤压占据主导，导致应力场方向转变为以 NE-SW 向挤压为主。

（六）古地震序列

关于黄河断裂的活动性，前人通过人工浅层地震勘探及钻孔联合剖面调查分析，将该断裂可总体划分为南北两段，断裂北段在晚更新世末期或全新世有过活动，在 28.16 ± 0.12ka 之后有过一次古地震事件（E_1），其累积位移为 0.96m，平均滑动速率为 0.04mm/a（雷启云等，2014）。在红崖子段采集 ^{14}C 样品限定的一期古地震事件（E_3）是在 $6230\pm30\sim2650\pm30$a 之间（Lin et al, 2015）。

本次调查在前人研究的基础上，结合探槽挖掘等手段，共发现了 5 次古地震事件，并依据前人古地震次序图的绘制方法（张培震等，2003），绘制了古地震次序图（图 10-18），各次古地震事件的时间信息如下：

事件 E_1 由钻孔联合剖面和 HHC28 探槽所限定，钻孔联合剖面揭示出了该次古地震事件的下限时代，年龄为 28160 ± 200a（雷启云等，2015）。通过探槽的挖掘发现断裂错断了③层并被⑥层覆盖，在断裂处⑤层被剥蚀，但是在断裂上盘有⑤层的沉积且年龄为 18270 ± 60a，所以在 18270 ± 60a 之前有过一次古地震事件，限定了该次地震事件的上限时代。事件 E_1 可以限定在 $18270\pm60 \sim 28160\pm200$a（图 10-18）。

事件 E_2 由两个探槽及两个野外揭露的剖面限定，其中探槽 HHC24 将事件限定在 $5460\pm30 \sim 12940\pm30$a，探槽 HHC28 揭露了事件的下限时代为 18270 ± 60a，HHC19 的野外剖面也揭露了该事件的下限时代为 15190 ± 40a，HHC13 的野外剖面揭露了该次事件的上限时代为 9280 ± 40a，点 HHC01 处揭露的剖面限定了该次事件的上限时代为 4530 ± 30a，点 HHC03 处的剖面也限定了该次事件的上限时代为 4300 ± 200a。事件 E_2 可以限定在 $9280\pm40 \sim 12940\pm30$a（图 10-18）。

事件 E_3 由一个探槽、两个野外揭露的剖面以及 Lin 等（2015）研究的剖面限定，在红崖子段挖掘的探槽将该次事件限定在 $2650\pm30 \sim 6230\pm30$a（Lin et al., 2015），在探槽 HHC24 中将该次事件限定在 $3360\pm30 \sim 5460\pm30$a。因此，事件 E_3 可以限定在 $3360\pm30 \sim 5460\pm30$a（图 10-18）。

事件 E_4 由一个探槽和一个剖面限定，探槽 HHC24 中地震楔⑨之上存在一个较年轻的地震楔，表明在其之后仍有一期地震事件，故限定了该次事件的下限时代为 3360 ± 30a，在 HHC19 剖面处可以明显观察到风成沙之前至少存在一期古地震事件。事件 E_4 可以限定在 $330\pm30 \sim 3360\pm30$a（图 10-18）。

事件 E_5 由一个野外揭露的剖面限定，HHC19 处顶部风成沙已发生变形，可能是一期古地震事件造成的，其地层时代为 330 ± 30a，限定了该次古地震时间的下限，但是未找到该事件上限时代。事件 E_5 可以限定在 $0 \sim 330\pm30$a（图 10-18）。

通过古地震序列图可以发现自 30000a 以来，构造活动主要集中在陶乐段。其中古地震事件 E_3 可能是 $3360\pm30 \sim 5460\pm30$a 期间发生的一次沿黄河断裂的大规模古地震活动，该地震在陶乐段（HHC24）及红崖子段均有古地震活动的表现（Lin et al., 2015），其发生的时间基本吻合（图 10-18）。对于发生在 330 ± 30a 之后的古地震事件 E_5，美国 BETA 实验室提供的地层可信年份为公元 $1477 \sim 1642$ 年。

通过对各个探槽及剖面的讨论与分析，将其古地震活动时间综合整理后发现（图 10-18），自 15000a 之后，黄河断裂的活动周期基本维持在 3000a 左右，在全新世之后，黄河断裂的构造活动仍很明显，而且主要集中在陶乐段，其最新一期古地震事件发生在 330 ± 30a 之后，与 1739 年平罗 8 级地震的时间非常吻合。本次调查通过古地震序列可以看出，在 15000a 之后的古地震事件 E_2 发生的时间 $9280\pm40 \sim 12940\pm30$a，$E_3$ 可能发生在 $3360\pm30 \sim 5460\pm30$a，E_4 发生在 $330\pm30 \sim 3360\pm30$a，E_5 发生在 $0 \sim 330\pm30$a，故黄河断裂的古地震周期约为 3000a。前人在红崖子和陶乐段确认的古地震活动可能代表了早期地震活动（雷启云等，2014；Lin et al., 2015）。其滨河段在 4000a 之后明显没有断层活动，超过了古地震活动的周期，而且目前灵武段有记录的 5 级以上地震已经发生了 8 次，表明黄河断裂南段可能是未来地震活动的危险地段。

(七)黄河断裂分段性

对黄河断裂不同构造位置地貌特征的研究显示,该断裂在地貌上可以划分为红崖子段、陶乐段、滨河段和灵武段四段。

而对构造变形的分析表明,在主要研究的陶乐段和滨河段均发现早期的逆冲变形,由于断裂走向与应力场方向的关系,在红崖子段和灵武段未发现具有逆冲变形的特征,仅观察到正断层的变形特征,且灵武段伴随有左行走滑的特征。在晚更新世末,由于构造应力场的转变,黄河断裂整体均表现为正断层的性质。

另外对古地震活动性的分析表明,活动周期与活动速率差异明显。通过探槽挖掘等手段得到红崖子段的滑移速率为2～3mm/a,该段的古地震活动周期为1500a(Lin et al.,2015);依据雷启云等(2014)钻孔联合剖面可得到陶乐段黄河断裂的滑移速率为0.04mm/a(雷启云等,2014),通过古地震次序图可以看出本段断裂的活动周期约为3000a;本次调查通过滨河段的探槽挖掘得到该段断裂的滑移速率为0.02mm/a,断裂的活动周期为3000a;灵武段晚第四纪以来发生过多次古地震事件,同震位移量最大可达2.4m,断裂平均滑移速率为0.24mm/a,该段的活动周期不均一,在13000a前,断裂的活动周期为7000a,在13000～6000a期间,断裂的活动周期为2500a,6000a之后,断裂复发周期为4600a(柴炽章等,2001)。

所以黄河断裂在晚更新世以前均经历了逆冲变形过程,而在晚更新世—全新世阶段的活动性差异明显,依据断裂的几何学、地貌特征、运动学及地震活动性(邓起东等,2004),总体可以划分为红崖子段、陶乐段、滨河段和灵武段四段。

(八)结论

黄河断裂可以划分为红崖子段、陶乐段、滨河段和灵武段四段;黄河断裂第四纪以来经历了由东向西逆冲变形向西倾正断层的转换,构造应力场由NW-SE向挤压转变为近EW向伸展,转换时间可能为晚更新世末;黄河断裂在晚更新世末—全新世期间至少经历了5次古地震事件,其地震活动间隔约为3000a。其中,滨河段的最新活动是在4000a以前,而陶乐段的最新活动是在330±30a以后。

第二节 隐伏断裂调查

一、红寺堡盆地

红寺堡盆地地处青藏高原东北缘弧形构造带最前缘,夹持于烟筒山断裂带与大罗山-牛首山断裂带之间,为一晚更新世发育的山间盆地。盆地主体部分地貌比较平坦,受人为改造影响较大，地表未见明显活动构造痕迹[图10-19（a）（b）]。但同时该地区是中国西部最大的移民开发区所在地，人口相对比较密集，盆地稳定性评价至关重要。因此，本次针对盆地隐伏断裂的调查是红寺堡幅、新庄集幅填图的主要任务，以问题和需求为导向采用了重力资料重处理解译、AMT剖面施工解译及浅层地震勘探三方面的工作，基本上查明了红寺堡盆地隐伏构造特征，并结合地表沙漠化的分布特征，说明该隐伏构造的蠕动活动性是控制地表沙漠化分布的主要原因。

（一）重力资料重处理解译

本次研究对宁夏1∶5万红寺堡、新庄集标准图幅所在范围的1∶20万重力资料进行了重新处理，为了保证造山带与盆地构造之间的完整性和对比性，向东西分别扩展到了大罗山、烟筒山主体范围。处理过程将收集到的宁夏全区1∶20万重力数据重新进行了各项改正，并采用多尺度滑动窗口回归分析法消除地形相关假异常，获得了新的1∶20万布格重力异常图。局部重力异常的提取采用圆周法进行，即以计算点O为圆心，以r为半径所画的圆周上等间距取数的平均值作为该点的区域异常值，然后用观测值减去区域异常

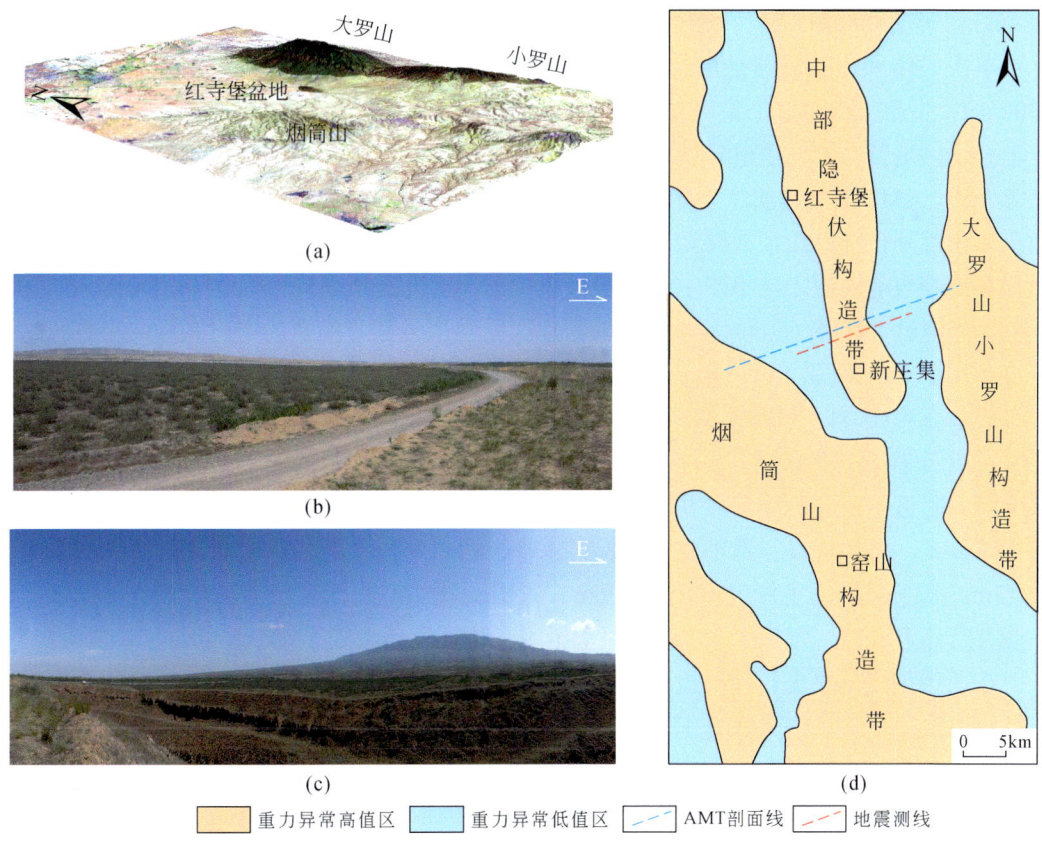

图 10-19 红寺堡盆地构造格局分布图

（a）红寺堡盆地三维立体图；（b）烟筒山及山前地貌；（c）大罗山及山前地貌；（d）红寺堡盆地构造分区图

值得到该点的局部异常值。通过试验并与已知局部构造相互对比后,最佳窗口半径确定为 21km。经场分离后,获得剩余重力异常(局部重力异常),并对其进行编录及定性解释。相比而言,剩余重力异常比布格重力异常的特征更为明显地反映红寺堡盆地的深部构造。从剩余重力异常图来看,研究区剩余重力异常以低重力异常为主,异常较宽缓,其中红寺堡、窑山和罗山为相对重力高,形态为长轴状,展布方向为近南北向或北西向;以新庄集往北西和北东方向为相对重力低,异常形态较宽缓,呈长轴状。根据剩余重力异常解译结果,我们可以看出,窑山一线的重力异常高在地表主要对应烟筒山断裂带,大罗山重力异常高,在地表主要对应大罗山断裂带,而在红寺堡盆地也存在一与烟筒山、大罗山断裂带近于平行的重力异常高,这一重力异常高说明红寺堡盆地之下可能存在一个隐伏的古隆起[图 10-19(c)]。

(二)音频大地电测深剖面

为了进一步查明红寺堡盆地中部的重力异常带是否为隐伏古隆起,本次调查进一步部署了音频大地电磁测深(AMT)剖面施工。剖面线贯彻烟筒山东缘扇体和大罗山造山带西缘扇体,横跨红寺堡盆地中部的重力异常高,剖面线位置见图 10-19(c)。AMT 剖面约 30km,点距 500m,设计 60 个点。

本次工作采用的仪器是加拿大凤凰公司生产的新一代网络化多功能电法系统 System 2000.net,俗称 V8。V8 汇集高精度 GPS、无线网络、远程控制、移动存储等当代最新科技于一身,是目前世界上电磁系统的顶级产品之一。该系统广泛用于石油、地矿、工程勘探等领域。AMT 法观测质量与测点所处环境关系很大,为了获得高质量的野外观测资料,测点尽量避开狭窄的山顶或深沟底,尽量选开阔的平地布极,至少在两对电极的范围内地面相对高差与电极距之比小于 10%,布极应尽可能避开近地表局部电性不均匀体,所选测点应远离电磁干扰源。方位 X 轴与 Y 轴的选取原则上分别与构造的走向和倾向平行,这样可直接测量 TE 极化波和 TM 极化波,若地质构造走向未知,则常取正北或测线方向为 X 轴,正东或垂直测线方向为 Y 轴,本次测线布置基本垂直于构造走向。野外电极布置一般采用"十"字形布极方式,此种方式能较好地克服表层电流场不均匀的影响,若仪器安置在"十"字交汇点附近,还有助于消除共模干扰。特殊情况下,因地形等原因,也可采用 T 形或 L 形布极方式。磁棒埋设:水平磁棒应保持水平,两水平分量的磁棒应相互垂直,间距不小于 12m。水平磁棒入土深度不小于 30cm,应用土埋实。磁棒至仪器的信号线不能悬空,不能并行靠近放置,每隔 3~5m 需用土压实,防止晃动造成干扰。

按照相关规范要求,项目组于 2017 年 5 月 22 日根据收集到的工区附近控制点坐标资料,对本次工作中所使用的手持 GPS 进行参数校正,满足了设计书中对测点位置的精度要求。2017 年 5 月 23 日在工区附近,根据规范要求对本项目所需设备全部进行标定,V8 电法仪电道标定时间约 15min,磁道标定时间约 50min,所有设备的标定在野外施工之前全部完成。标定过程全部在工区附近无干扰的区域内进行。标定结果响应曲线正常,符合相关规范要求,测量设备性能稳定,可以投入野外作业。野外施工结束后,每日对相应的原始手工记录、野外班报和原始数据进行整理、归类。通过专业的电法软件将每个测点观测到的两组正交的电场分量（E_x、E_y）和磁场分量（H_x、H_y）的时间序列通过傅里叶变换转换成频率域信号，并导入 MT-Editer 软件进行数据编辑。本次 AMT 工作测量总物理点数为 60 个，质量检查点数 3 个，占总工作量的 5%，同一极化模式的视电阻率和相位的均方相对误差不大于 7%，满足规程要求。

音频大地电磁测深（AMT）剖面主要由三部分电阻率高值部分组成，西侧高值部分在地表对应于烟筒山断裂，东部高值部分在地表对应于大罗山断裂带，那么在红寺堡盆地中存在的电阻率高值部分就为隐伏古隆起。另外，在 AMT 剖面中可以明确地看出，重力高部分对应的电阻率值较高，且异常特征属于隆起形态，推断认为是推覆作用导致的老地层隆起引起的重力高和高电阻率值（图 10-20）。

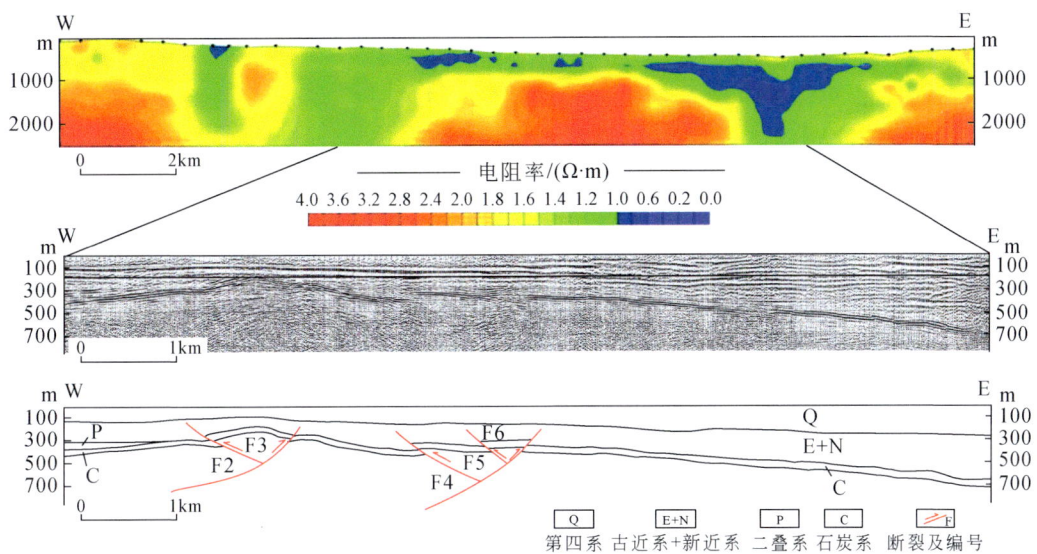

图 10-20　红寺堡盆地音频大地电磁测深（AMT）和浅层地震剖面

（三）中浅层地震勘探

为了进一步查明隐伏古隆起的控制因素，本次调查沿着 AMT 剖面的方向部署了一条浅层二维地震剖面，剖面线主要横跨重力异常带东西，主要揭示重力异常的内部结构及地质主控因素 [图 10-19（c）]。为了揭示隆起的深部特征以及近地表特征，本次施工分别采用中层和浅层两种施工方法。

0～100m：点实验激发工具采用人工重锤激发，道距 2m，接收道数 200 道。接收仪器采用 428XL 数字地震仪，采样间隔 0.25ms，记录长度 3s。检波器主频 60Hz，2 并 2 串，挖去浮土堆放。以重锤（100kg）下落距离 1m、1.2m、1.5m、1.8m 分别进行激发，选取较好的记录，作为浅层地震施工的参数。通过对比发现，1.5m 及以上重锤下落高度记录，能量强，背景干扰少，能产生较好的反射波，0～200ms 的反射波组清晰连续。点试验工作结束后，对点试验记录分析研究对比，确定采用 100kg 重锤 1.5m 下落激发，采样间隔

0.25s，200 道接收，进行施工。

100～2000m：施工采用可控震源进行激发。用大吨位可控震源对研究区进行了充分的试验。激发工具采用可控震源激发，道距 20m，接收道数 180 道。接收仪器采用 428XL 数字地震仪，采样间隔 0.5ms，记录长度 3s。检波器主频 60Hz，2 并 2 串。可控震源供选择的参数有震动台次、扫描方式、扫描频率、扫描长度等。可控震源的扫描方式有线性扫描、非线性扫描及变频扫描，为提高分辨率，增强高频成分能量，本次试验将非线性扫描和线性扫描进行对比。线性扫描是扫描时各频率的扫描时间相等，即可控震源的震动能量均匀分布于扫描频率段；而非线性扫描是通过选择具有特定形态的频谱的非线性扫描信号，对特定频带实行频谱补偿，实现能量再分配，加强高频段能量，从而达到提高分辨率的目的。非线性扫描的试验内容包括扫频、扫描次数、扫描长度、陡度、斜坡、震动次数及台数等，而线性扫描仅对扫频、扫描长度和斜坡进行试验即可。中层地震采用可控震源激发，采样间隔 0.5s，200～300 道接收。

中层地震剖面和浅层地震剖面分别采集后，采用统一参数进行了拼接处理，从而形成了中浅层统一的地震剖面，用以地质解释（图 10-20）。从浅层地震剖面上可以明显地看出隐伏古隆起主要受控于两条向东逆冲、向西倾覆的隐伏断裂。这两条断裂上断点并没有切穿第四系底界，但却控制了隐伏古隆起的形态。同时，这两条断裂与烟筒山的主体断裂性质基本一致，应该是同期发育在盆地的隐伏断裂。

（四）隐伏古隆起形成机制

关于红寺堡盆地隐伏古隆起形成机制，本次调查采用了盆山一体化解释方案，从相邻烟筒山构造带入手，通过针对烟筒山构造带的详细解译，建立烟筒山构造带与红寺堡盆地统一的构造演化背景。

烟筒山断裂在测区内主要可以划分为五段，分别命名为 F11、F12、F13、F14、F15（图 10-21）。

F11 段：断裂走向 NNW-SSE，倾向 SW，正断兼右行走滑，断层倾角较陡，为 65°～70°，断层上升盘地层为白垩系，下降盘地层为新近系彰恩堡组，断层平面延伸长度为 4.5km。

F12 段：与 F11 段近于平行，断裂走向 NNW-SSE，倾向 SW，正断兼右行走滑，断层倾角较陡，为 60°～65°，断层上升盘地层为白垩系，下降盘地层为新近系彰恩堡组，断层平面延伸长度为 3.5km。

F13 段：与 F12 段近于平行，断裂走向 NNW-SSE，倾向 SW，正断兼右行走滑，断层倾角较陡，为 70°～75°，断层上升盘地层为白垩系，下降盘地层为新近系彰恩堡组，断层平面延伸长度为 4.5km。

F14 段：断裂走向 NNW-SSE，倾向 SW，正断兼右行走滑，断层倾角较陡，为 60°～65°，断层上升盘地层为石炭系含煤地层，下降盘地层为古近系寺口子组、清水营组，断层平面延伸长度为 4.5km。

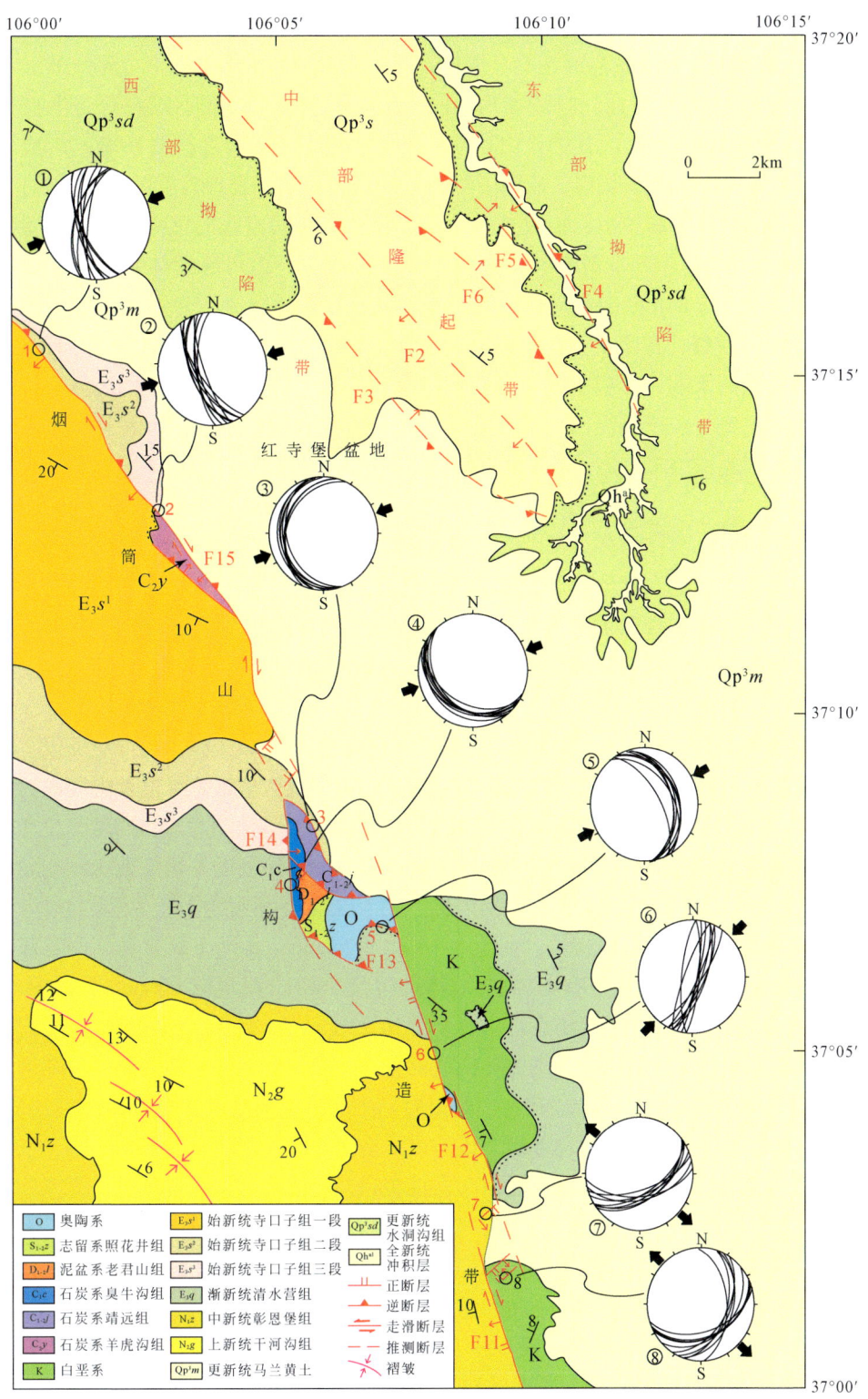

图 10-21 青藏高原东北缘烟筒山 – 红寺堡盆地构造纲要图

F15 段：断裂走向 NW-SE，倾向 SW，以逆冲推覆为主，兼右行走滑。断层倾角为 40°～45°，局部可见石炭系逆冲在马兰黄土之上。断层平面延伸长度可达到 10km。

烟筒山断裂的 F11、F12、F13、F14、F15 五段在平面上组成了以右行走滑拉分为主的马尾状构造（图 10-21）。其中，F11 与 F12 段之间构成了局部拉张环境，形成了一系列以 NE-SW 走向为主的正断层，控制了第四系的沉积，局部表现为巨厚的马兰黄土沉积。F12 与 F13 局部错开距离较短，仅仅达几十米，但二者之间出露的奥陶系灰岩，主要受控于 NWW-SEE 走向的逆冲推覆断裂，两条近于平行的右行走滑断裂体系在局部形成了挤压构造体系。F13 与 F14 断裂在局部主要形成了一挤压构造体系，进而发育了一系列近于平行的逆冲推覆断裂，在露头上可以明确地看到石炭系逆冲在寺口子组之上。F15 段主要位于马尾状构造的末端，形成了一系列向西倾覆、向东逆冲的逆冲推覆构造体系。红寺堡盆地主体构造主要受控于烟筒山构造带的 F15 段，因此在盆地里主要表现为向西倾斜、向东逆冲的一系列逆冲推覆构造，在其前锋段形成了隐伏古隆起。

（五）隐伏古隆起与沙漠化

红寺堡盆地位于毛乌素沙漠的西部边缘，区域沙漠化严重，直接制约着当地的经济发展。通过本次调查基本查明了沙漠化的物质基础及主要驱动机制，分析认为萨拉乌苏组三段广泛分布的湖相砂是区域沙漠化的物质基础，隐伏古隆起的蠕动性、活动性可能是造成沙漠化有规律分布的主要原因。

红寺堡盆地主体沉积区第四纪地层序列自下而上包括上更新统萨拉乌苏组一段、萨拉乌苏组二段、萨拉乌苏组三段以及水洞沟组。盆地边缘大罗山构造带西缘以及烟筒山构造带东缘主要沉积一套上更新统马兰黄土。在上述五套地层中，抗风化能力最弱的是萨拉乌苏组三段灰白色厚层块状疏松粉砂。这套疏松粉砂主要是一套湖退序列的三角洲前缘湖相砂，分选较好，砂质较纯，沉积后并未成岩，容易风化。关于这套湖相砂的形成，主要与红寺堡盆地晚更新世的湖盆充填过程密切相关。在距今 14 万～7 万年，相当于萨拉乌苏湖发育时期，红寺堡盆地广泛发育湖相黏土沉积，湖盆总体走向 NW-SE，呈现向北西开口、向南东收缩的趋势，湖盆沉积中心位于烟筒山东缘一线 [图 10-22（a）]。在距今 7 万～5 万年，由于古构造与古气候双重作用，萨拉乌苏湖整体向北西方向退出了红寺堡盆地，萨拉乌苏组三段湖相砂形成 [图 10-22（b）]。该阶段在古气候上相当于深海氧同位素曲线的 MIS4 段，属于极冷冰期，气候寒冷。同时，萨拉乌苏组三段与水洞沟组之间呈现明显的沉积间断，水洞沟组沉积主要叠加在萨拉乌苏组三段沉积后由于古地貌抬升形成的古地貌背景上。萨拉乌苏组三段的顶部年龄约 4.0 万年，而水洞沟组的底部年龄约 3.5 万年，区域上正好缺失了该阶段的沉积地层。萨拉乌苏组三段湖退序列的底部和顶部年龄分别为 7 万年和 5 万年左右，也就是说 7 万年左右可能孕育着该期构造运动的起始时限，5 万年左右该期构造运动达到了高峰期，红寺堡盆地现今古地貌格局基本形成。3.5 万～1.1 万年，区域上相当于末次冰期的一次间冰期，在深海大洋氧同位素曲线上相当于 MIS3 段，气候温暖湿润，与区域古气候背景相适应，红寺堡盆地发生了新一期湖侵事件，区域水洞沟湖形成，该期古大湖的发育规模远远小于早

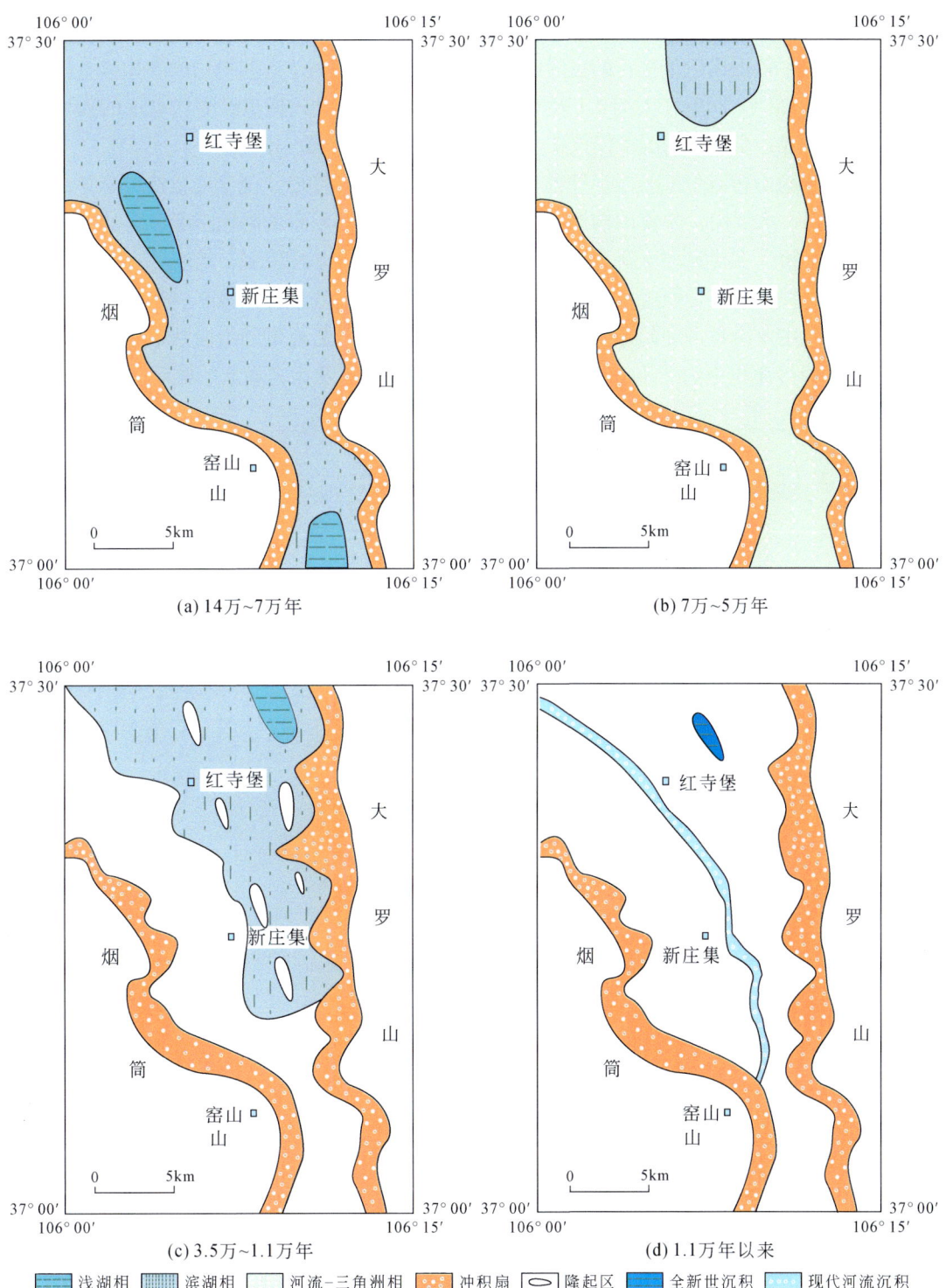

图 10-22 红寺堡盆地晚更新世岩相古地理演化图

期的萨拉乌苏湖，湖侵方向自北西向南东，湖侵前缘刚刚越过现今的红柳沟，沉积中心位于盆地北部。由于该期的湖侵规模较小，在广泛的红寺堡盆地 5 万年左右形成的与烟筒山构造带、大罗山－牛首山构造带平行的古隆起并没有接受沉积，萨拉乌苏组三段湖相砂直接裸露于地表[图 10-22（c）]。在大约 1.1 万年，由于区域整体抬升，横贯红寺堡盆地的大型沟谷体系红柳沟形成，全新世的沉积仅仅在盆地局部发育[图 10-22（d）]。

主体受烟筒山构造带 F15 段逆冲推覆构造控制的红寺堡盆地，现今构造格局总体走向与烟筒山构造带、大罗山－牛首山构造带基本一致。盆地中部发育的隐伏古隆起，从地震剖面解译结果来分析，主要定型于新近纪末期，但第四纪以来活动性较弱，地表并未见到明显的与活动构造相关的痕迹。但这并不能说明该隐伏古隆起完全处于静止状态。目前红寺堡盆地的区域沙漠化主要沿着古隆起分布，沙丘的主体走向和隐伏断裂带的走向基本一致，同时在古隆起的边缘沙漠化更为严重（图 10-23）。这可能说明该隐伏古隆起的蠕动性活动是引起

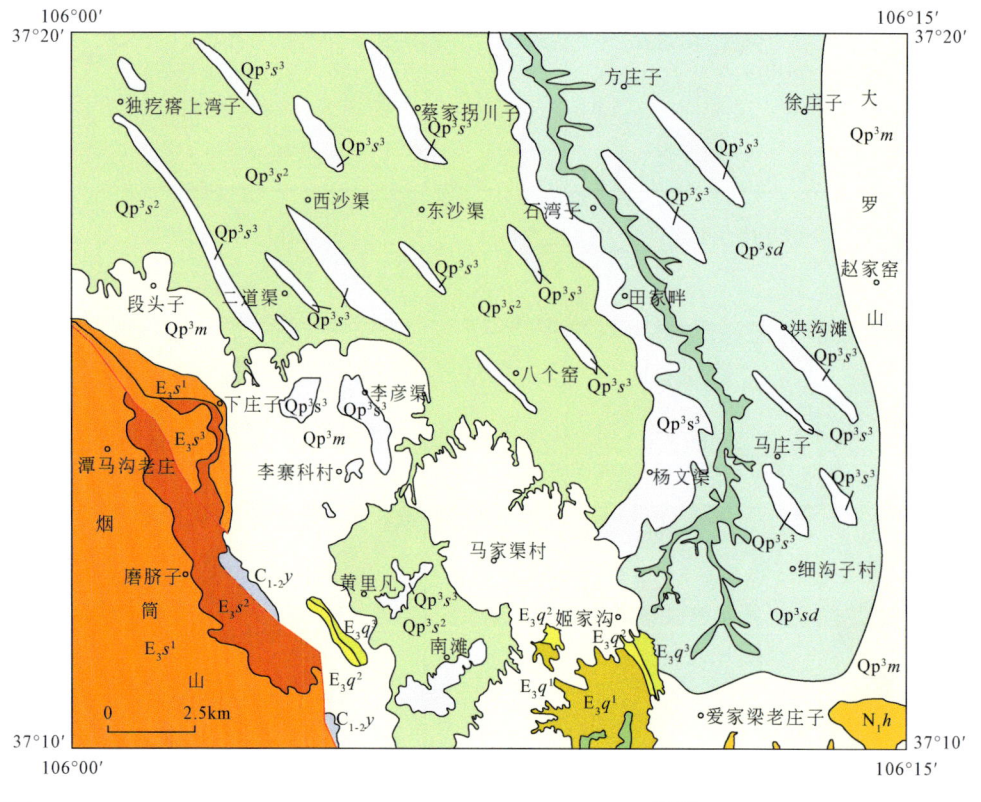

图 10-23 新庄集幅区域地质简图

红寺堡盆地沙漠化的主要驱动机制，萨拉乌苏组三段仅仅为沙漠化提供了物质基础。

二、清水河盆地

清水河盆地夹持于青藏高原东北缘弧形构造带香山－天景山断裂带与烟筒山断裂带之间，清水河断裂是盆地的一条重要的隐伏断裂。清水河断裂展布于长山头东北麓坡角下及清水河一线，走向330°，航片上线性影像清晰，在SPOT5上，断层的东盘色调呈褐色，西盘色调呈绿色；东盘的纹理组构整体性差，深浅交织，无一定方向，纹形结构分散，西盘纹理呈规则的条带状。在长山头东北麓一带造成不同地貌类型的截然分界，断层南西侧为长山头山体，北东侧为洪积扇、丘陵及清水河河谷，两盘相对高差100m左右。向南至同心县城东侧进入测区，在测区内呈隐伏状，地貌上为丘陵和清水河盆地界线，线性特征不是特别明显。但是在王团镇东侧无名冲沟内发现有断层的发育和古地震活动的迹象，这些现象指示清水河断裂是一条活动断裂。断裂在胡麻旗一带出测区，向南延伸至固原市东交汇于窑山断裂。断裂总长大于200km，在测区延伸约20km。由于断裂在测区内基本全部处于隐伏状态，根据槽探和物探工作获得的资料来看，清水河断裂目前处于强烈的伸展阶段，加上前人在测区北部发现的逆冲构造，基本可以确定清水河断裂主要经历了两期构造发展，即先期的逆冲和晚期的伸展。

（一）逆冲推覆构造

逆冲推覆现象仅在邻区长山头一带有较好的露头，断层切割了香山群徐家圈组，破碎带宽约50m，带内断层泥、断层角砾岩发育，近断层处地层产状紊乱，北东盘岩层揉皱发育。由于切割地层较老，所以不能判断逆冲推覆的时间，但是综合区域对比认为，清水河断裂的逆冲时间与青藏高原东北缘断裂的整体逆冲时间基本一致，大致处于新近纪末期（图10-24）。

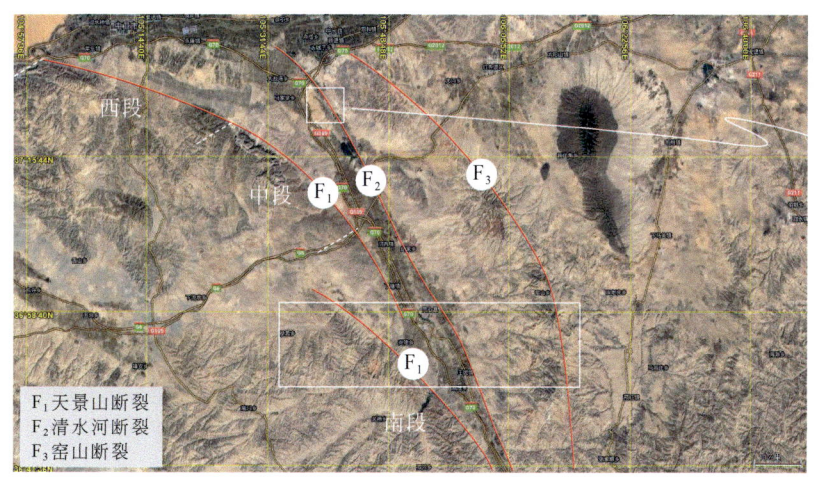
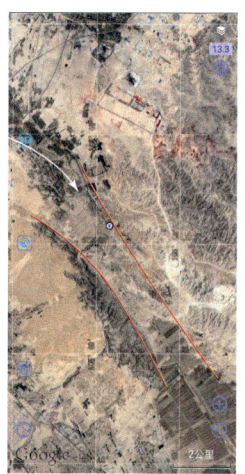

(a)　　　　　　　　　　　　　　　　(b)

图 10-24 清水河断裂逆冲推覆构造特征

根据地震剖面与路线地质调查，无论是地表还是地震剖面上，清水河断裂两侧均未显示褶皱构造存在，所以测区内沿清水河断裂并没有形成较为明显的褶皱构造。进而可能暗示了在清水河断裂早期逆冲过程中，逆冲推覆不论是规模还是强度都十分有限，至少比天景山断裂逆冲规模更小，逆冲强度也更小。

（二）伸展构造

前人对清水河断裂的研究十分有限，仅有的少量表述也是认为清水河断裂存在逆冲构造。但是通过野外调查以及槽探揭露认为清水河的伸展构造同样引人注目，正是因为清水河断裂晚更新世以来的伸展才形成了广袤的清水河平原和狭长形的清水河盆地。所以对清水河断裂伸展构造的研究是解决清水河盆地形成机制的根本（图 10-25，图 10-26）。

本次工作中利用物探和钻探等方法证实晚更新世以来清水河盆地沉积了厚度较大的砂砾石和湖相黏土，靠近天景山断裂第四系厚度达 380m，靠近清水河断裂第四系厚度达 200m。这套地层普遍未发生变形，即使靠近断层，地层也没有发生非常明显的构造变形。由于测区内清水河断裂处于隐伏状态，所以探槽揭露和物探工作就显得尤为重要（图 10-27）。

1. 探槽剖面

TC08 探槽位于王团镇东侧一条名叫穆家河的冲沟之内，为沿着沟壁清理而成，该探

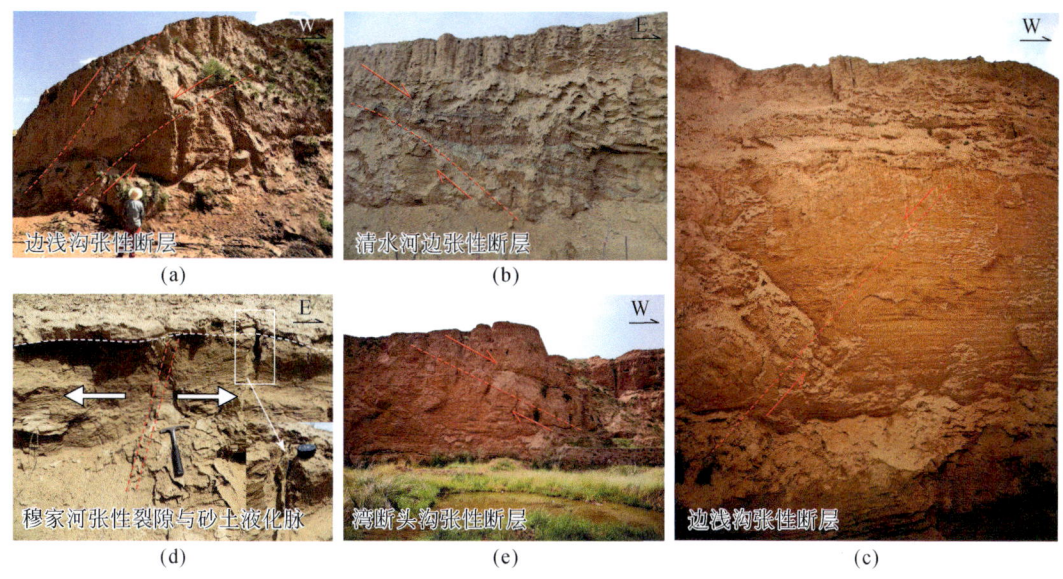

图 10-25 清水河盆地伸展构造

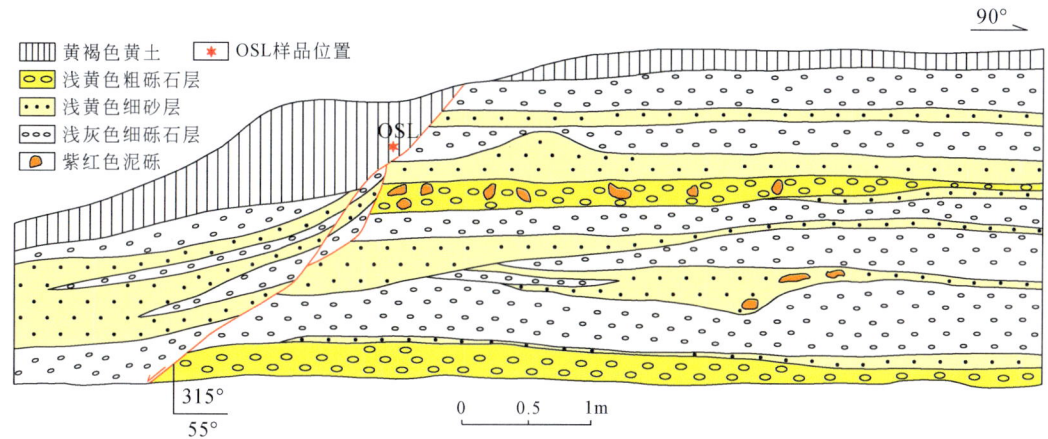

图 10-26 探槽 TC08 揭示的清水河断裂

槽长 8m，高为 2m（图 10-26）。探槽揭露的地层主要为河道沉积的砾石夹松散未胶结的细砂。TC08 探槽揭露出一条断层，断层错断了砾石层和砂土层，在断层上盘形成明显的拖拽构造，具有正断层的特征。在剖面上通过砾石大小、成分等特征对比基本可以判定上盘最顶部砾石层和下盘最顶部砾石层为同一层，因此该断层的断距为 0.925m。因为断层已经通顶，所以其形成时代必然在次生黄土沉积之后，因此，在探槽上部次生黄土中采取了光释光样品并进行了年代学测试。

2. 音频大地电磁测深法

本次工作中实施了两条 AMT 剖面，其中一条控制了清水河断裂，为了验证断裂的存在，在断裂可能存在地段，有目的地布设了常规法测氡剖面（图 10-27）。

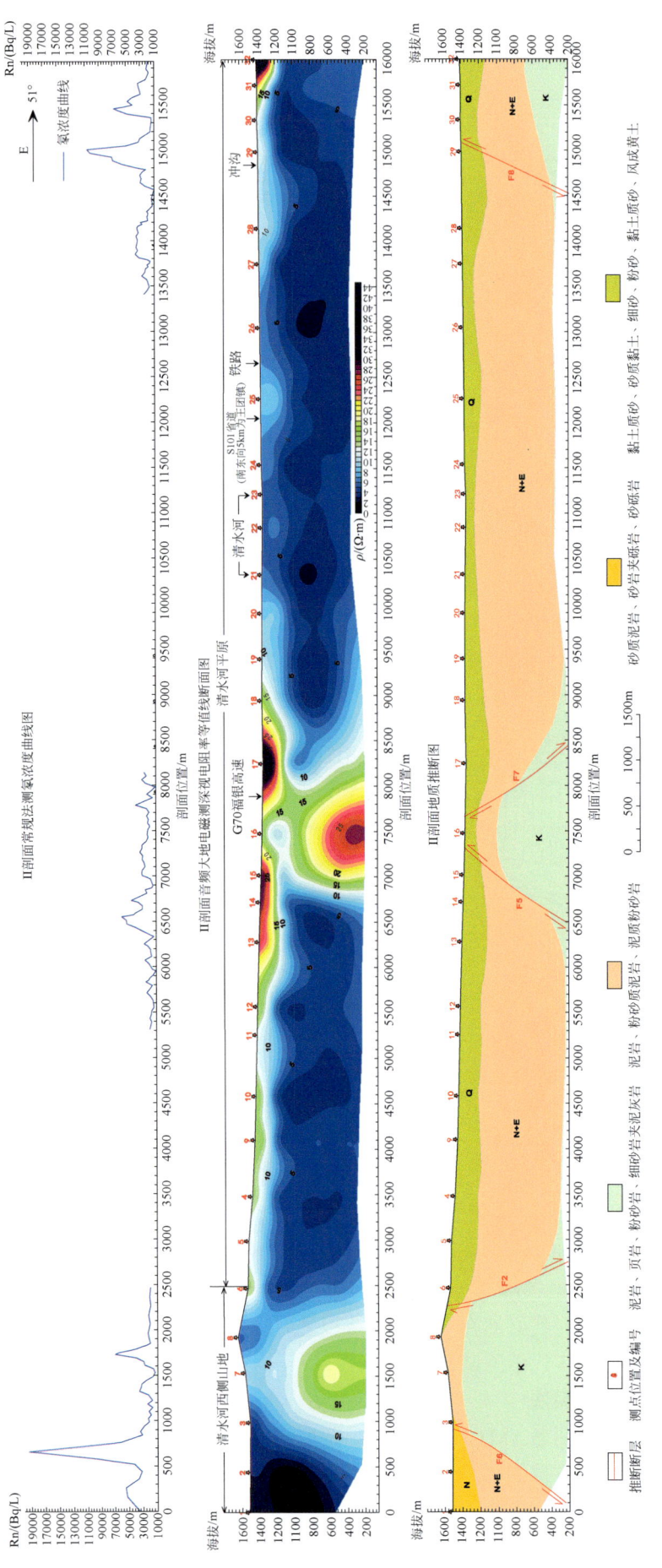

图10-27 AMT剖面和常规测氡法解译的清水河断裂

电阻率断面图在横向上自西向东，在局部出现电阻率的不连续性，显示出密且陡倾的纵向电阻率梯度带，同时在相应位置处 Rn 测量曲线对应出现单峰值异常或多峰值异常，表明存在一个或多个断面，图 10-27 右侧 Rn 测量曲线突然升高的位置对应到地表正好是清水河断裂通过的地段，因此可以认为 F8 断裂为清水河断裂。具体位置位于 29 号点东侧 150m 下方，西高低阻转换带，断层向西倾伏，倾角约 55°。

3. 高密度电阻率法

虽然高密度电阻率法探测深度有限，深度为 150~200m，但其呈现的电阻率突变带可作为推断断裂的依据。在前期实施的 AMT 剖面和浅层地震剖面的基础上，对前者发现的清水河断裂进行了验证，同时，在地形突变带，也进行了高密度电阻率法剖面的工作。

1) 胡麻旗剖面

在测区南部胡麻旗一带，在地貌上，盆山过渡十分突然，山体海拔高达 1600m，而盆地海拔仅有 1380m，在实施高密度电阻率法剖面的地形中，山体高差达到了 140m，在盆山交界处存在明显的陡变带。沿胡麻旗村级公路自北东向南西布设的高密度电阻率法剖面总长 2700m，方位角为 242°。从结果来看，该剖面电性特征在垂向上整体呈现上高下低的二元结构特点。剖面起始端至 1950m 区段浅部的高阻层，电阻率大于 40Ω·m，厚度为 50~70m，对应该地区第四系黄土层。1950~2150m 区段浅部高阻层很薄，在该区段施工挖开的陡坎上也可以看到表层覆盖的黄土很薄。2150m 至剖面末端区段内，浅部高阻层电阻率大于 40Ω·m，厚度小于 30m。深部视电阻率基本小于 20Ω·m，应为水洞沟组粉砂夹黏土层的反映。1900~2100m 区段深部对应一西倾的相对高阻区域，推断该位置深部存在西倾的隐伏正断裂 F1（图 10-28）。

2) 庙儿岭—惠安新村剖面

在测区中北部，受清水河断裂活动性的影响，盆山地貌边界已经变得十分模糊，地形高差也变得很小，同时，受人类活动改造的影响，地貌上的变化已经较难察觉（图 10-29）。

在庙儿岭—惠安新村一带（图 10-29），虽然经过改造，但是地形有规律的起伏指示可能存在隐伏断裂。在 RTK 数据测量后发现，这一地区存在三个较明显的地形起伏。其中 500m 处和 1500m 处的地形起伏，虽然导致了地形坡度整体发生了错位和不连续，但是陡变带 1 和陡变带 2 上下三个坡度斜率是基本一致的，分别为 -0.05618、-0.05146 和 -0.05726。受断层的影响，在断层通过处地形非常平缓，在陡变带 1 和陡变带 2 处其斜率分别为 -0.02574 和 -0.0166，在陡变带 3 处变化最大，斜率由原来的 -0.05276 直降为 -0.00676，近于水平。通过高密度剖面，可以看出在陡变带 1 和陡变带 2 处，新近纪地层确实存在明显的不连续，陡变带 1 处的断距可以达到 50m，陡变带 2 处的断距较小，为 10~20m，陡变带 3 处的地层断距最大，以至于高密度剖面中未能准确地控制断距长度。另外陡变带 3 处也是盆山交界处，可能为清水河主断裂通过处。

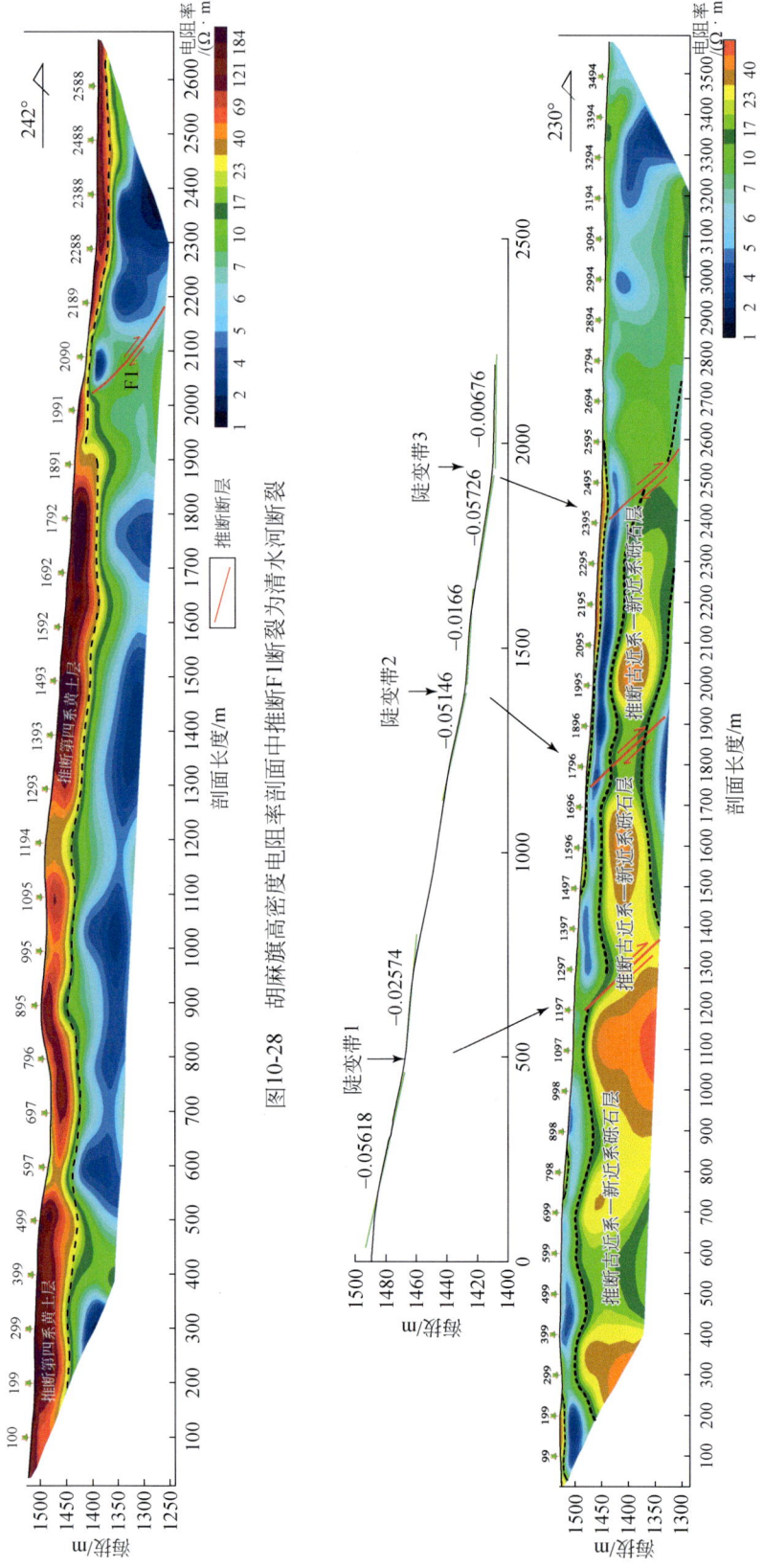

图10-28 胡麻旗高密度电阻率剖面中推断F1断裂为清水河断裂

图10-29 庙儿岭地形起伏特征和剖面高密度电阻率法反演结果

第十一章 新生代构造应力场调查

第一节 构造应力场调查方法简介

古构造应力场恢复是分析区域地质演化历史和构建地质演化模型的重要手段,是构造地质学研究的一个重要方面。地壳在某一特定的演化阶段,构造应力场是相对统一的,其主压应力方位基本保持不变。因此,可以通过多种地质方法反演古构造应力场方位,并利用应力场转换来重建某一地区构造演化历史。目前,常用的古构造应力场重建方法主要是通过统计分析构造形迹的走向和夹角,来判断主压应力或张应力方向。如张裂隙走向指示最大主压应力方向,初始共轭节理的夹角平分线方向指示最大主压应力方向,垂直纵弯褶皱轴面的方向指示最大主压应力方向等,这些方法大多是定性或半定量的(万天丰,1988;乐光禹等,1996)。其中利用共轭节理确定古构造应力场方向是较为常用的方法,在构造应力场反演中得到了有效的运用(张泓,1996;刘顺等,2005;刘树根等,2006)。多期次古构造应力场的叠加使得共轭节理的分期和配套往往不易判断,或者受露头条件限制以及在地层强烈变形区,难以区分平面 X 形共轭节理和剖面 X 形共轭节理,导致野外工作中节理的分期和配套具有多解性,影响构造应力场分析结果的可靠性。为此,一些研究者利用数值模拟、岩石磁组构、遥感图像、显微构造等方法来恢复古构造应力场,取得了一定进步(曾佐勋和刘立林,1992;曾联波和漆家福,2008)。实际上,区域最大主应力方向基本上就是地块的运动方向、板块内部的缩短方向以及裂谷的走向,最小主压应力方向就是板块内部的拉张方向。因此,也可采用沉积相带、沉积等厚线、火山岩带(岩脉带)等特征来辅助确定区域应力方向。近二三十年来,国际上在利用断层滑动矢量反演古构造应力场方面取得了重要进展,该方法主要是通过统计分析断层擦痕数据来恢复古构造应力场,进而构建上地壳尺度的区域演化模型(Angelier,1984,1989;Yin and Ranalli,1993;Gapais et al.,2000;Kaven et al.,2011;Ratschbacher et al.,2003)。然而,这一方法在我国构造地质研究中的应用仍然十分有限(Zhang et al.,2003),是亟须加强的部分。近年来,这一方法不仅在沉积盆地这种构造相对稳定、变形相对较弱区域得到了有效运用,而且在造山带及其前陆的复杂变形区也得到了有效运用(Shi et al.,2012)。因此,针对近年来断层滑动矢量反演古构造应力场所取得的进展,本章系统总结了其相关的理论、方法与应用,并针对存在的问题进行讨论与分析,期望推动该方法在国内得到广泛的应用。

一、古构造应力场反演理论

长期以来,基于材料力学库仑-莫尔准则诞生的Anderson断层模式一直被认为是脆性断裂最基本、最重要的力学模型。该模式限定正断层倾角大于45°,逆断层倾角小于45°,共轭剪切面的锐夹角面对主压应力σ_1的方向(图11-1; Anderson, 1951)。然而,自然界断层并非如此简单,随着大量构造观测分析工作的不断深入,这一断层模式受到越来越多的质疑(Bott, 1959; Davis and Coney, 1979; Sibson et al., 1988; Morley et al., 2004; Tong et al., 2014)。Anderson模式作为恢复古构造应力场的传统理论基础,主要适用于连续均匀介质的脆弹性变形域。新生断层是岩体承受的剪应力超过其抗剪强度而发生剪切破裂的结果,符合库仑-莫尔准则,其数学表达式为$\tau_n=C+\mu\sigma_n$,表明岩石必须克服内聚力C和内摩擦$\mu\sigma_n$才能发生破裂而形成断层[图11-2(a)]。实际上,自然界绝大多数地质体的变形都属于非均匀变形,Anderson模式并不符合先存构造面上滑动的断层作用(Morley et al., 2004),而且与野外经常观测到的斜向滑动现象也不相匹配(Reches, 1978; Krantz, 1988)。在许多情况下,所观察到的断层滑动通常都是在先存断层或薄弱面经历过旋转或倾斜后发生的,或者是经历过多次的构造叠加,使得这种脆性构造更具复杂性,所以这种情况用Anderson模式已经很难解释了(张仲培和王清晨,2004)。已有研究表明,先存断层在力学机理上表现为一薄弱面,其抗剪强度接近于0,基本可以忽略不计,符合摩擦滑动律,其数学表达式为$\tau_n=\mu_f\sigma_n$(Byerlee, 1978),这说明如果先存断层再次活动,只需克服沿断层面的内摩擦力即可[图11-2(a)]。也就是说,只需要更小的差应力$\sigma_1-\sigma_3$(保持σ_3不变,σ_1减小,相当于应力莫尔圆左移),就可使先存断层重新活动。这从力学原理上解释了继承性断层在自然界普遍存在的原因,同时也是沉积盆地变形往往受控于基底先存断裂的根本原因。在此基础上,Tong等(2014)提出"先存薄弱带破裂线"的概念,并表示为$\tau_n=C_w+\mu_w\sigma_n$($C_w<C$,C为围岩的抗剪强度),其中C_w为先存薄弱带的抗剪强度,μ_w为先存薄弱带的内摩擦系数。C_w增大,薄弱带破裂线向破裂包络线靠拢;C_w减小,薄弱带破裂线向断层活动线靠拢,因此,破裂包络线和先存断裂活动线构成先存薄弱带破裂线的两个端元[图11-2(b)]。位于破裂包络线和先存断裂活动线之间的区域先存断层可重新活动,在破裂包络线和先存薄弱带破裂线之间的区域[图

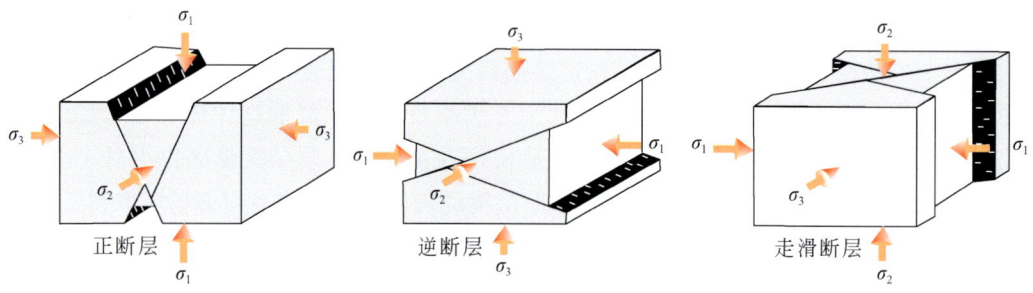

图 11-1 Anderson 断层模式(据 Anderson, 1951 修改)

11-2（b）深色区域］，产状符合一定条件的薄弱带可产生新的断层；在先存薄弱带破裂线之下的区域，任何产状的薄弱带都不能产生新的断层［图 11-2（b）］。这就为分析在任何方向上发生的脆弱面活动或断层复活作用过程提供了理论支持。

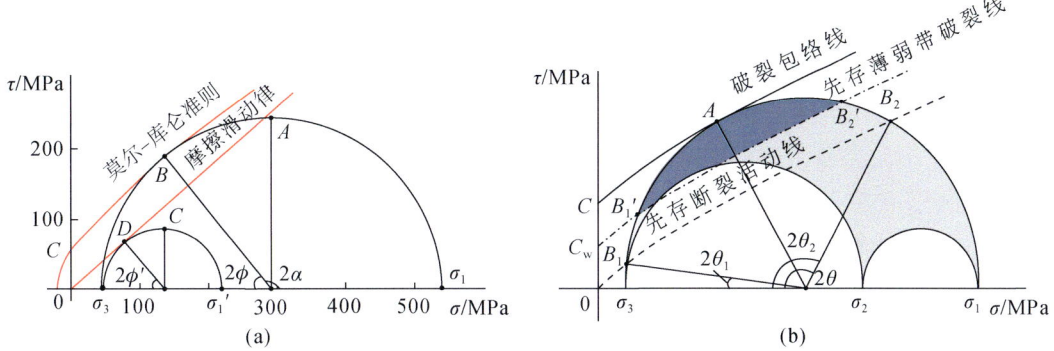

图 11-2　新生断裂与先存断裂再活动的破裂曲线

由于内聚力的减小或丧失，岩石的抗剪强度减弱，先存薄弱带或先存断层重新活动变得更加容易，所以在薄弱带附近往往会出现许多平行或近平行于先存主断层的次级断裂。通过物理模拟，依据断层形成和发展的不同特征，Tong 等（2014）将其分为三种类型：先存断层复活的、与先存薄弱带相关的、与先存薄弱带无关的。前两者断层往往平行于或近似平行于（±10°）先存断层面形成，受控于局部应力场；与先存断层无关的同区域构造线方向相一致，受控于区域应力场（Tong et al.，2014）。在这种情况下，能够确定断层滑动方向的方法就是基于断层滑动矢量分析的断层滑动数据反演技术。这一反演方法是在基于 Wallace-Bott 假设之上展开的，即"断层滑动面的运动方向平行于该断层面最大剪切应力方向"（Bott，1959；Angelier，1984）。在此需要强调的是，过地质体内某一点的所有截面中，其最大剪应力一定在 $\alpha=45°$（α 为截面法线与最大主应力 σ_1 的夹角）的时候取得最大值［图 11-2（a）点 A、C］，其值等于应力莫尔圆半径，然而该截面并不是岩石开始发生破裂时所在的截面，当破裂曲线与莫尔圆相切时岩石才开始发生破裂［图 11-2（a）点 B、D］，此时对应的剪应力小于最大剪应力。对于同一期构造应力场来说，无论对于首次破裂还是先存断裂的复活，图 11-2（a）莫尔圆 $B \rightarrow A$（首次破裂）和 $D \rightarrow C$（先存断裂复活）所在范围均是岩石破裂或重新活动的有效区间，相应的最大剪应力矢量（大小和方向）也是变化的，而非一个定值。当然，对于不同期次构造应力场来说，岩石破裂或重新活动（$B \rightarrow D$）时所在破裂面对应的最大剪应力也是变化的。但在这两种情况下，断层滑动矢量的变化始终是断层面上最大剪应力变化的忠实"记录"，平行于相应时期断层面最大剪切应力方向，所以这一方法既适用于新生断层，又适用于复活的老断层（朱光等，2011）。从这个假设出发，断层面上的每一组擦痕线理必然与唯一的最大剪应力方向相对应，理论上说，滑动矢量 s 与剪应力矢量 τ 之间的夹角为零。然而，由于应力场的局部变化（应力扰动）、岩石能干性的差异、断层面的凹凸以及野外测量的误差等诸多因素，常常造成擦痕线理方向的偏离。实际上，对所有的断层滑动面来说，滑动矢量 s 很少完全平行于剪应力矢量 τ。对于一组具体的擦痕线理来说，我们反演的方向就是寻找一个简化的应力张量 T，使得剪应力矢量 τ 与滑动矢量 s 之间的夹角 φ 最小，设剪应力矢量 τ 与滑动矢量 s 的单位矢量分别为 τ_1 和 s_1，即使函数 $\varphi=\arccos \tau_1 \cdot s_1$ 最小。同样，对于大量的滑动数据，我们的目的是使函数 $\varphi_总=\sum \arccos \tau_1 \cdot s_1$ 最小。因此，我们所寻找的是产生所有这些断层滑动数据的一个平均应力方向。在自然条件下，三轴主压应力大小的绝对值很难获得，而通过 R（$R=\sigma_2-\sigma_3/\sigma_1-\sigma_3$）可以获得 3 个主压应力值的相对大小，表现在应力椭球体的"胖瘦"变化上。这样一来，就将三维空间中地质体的应力状态（三轴主应力大小和方向 6 个未知量）转变为求解 4 个未知数（三轴主压应力方向和应力椭球系数 R），理论上说，只需要测量 4 组断层滑动数据即可反演古构造应力状态。但由于地质情况的复杂性，我们得出的只是古构造应力场的一个平均方位，为了最大限度地逼近真实状态，从统计意义上讲，测量的断层滑动数据越多，对古应力场恢复的约束越严谨。在这个假设前提之下，利用断层滑动矢量求解古应力状态，需要满足下列条件：区域应力场在一定时间内保持不变；岩石介质各向均一；断裂之间不产生相互干涉。

假设条件之一，地壳在某一特定的演化阶段，其主应力方向可以认为保持不变，具有相对的稳定性。假设条件之二、之三针对岩石首次破裂是完全没有问题的，这两个假设也相当于 Anderson 模式的假设（Anderson 模式适用于岩石首次破裂）。上面关于先存断裂和先存薄弱带的分析表明，针对假设条件之二"变形介质各向均一"，如果在有先存薄弱带发育的情况下（先存断裂是先存薄弱带的一个端元），这一假设不成立。但事实上，先存薄弱带的存在，只是使其更加容易活动，其本质是岩石内聚力的减小，改变了迫使其重新破裂的最小主应力（破裂下限）的大小，而没有改变区域主应力的方位。对于假设条件之三"断裂之间不产生相互干涉"，在沿先存断裂和先存薄弱带重新滑动的情况下，则会形成局部应力场的扰动，进而影响后续断裂的形成。但应力场的扰动只是使地质体中某些部位产生新的破裂变得更加容易，而某些部位则变得更加困难，其实质是局部应力场大小的改变，而宏观区域应力场方向受控于板块或微陆块的运动方向，在一定时间内是基本保持不变的（Fossen，2010）。因此，利用断层滑动矢量恢复古构造应力场在理论上是可行的，其实质就是利用大量已知的断层滑动方向和性质，去确定形成这些断层的一个与实际情况最为接近的古应力状态。

二、利用断层滑动矢量恢复古构造应力场反演方法

构造应力场反演主要包括野外断层滑动数据观测与室内数据处理分析两个步骤。

1. 数据观测

在地质时代确定的地（岩）层内，寻找露头良好、发育擦痕的断裂面，进行断层几何学和运动学的详细观测和分析，系统测量断层滑动面和滑动矢量的产状，并用各种构造标

志判断断层运动方向。同时，对观测点的地质资料，如岩性、岩层产状、层序正倒、变形特征等，要进行详细描述，便于对擦痕的成因及应力状态做辅助分析。

具体观测内容包括断层产状（走向、倾角、倾向）和擦痕构造要素（侧伏向、侧伏角、滑动方向），其中难度较大的是擦痕滑动方向的判断，目前主要有以下几种判别标志：①砾石拖尾及砾石挤入，砾石从头到尾指示运动方向；②压沟和擦沟槽，从深到浅方向指示运动方向；③阶步，在断层滑动面上常有与擦痕直交的微细陡坎，一般面向对盘的运动方向；④反阶步，从磨光面到挤压破碎阶坡到磨光面，挤压破碎阶坡有反向突出弧形包头，砾石有挤压、嵌入特征；⑤方解石或白云石生长膜，从薄到厚的阶坡断口指示对盘运动方向；⑥灰岩中溶蚀插入针状擦痕，从头到根的方向指示对盘运动方向，针头指示本盘动向；⑦插入面，从浅到深面的方向指示运动方向，露头线为反向凸弧；⑧硅质、石英压碎膜，从厚到薄的无阶步断口；⑨石英或方解石脉形成的羽状节理；⑩地层、石英或方解石脉的错移等。除上述断层面上留下的各种构造变形痕迹外，标志层的错动、牵引构造、两盘地层的相对新老关系等宏观现象也是判断断层性质的主要依据。

2. 数据分析

在野外断层滑动矢量测量的基础上，室内利用计算机程序进行数据计算、统计和分析。对野外每个观测点的数据分别计算，获得各自的古构造应力场。目前，国际上已有多个反演软件，如法国 Fault 程序、美国 FaultKin、德国 Stereo、澳大利亚 SpheriStat、加拿大 Myfault 等。数据处理分析过程中，每个观测点在理论上，要求至少测量 4 条不同方向断层滑动矢量数据，才能反演断层活动的应力状态。在野外初步分期配套的基础上，完成每个观测点数据分期工作，将同期构造数据归为一个数据组，然后将同期的断层擦痕测量数据按照计算机程序格式要求输入计算机，建立不同的数据库文件。分别计算各点各期的应力场状态，获得该观测点的各期构造应力场。通过程序计算后，可得到某点应力状态的 4 个参数：3 个主压应力轴的方向和应力椭球系数 R 值（Sperner et al.，1993）。R 值定义为：$R=(\sigma_2-\sigma_3)/(\sigma_1-\sigma_3)$。理论上讲，$R$ 值在 0～1 之间变化。$R=0$（$\sigma_1 > \sigma_2=\sigma_3$）表明该点处于单轴挤压状态，$R=1$（$\sigma_1=\sigma_2 > \sigma_3$）表明处于单轴拉伸状态。$R=0.5$，即 σ_2 为 σ_1 和 σ_3 的算术平均值，此时与平面应变相一致。当 R 值大于 1 或小于 0 时，表明所测量的断层擦痕数据与计算结果不配套，需要对野外的初步数据配套进行检验，提高资料准确度。通过对 2791 个断层滑动数据的计算，得出其平均 $R=0.39$，高 R 值相对缺乏，$R<0.5$ 的趋势非常明显，这暗示在上地壳部分平面应变比单轴挤压和单轴拉伸更为普遍（Lies and Lisle，2004）。这一点是容易理解的，因为 R 值越小，即差应力 $\sigma_1-\sigma_3$ 越大，对形成断层越有利（Fossen，2010），其所引起的形状改变越明显，变形越强烈。另外一个重要参数是理论计算的最大剪切应力方向和实际测量的断层滑动方向之间的误差（τ, s），这个夹角的最小化是开展断层矢量古应力反演的物理基础。按照 Wallace-Bott 假设，该夹角为零，但实际上总存在一定误差。通常情况下，该夹角小于 20°，计算结果视为可以接受。如果该夹角大于 20°，则需要考虑存在多期变形叠加的干扰。

一个区域构造变形往往都是多期次的，单个野外观测点往往会获得多期次的古构造应力场。因此需要运用多种方法仔细厘定各期次构造应力场的先后序列。一些研究者利用不同算法,通过计算机运算来识别古构造应力场期次,如采用计算量巨大的网络搜索法来处理多期断层擦痕数据(Hardcastle and Hills,1991),但该方法没有充分考虑到应力解域的不同划分对计算结果的影响。Nemcok 等(1999)采用传统的聚类分析方法找出各期断层擦痕数据,并由此计算反演古构造应力场。单业华等(2003)提出利用模糊线性聚类法来识别多期断层擦痕向量的线性结构,具有自动、直接、有效,且计算量较小的优点。而 Lies 和 Lisle(2004)通过测试多种计算机自动分类的方法,指出完全自动的分类程序存在很大的不合理性。谢富仁等(1999)结合野外观测,通过构造应力分期的计算方法,获得了第四纪构造应力场和新近纪以来的地壳形变分析结果,较好地解释了青藏高原北、东边缘自中新世中晚期以来的地壳动力学演化特征。

通过构造筛分法建立构造应力场的演化序列是目前比较可行的古构造应力场期次划分的方法。该方法要求断层活动影响的地层序列清楚,首先需要确定断层活动影响的最新地层,然后逐步筛分,层层剥离。如在确定发生于第四纪断裂活动的构造应力场之后,再分析新近纪、古近纪地层内的断层活动特征,确定发生于新近纪、古近纪之后的构造应力场。以此类推,层层深入,逐步筛选,就可以确定发生于各不同时代断裂活动的应力状态,从而建立一个连续的、完整的构造应力场演化序列。但运用这一方法构建应力场演化序列时,往往在区域构造演化的基础上,综合一些其他直接的证据进行构造筛分,如擦痕构造的相互切割关系、不同性质断层的交切关系、同沉积构造等,才能获得比较可靠的构造应力场演化序列。

第二节 青藏高原东北缘新生代构造应力场演化过程

本次活动构造发育区填图试点项目图幅均位于青藏高原东北缘弧形构造带内,根据该地区新生代构造变形序列与构造应力场调查与研究发现,该地区总体经历了 5 个构造阶段的演化过程。

1. 渐新世—中新世 NW-SE 向伸展变形(30 ~ 10.5Ma)

渐新世寺口子组沉积特征分析显示,这一时期物源主要来自本区东侧鄂尔多斯地块及其西缘的牛首山 - 罗山(Wang et al.,2013),表明寺口子组(E_3)沉积时期青藏高原东北缘盆 - 岭构造带尚未发育。但该区西侧香山 - 天景山可能存在一定高度的古地形,天景山内部(喊叫水西北侧)发育一 NE 走向的断陷盆地,盆地内充填了寺口子组红色砂岩、砾岩,表明本区与银川盆地新生代早期伸展变形一致(黄兴富等,2013),均受到 NW-SE 向伸展作用控制。海原断裂带东段寺口子剖面出露渐新世晚期—中新世中期清水营组(E_3-N_1q)红色与灰白色泥岩互层,沉积特征显示,该套地层在 NW-SE 向伸展作用下,发生明显的同沉积正断活动。野外调查表明,清水营组泥岩中多发育 NE 走向的近水平生长的石膏脉,产状近直立,指示清水营组沉积之后还存在 NW-SE 向伸展活动。海原断裂带东段月亮山北麓中新统彰恩堡组红色薄层泥岩同样受 NW-SE 向构造伸展作用，形成同沉积正断层。详细的野外调查表明，这期构造伸展活动并未显示在红柳沟组上覆的干河沟组地层中。由此可见，青藏高原东北缘这期 NW-SE 向构造伸展活动持续控制了寺口子组、清水营组与彰恩堡组的沉积，即 30～10Ma 期间，青藏高原东北缘处于相对稳定的河湖相沉积环境（田勤俭等，2000）。

2. 中新世晚期 NW-SE 向构造挤压变形（10.5～9.5Ma）

前面分析表明，海原断裂带中段清水营组含石膏砂岩发育指示 NW-SE 向构造伸展的正断层与 NW-SE 向构造挤压的走滑断层，断层相互切割关系分析表明该区在 NW-SE 向构造伸展之后，发生 NW-SE 向构造挤压变形。该区香山-天景山断裂带贺家口子剖面背斜核部清水营组泥岩，除发育与区域性的 NE-SW 向缩短相一致的褶皱外，还可见 NE 走向的褶皱。同时清水营组中-薄层红色泥岩、砂岩可见露头尺度的断层相关褶皱，指示 NW-SE 向构造挤压，表明至少在清水营组沉积之后，该区发生 NW-SE 向构造缩短变形。这期变形影响的最新地层为中新世晚期彰恩堡组，在牛首山东侧彰恩堡组浅红色砂岩、红色泥岩中可见这期构造变形形成共轭性质的逆断层。因此，可以推断彰恩堡组（N_1）沉积结束后（约 10.5Ma），青藏高原东北缘经历了短暂的 NW-SE 向构造缩短变形，但变形总体上相对较弱。

3. 中新世晚期—第四纪初 NE-SW 向挤压变形（9.5～1.8Ma）

海原断裂带西段发育老龙湾拉分盆地，盆地主边界断裂控制了红色砂砾岩沉积特征，与青藏高原东北缘地层沉积特征对比显示，盆地内充填的粗碎屑物可能相当于中新世晚期—上新世的沉积物，相当于本区的干河沟组，表明海原断裂带西段中新世中期—上新世晚期发生显著的走滑活动。从其拉分盆地形成模式推断，老龙湾盆地南缘断裂左行走滑活动主导了盆地拉分作用。从拉分构造模式推断，干河沟组沉积时期，本区主要受 NE-NNE 向构造挤压作用控制，但这一时期的变形可能主要在海原断裂带西段南缘最为显著，形成老龙湾拉分盆地（田勤俭等，2000）。

干河沟组沉积结束后（约 2.5Ma），整个青藏高原东北缘遭受更为强烈的 NE-SW 向构造挤压作用，整个新生界均卷入变形，老龙湾盆地内部以晚新生界强烈褶皱缩短为特征）；盆地北缘则受挤压作用，下古生界强烈向南西逆冲于干河沟组红色砾岩之上。同时不论在拉分盆地内部，还是断裂带之上，均可见近水平产出的早更新世砾岩不整合其上，表明这期强烈褶皱造山发生于上新世末—早更新世初。海原断裂带东段寺口子剖面显示新生界与下伏早白垩世泥灰岩发生 NE-SW 向同步褶皱缩短，其上局部地方保留了未变形的灰色早更新世砾岩；在香山-天景山断裂带贺家口子剖面，除了新生界发生 NE-SW 向同步褶皱缩短外，在清水营组（E_3-N_1q）内部薄层泥岩中，发育叠瓦式构造，该剖面可见晚更新世湖相沉积与黄土覆盖，但在香山-天景山断裂带南缘发育灰色早更新世砾岩不整合于褶皱变形的新生界之上。在这期强烈 NE-SW 向构造挤压作用下，烟筒山断裂带同样发生 NE-SW 向褶皱变形，导致其清水营组中近 EW 走向断裂发生强烈的左行走滑活动，并影响了干河沟组砂砾岩。同心县东侧寺口子组砾岩在烟筒山断裂带上盘表现为 NE-SW 向褶皱变形，但该断裂带古近系与新近系可能由于长期暴露剥蚀，未见早更新世砾岩直接覆盖于断裂带上，局部地方有晚更新世黄土覆盖其上，推测断裂带变形至少发生于晚更新世之前。牛首山东北侧 NE-NEE 向断层以左行走滑的方式，适应这期构造变形，走滑断层上方覆盖有晚更新世黄土。牛首山西侧出露早更新世砾岩不整合于彰恩堡组（N_1z）之上，表明 NE-SW 向褶皱缩短发生于早更新世之前。

上述分析表明青藏高原东北缘 4 个断裂带于上新世末—早更新世初在强烈的 NE-SW 向构造挤压作用下，同步发生强烈褶皱造山，不存在明显的差异性隆升过程。

4. 晚更新世晚期 NE-SW 向伸展变形（50～18ka）

野外调查表明，罗山北段东侧晚更新世湖相沉积物中发育同沉积正断层，断层产状总体上陡下缓，呈铲状形态，向下逐渐消失在深灰色湖相沉积物中；正断层控制的深灰色湖相沉积物显示其上盘相对于其下盘，地层厚度较大，为典型的同沉积正断层。断层倾向 NE-NEE，表明其沉积过程主要受 NE-NEE 向伸展作用控制。该处同沉积断层上覆全新世坡积物，表明 NE-NEE 向构造伸展发生于晚更新世。罗山南段东侧发育切割晚更新世黄土的正断层，其断层泥的 ^{14}C 测试结果获得 18660±70～7910±70a（陈虹等，2013），进一步证实了这期构造伸展作用至少持续到晚更新世晚期（约 18ka）。

最新研究表明，香山 - 天景山断裂带与烟筒山断裂带之间发育同心古湖，向北延伸可能与中卫盆底相连，向南延伸直至固原一带，在其湖相层上部采集到蜗牛化石，^{14}C 测试分析获得 41360±460～25570±120a（徐涛等，2013），表明同心古湖发育于约 50ka 之前。综合同心古湖沉积特征与构造变形，同样表明古湖形成于 NE-SW 向伸展构造环境中（施炜等，2013；徐涛等，2013）。由此可见，晚更新世晚期（50～17ka）青藏高原盆 - 岭系统发生明显的 NE-SW 向伸展变形。

5. 晚更新世末期以来 NEE-SWW 向挤压（约 18ka 以来）

海原断裂带西段干盐池盆地的西南缘断裂带附近黄土发育逆 - 走滑断层，断层滑动矢量分析显示 NEE-SWW 向构造挤压。此外，老龙湾盆地北缘断裂带内出露典型的左行走滑断层，同样指示 NEE-SWW 向构造挤压。牛首山东侧出露红柳沟组砂岩与全新统砂砾石层，其中发育一组 NE 走向的逆断层，以其下部红色砂岩为标志，断层逆冲活动错动约 50cm；断层向上明显切割了全新世砂砾石层。这表明近 EW 向构造挤压持续到全新世（陈虹等，2013），这与现代 GPS 系统观测分析以及地应力测量结果一致（张培震等，2006）。这期 EW 向构造挤压作用导致 NW-NWW 向的海原断裂带、香山 - 天景山断裂带与烟筒山断裂带均发生左行走滑活动（施炜等，2013），而 NNW 牛首山 - 罗山断裂带则表现为右行走滑活动（陈虹等，2013）。

在前人对青藏高原东北缘晚新生代构造应力场分析的基础上（谢富仁等，2000），本次研究结合变形影响地鲁、叠加变形及构造不整合特征，从新到老筛分出 5 期构造应力场：晚更新世末期以来 NEE-SWW 向构造挤压、晚更新世晚期 NE-SW 向构造伸展、中新世晚期—上新世末期 NE-SW 向构造挤压、中新世晚期 NW-SE 向构造挤压、渐新世—中新世 NW-SE 向构造伸展（图 11-3～图 11-7）。

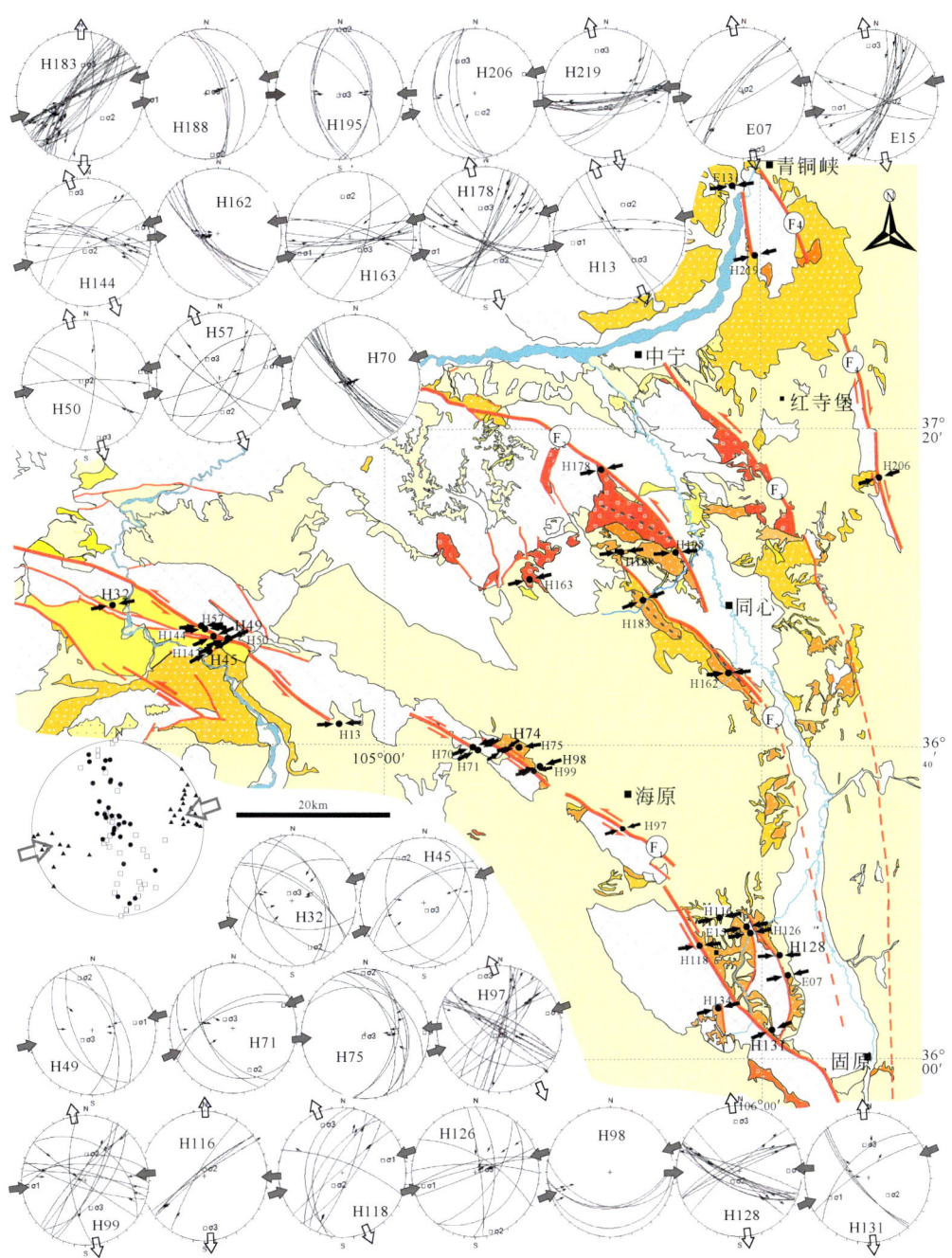

图 11-3 青藏高原东北缘 NEE-SWW 向挤压构造应力场

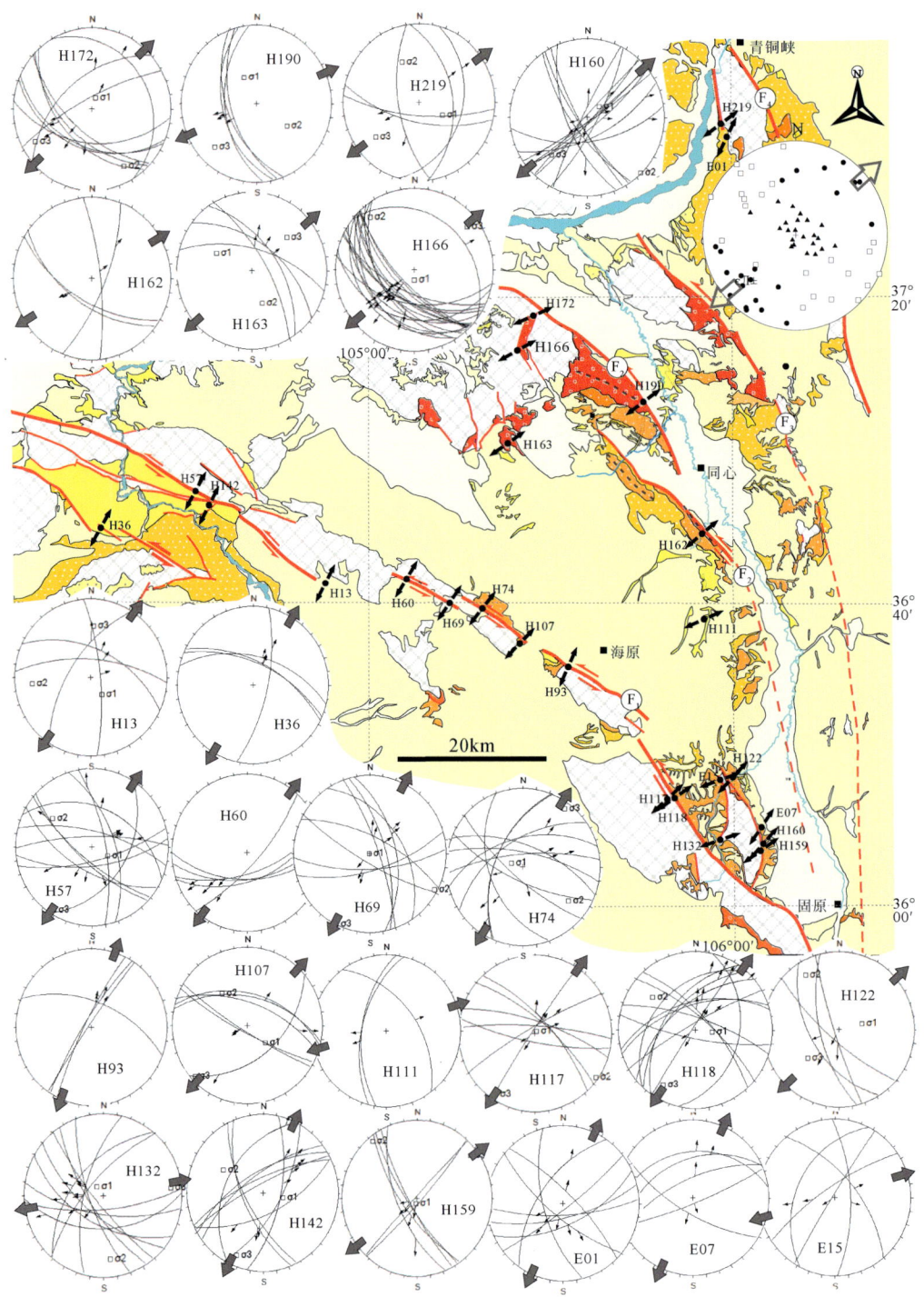

图 11-4 青藏高原东北缘 NE-SW 向伸展构造应力场

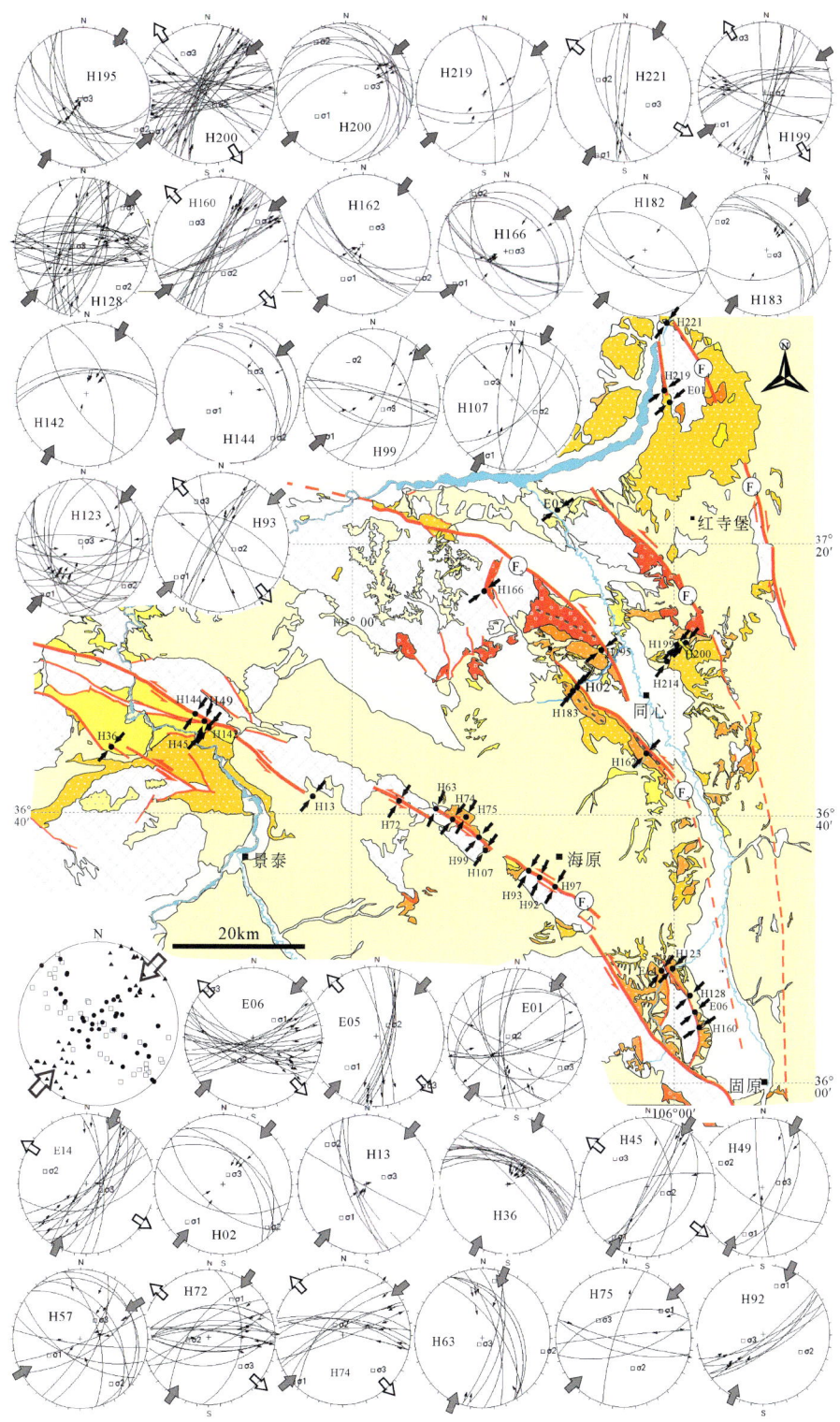

图 11-5 青藏高原东北缘 NE-SW 向挤压构造应力场

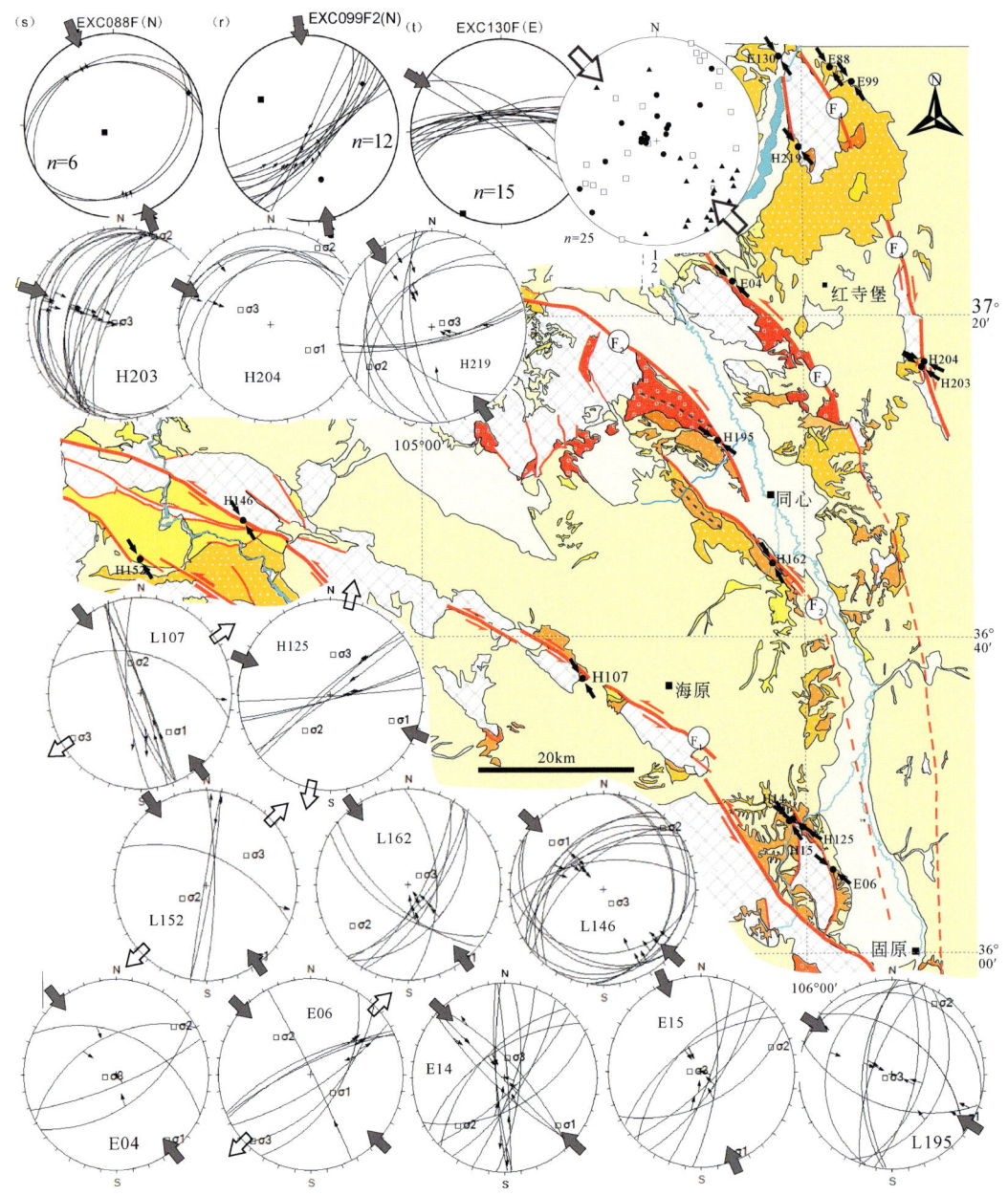

图 11-6 青藏高原东北缘 NW-SE 向挤压构造应力场

青藏高原东北缘主要断裂带构造应力场研究表明，晚更新世晚期以来古构造应力场为 NEE-SWW 向构造挤压，这期强烈构造挤压作用也记录在晚更新世黄土内部，表明这期构造应力场是控制青藏高原东北缘盆岭构造的最新构造应力场（图 11-4）。实际上，震源机制解（李天斌，1999）、GPS 观测结果（Zhu et al., 2000；Wang et al., 2001）以及最新地应力实测结果证实这期晚更新世以来的构造挤压作用持续作用于本区（马寅生，

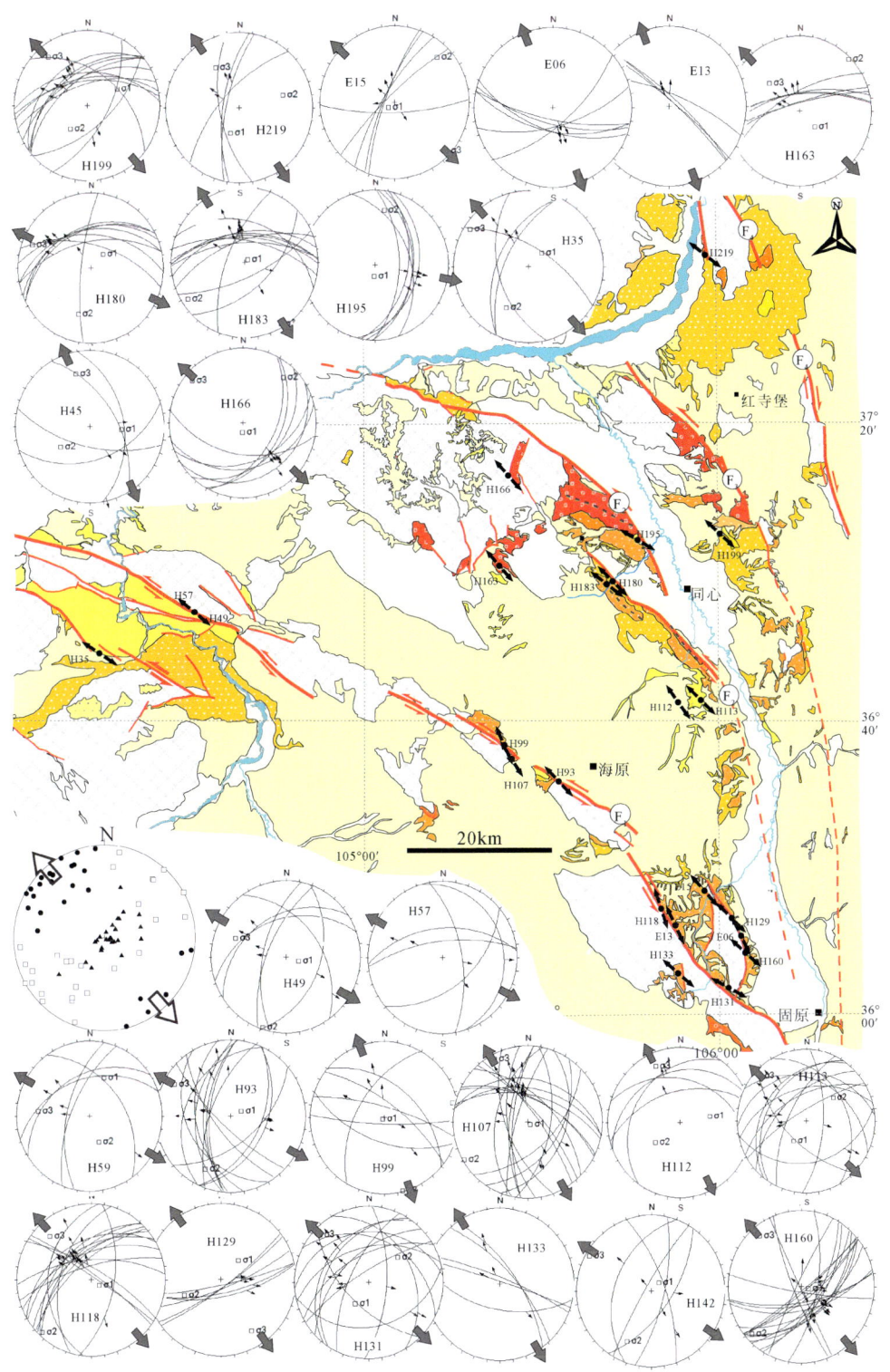

图 11-7 青藏高原东北缘 NW-SE 向伸展构造应力场

2003），导致本区盆岭构造伴生的一系列断裂带强烈走滑活动，沿海原断裂带发育一系列小型拉分盆地，构成了 1920 年海原大地震发震的构造背景（国家地震局地质研究所和宁夏回族自治区地震局，1990）。

晚更新世，本区沿盆岭构造，发育一系列 NW 走向的古湖，其中夹于香山－天景山与烟筒山之间的同心古湖发育规模最大，罗山东缘更新世湖相沉积物可见 NE-SW 向伸展作用下形成的同沉积正断层，表明这一时期主要受 NE-SW 向伸展作用控制（徐涛等，2013）。详细的断层滑动矢量与同构造年代学分析（陈虹等，2013），结合前面叠加变形分析，表明晚更新世本区古构造应力场表现为 NE-SW 向构造伸展（图 11-4）。

前人曾指出早更新世末之前的本区构造应力场为 NE-SW 向挤压（谢富仁等，2000），本次调查构造剖面测量与变形分析，青藏高原东北缘多处可见渐新统—上新统发生同步褶皱变形，形成盆岭构造，且有早更新世砾岩不整合覆盖于褶皱带之上。褶皱构造与相关擦痕构造测量结果指示 NE-SW 向挤压，表明上新世晚期—早更新世本区受 NE-SW 向挤压构造应力场控制（图 11-5）。这期 NE-SW 向构造挤压强烈影响青藏高原东北缘，形成本区的盆岭构造。

海原断裂带西段老龙湾盆地的构造变形分析表明，该盆地为中新世晚期—上新世形成的拉分盆地，盆地的形成机制以及变形分析指示其受控于 NNE-NE 向构造挤压应力场，青藏高原北缘与东北缘构造模拟为这期构造应力场提供了依据（马寅生，2003；施炜等，2013）。

构造变形分析获得一期 NW-SE 向构造挤压作用（图 11-6），这期构造挤压作用影响的最新地层为中新统，结合叠加变形分析，这期构造应力场形成于中新世末。详细的构造调查表明受 NW-SE 向构造伸展作用，渐新统与中新统均发育同沉积断层，同时也导致渐新统—中新统清水营组发育大量 NE 走向石膏脉体，结合叠加变形分析，可以确定 NW-SE 向构造伸展从渐新世至中新世持续影响本区（图 11-7）。

详细的构造调查表明，本区渐新世—中新世期间主要处于相对较弱的 NW-SE 向构造伸展作用控制，广泛发育红色湖相沉积物，为相对稳定的盆地发育阶段。如香山－天景山断裂带东段发育一 NE 走向断陷盆地，沉积渐新统寺口子组砂岩、砾岩沉积，断层滑动矢量分析指示 NW-SE 向构造伸展；海原断裂带东段寺口子剖面，可见清水营组泥岩中 NW-SE 向伸展作用控制下发育的同沉积正断层；清水营组泥岩中广泛发育垂直地层层理，且近水平生长的石膏脉，脉体产状统计分析同样指示 NW-SE 向构造伸展；海原断裂带东段南缘（观测点 H118）中新统彰恩堡组泥岩同样可见 NW-SE 构造伸展作用控制下发育的同沉积正断层。由于本区自渐新世—中新世期间，其地层均未见角度不整合接触关系，且以河流－湖相沉积为主（宁夏回族自治区地质矿产局，1990），故不存在明显的构造事件。古水流分析指示其物源主要来自香山与东侧鄂尔多斯地块（Wang et al.，2013），表明这期间青藏高原东北缘盆－岭构造并未发育，青藏高原向北东的扩展作用可能还未影响到本区。这期构造伸展作用也控制了本区北缘银川盆地新生代构造演化（黄兴富等，2013），渭河盆地晚新生代构造变形分析表明 NW-SE 向引张构造应力场影响的最新地层为中新世霸河组（Bellier et al.，1988）。华北地区新生代断陷活动（Zhang et al.，2003；张岳桥等，2006）以及贝加尔湖裂谷带（Ufimtsev，1999）发育的时代也是这个时期。因此，本书研究确定的中新世 NW-SE 向伸展作用的动力学背景可能与日本海 NW-SE 向扩张一致（Otofuji et al.，1985；Celaya and McCabe，1987；Choi et al.，2012），源于太平洋板块向西俯冲消减作用的远程效应（Otofuji et al.，1985）。中新世晚期，本区存在短时间的沉积间断（10.5～9.5Ma）（申旭辉等，2001），本区在 NW-SE 向构造挤压作用下，湖相沉积结束，导致中新世—上新世干河沟组平行不整合覆盖于下伏中新世红柳沟组泥岩，其动力学背景可能仍然与太平洋板块向西俯冲主导本区有关。

  中新世晚期（9.5～2.3Ma），沉积相发生巨变，由中新世彰恩堡组湖相沉积转变为中新世晚期—上新世干河沟组河流相及山麓相沉积（申旭辉等，2001）。同时，沉积速率明显加大（Jiang et al.，2007；Lin et al.，2010；Wang et al.，2012），古水流也发生转变，马东山北表现为由北东向南西转变为由南西向北东，马东山一带则由东向西转变为由西向东（Lin et al.，2010；Wang et al.，2013），表明本区地貌格局发生显著变化。海原断裂带东段六盘山约 8Ma 发生快速隆升，为这期构造变形提供了具体时限。海原断裂带西段发育晚新生代老龙湾拉分盆地（田勤俭等，2000），盆地断裂走滑活动导致盆地内部充填了巨厚的干河沟组红色粗碎屑物，沉积时代为中新世晚期（约 9.5Ma）到上新世晚期（约 2.5Ma）。根据老龙湾拉分盆地走滑特征分析，这个时期主要受 NNE-NE 向构造挤压作用控制，这期构造变形主要集中于海原断裂带南缘。海原断裂带东段寺口子剖面与香山-天景山断裂带贺家口子剖面古脊椎动物化石分析、古地磁年代学与沉积学特征综合分析显示，本区新构造活动应始于约 9.5Ma（申旭辉等，2001；Jiang et al.，2007；Lin et al.，2010）。此外，青藏高原东北缘中新世—上新世红黏土是本区构造隆升的标志之一（张岳桥等，2006；施炜等，2006），红黏土古地磁数据（Sun et al.，1998；Ding et al.，1999；Song et al.，2007），结合古脊椎动物化石分析（张云翔和弓虎军，2003；侯连海等，2005）确定红黏土底界年龄为 9～8Ma。磷灰石裂变径迹热年代学分析指示本区北侧贺兰山于约 10Ma 快速隆升剥露（刘建辉等，2010），西秦岭山间盆地沉积学特征表明，西秦岭强烈构造活动也始于 10Ma（Ge et al.，2012）。这与最近龙门山南段彭灌杂岩体低温热年代学测试分析结果基本一致（Wang et al.，2012），这一时期天山山脉快速隆升（Charreau et al.，2005），表明整个青藏高原周缘在这一时期发生同步隆升。

  分析表明，本区在 NE-SW 向构造挤压作用下，下白垩统及其上覆新生界（寺口子组、清水营组、彰恩堡组与干河沟组）发生褶皱缩短，形成 NW 走向褶皱构造。该褶皱构造在本区普遍可见为下更新统灰色砾岩角度不整合覆盖。这期构造挤压作用导致海原断裂带向南西逆冲，其西段可见志留系—奥陶系千枚岩沿断裂带向南西逆冲于中新世晚期—上新世干河沟组之上，且主断层被产状近水平的下更新统砾岩覆盖。海原断裂带东段在这期 NE-SW 向构造挤压作用下，新近系及其下伏地层发生同步褶皱变形，且同样可见未变形的下更新统砾岩不整合于下白垩统—新近系褶皱之上，这表明这期强烈褶皱缩短发生于上新世末—早更新世初。在这期 NE-SW 向构造挤压作用下，青藏高原东北缘地壳强烈褶皱缩短，山体强烈隆升（Zhang et al.，1991；Burchfiel et al.，1991），并沿断裂带向北东逆冲，其北东方向扩展的前缘受到阿拉善地块与鄂尔多斯地块阻挡，导致本区 4 列弧型盆岭构造。

NE-SW 向构造伸展作用至少影响晚更新世黄土，但断层未切穿上覆全新统，因此推断这期变形应发生于晚更新世。受 NE-SW 向构造伸展作用的影响，宁夏南部广泛发育晚更新世湖泊（徐涛等，2013），青藏高原东北缘在构造隆升过程中在晚更新世也存在明显的构造伸展作用，进而证实青藏高原隆升与扩展具阶段性。

晚更新世晚期以来，古构造应力场由 NE-SW 向构造伸展转换为 NEE-SWW 向构造挤压（谢富仁等，2000；施炜等，2013），震源机制解（李天斌，1999）、GPS 观测结果（Zhu et al.，2000；Wang et al.，2001）和最新地应力实测结果（马寅生，2003）一致，这期挤压作用导致罗山-牛首山断裂带右行走滑活动（陈虹等，2013），海原断裂带强烈左行走滑活动（邓起东等，1989），形成了 1920 年海原大地震的发震条件。沿该断裂带这一时期左旋错距一般为 30～90m，平均滑动速率为 5～7mm/a（Burchfiel et al.，1991）。沿断裂带北缘断层左阶斜列部位形成一系列小型的晚第四纪拉分盆地（如沈家庄拉分盆地、荒凉滩盆地、邵水盆地、干盐池盆地等）。香山-天景山断裂带左行走滑规模明显小于海原断裂带，一般仅几米至十几米。野外调查显示沿烟筒山断裂带未见明显的走滑活动。表明这一时期断裂变形主要源于青藏高原北东向扩展，但构造变形明显为海原断裂带走滑活动吸收。

第十二章 区域稳定性评价

一、区域稳定性综合评价指标体系

区域稳定性是区域地壳现代活动程度的综合反映，它受地震活动、构造活动、地应力、地壳或岩石圈结构、崩滑流地质灾害以及场地特征等诸多因素的控制。本书通过综合分析区域内的断裂带活动性、岩性和区域起伏度来限定研究区域稳定性。区域内的断层活动性可以反映该区域内的地震活动及构造活动发育的可能性及强弱；岩性则反映了区域内地壳或岩石圈的一定结构；起伏度则直接说明该区域内高程及坡度变化，反映其发生崩滑流地质灾害的可能性。在进行大坝站幅填图区域稳定性综合评价时，我们将各单因素评价的五个分级进行量化，所有因素相同的级别赋予相同的值（表12-1），然后以这些数字化的指标进行多因素综合评价。

表 12-1 区域稳定性综合评价的指标体系

稳定程度	赋值	断层活动强度	场地岩土性质	起伏度/m
稳定	1	无断裂带活动，远离断裂带	古生代变质岩、灰岩分布区	<10
基本稳定	2	前新生代断层，新生代以来未活动	中生代砾岩、砂岩分布区	10～20
较稳定	3	新生代活动断层，新生代隐伏断层及推测断层	新生代砾岩、砂岩、泥岩分布区	20～30
较不稳定	4	推测活动断层、活动断层附近	第四系堆积及黄土分布区	30～40
不稳定	5	实测活动断层通过	湖泊、沼泽、淤泥分布区	>40

二、区域稳定性综合评价方法及指数计算方法

统计各个单元的各影响因素的等级数值和赋值，按断层活动强度60%、场地岩土性质30%、起伏度10%的权值计算各单元的稳定性指数。即

$$稳定性指数 = 0.6 \times 断层活动强度 + 0.3 \times 场地岩土性质 + 0.1 \times 起伏度 \tag{12-1}$$

用式（12-1）得出的计算结果位于 [0, 5]，为了便于利用稳定性指数进行分级，将计算结果按下式进行归一化。其目的是使所有要素的评价结果均位于区间 [0, 1]。其计算公式为

$$X_1(i,j) = \frac{X(i,j) - \min(x(i,j))}{\max(x(i,j)) - \min(x(i,j))} \quad (12\text{-}2)$$

式中，$X_1(i,j)$ 为评价要素 j 的第 i 评价单元归一后的数值；$X(i,j)$ 为评价要素 j 的第 i 评价单元的数值；$\min(x(i,j))$ 为评价要素 j 的最小值；$\max(x(i,j))$ 为评价要素 j 的最大值。

三、区域稳定性综合评价的分级标准

根据大坝站幅区域稳定性综合评价的稳定性指数，将研究区的区域稳定性分为稳定、基本稳定、较稳定、较不稳定和不稳定五级，各级别的稳定性指数采用等差范围（表12-2），即稳定区的指数范围为 [0, 0.2)，基本稳定区指数范围为 [0.2, 0.4)，较稳定区指数范围为 [0.4, 0.6)，较不稳定区指数范围为 [0.6, 0.8)，不稳定区指数范围为 [0.8, 1.0)。

表 12-2　区域稳定性综合评价分级标准表

区域稳定性级别	稳定	基本稳定	较稳定	较不稳定	不稳定
代码	1	2	3	4	5
指数范围	[0, 0.2)	[0.2, 0.4)	[0.4, 0.6)	[0.6, 0.8)	[0.8, 1.0)

四、区域稳定性综合评价结果

根据各单元综合评价的稳定性指数和分级标准，得到大坝站幅区域稳定性评价结果如图 12-1 所示。评价结果显示，大坝站幅大面积区域基本稳定。不稳定区域主要位于柳木高断裂带附近区域，以及浅层地震观测的隐伏断裂区域。柳木高断裂带北部区域探槽研究表明，该地区断裂带最新活动为近千年，该地区稳定性最差。研究区东侧大面积居民区基本稳定，主要不稳定因素为沼泽湿地。

第十二章 区域稳定性评价

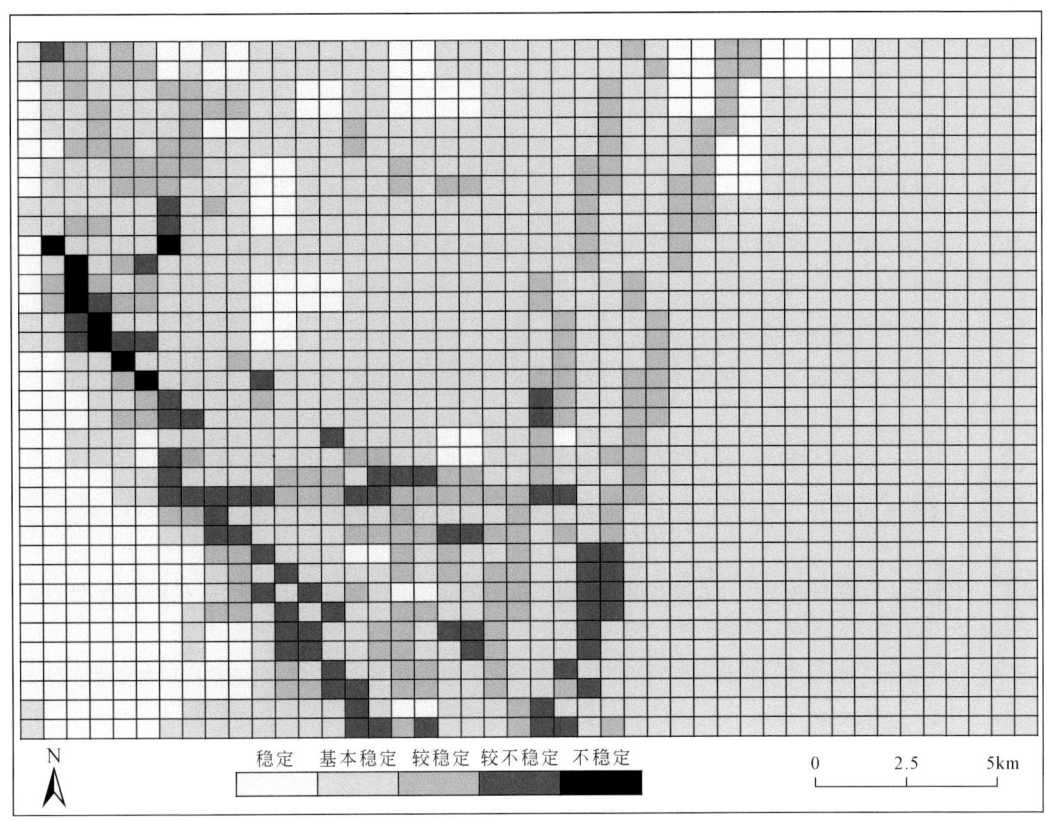

图 12-1 大坝站幅区域稳定性评价图

参 考 文 献

安芷生，卢演俦.1984.华北晚更新世马兰期气候地层划分.科学通报，4：228-231.

安芷生，吴锡浩，汪品先，等.1992.末次间冰期以来中国古季风气候与环境变迁//刘东生，安芷生.黄土·第四纪地质·全球变化（第三集）.北京：科学出版社：14-30.

安芷生，孙东怀，陈明扬，等.2000.黄土高原红黏土序列与晚第三纪的气候事件.第四纪研究，20（5）：435-446.

白铭学，焦德成.2005.1739年银川—平罗8级地震灾害的历史辨析.西北地震学报，27（2）：135-140.

白雪，杨振京，毕志伟，等.2017.银川盆地第四纪沉积物粒度特征及其沉积环境.山地学报，35（6）：874-881.

柴炽章，张维歧，焦德成.1997.天景山断裂带第四纪水平活动强度的分时、分段研究.中国地震，13（1）：35-42.

柴炽章，孟广魁，杜鹏，等.2006.隐伏活动断层的多层次综合探测——以银川隐伏活动断层为例.地震地质，（4）：536-546.

柴炽章，孟广魁，马贵仁，等.2011.银川市活动断层探测与地震危险性评价.北京：科学出版社.

常直杨，王建，白世彪，等.2014.基于DEM的白龙江流域构造活动定量分析.第四纪研究，34（2）：292-300.

陈发虎，方小敏，牟昀智.1987.扫描电镜所揭示的安宁砂的特征和成因.兰州大学学报（自然科学版），23（4）：137-144.

陈虹，胡健民，公王斌，等.2013.青藏高原东北缘牛首山—罗山断裂带新生代构造变形与演化.地学前缘，20（3）：18-35.

陈杰，卢演俦，丁国瑜.2001.塔里木西缘晚新生代造山过程的记录——磨拉石建造及生长地层和生长不整合.第四纪研究，21（6）：528-539.

陈立春，陈杰，刘进峰，等.2008.龙门山前山断裂北段晚第四纪活动性研究.地震地质，30（3）：710-722.

陈实，李延清，李同贺，等.2019.高密度电法在城市基础地质调查中的应用.新疆地质，37（1）：28-33.

陈涛，王欢，张祖青，等.2003.黏土矿物对古气候指示作用浅析.岩石矿物学杂志，22（4）：416-420.

陈颙，陈棋福，李娟.2001.活动构造研究的一些进展.中国地震，17（2）：103-109.

程彧.2005.六盘山山前新生代沉积盆地高精度磁性地层与青藏高原东北边界变形隆升.兰州：兰州大学.

崔瑾.2014.GIS支持下银川盆地地震与活动断裂关系研究.地震研究，37（3）：385-389.

崔黎明，王萍，潘祖寿.1990.贺兰山东麓冲沟裂点溯源迁移速率及其形成年龄的讨论.地震地质，24（1）：89-91.

崔之久，高全洲，刘耕年.1996.夷平面、古岩溶与青藏高原隆升.中国科学（D辑），26（4）：378-385.

崔之久，李德文，伍永秋，等.1998.关于夷平面.科学通报，43（17）：1794-1805.

崔中良，洪托，崔东豪，等.2016.可控源音频大地电磁测深法应用研究综述.中国锰业，34（3）：173-176.

德日进，桑志华.1924.陕西北部黄土地带与河套东西南之理想剖面.中国地质学会志，13（1）：45-50.

邓起东.1991.活动断裂研究的进展和方向.北京：地震出版社.

邓起东，尤惠川.1985.断层崖研究与地震危险性估计——以贺兰山东麓断层崖为例.西北地震学报，7（1）：29-38.

邓起东，张维岐，张培震，等.1989.海原走滑断裂带及其尾端挤压构造.地震地质，11（1）：1-14.

邓起东，程绍平，闵伟，等.1999.鄂尔多斯块体新生代构造活动和动力学的讨论.地质力学学报，（3）：13-21.

邓起东，冯先岳，张培震，等.2000.天山活动构造.北京：地震出版社.

邓起东，闵伟，晁洪太，等.2001.渤海地区新生代构造与地震活动//卢演俦.新构造与环境.北京：地震出版社：218-233.

邓起东，张培震，冉勇康，等.2002a.中国活动构造基本特征.中国科学（D辑），32（12）：1020-1030.

邓起东，张培震，冉勇康，等.2002b.中国活动构造与地震活动.地学前缘，10（特刊）：66-73.

邓起东，陈立春，冉勇康.2004.活动构造定量研究与应用.地学前缘，11（4）：383-392.

邓起东，卢造勋，杨主恩.2007.城市活动断层探测和断层活动性评价问题.地震地质，29（2）：189-200.

邓秀芹，岳乐平，滕志宏，等.1998.塔里木盆地周缘库车组、西域组磁性地层学初步划分.沉积学报，16（2）：82-86.

丁祥焕，王耀东，叶盛基.1999.福建东南沿海活动断裂与地震.福州：福建科学技术出版社.

董光荣，李保生，高尚玉，等.1983.鄂尔多斯高原的第四纪古风成沙.地理学报，38（4）：341-347.

董浩斌，王传雷.2003.高密度电法的发展与应用.地学前缘，10（1）：171-176.

董泽义，汤吉，周志明.2010.可控源音频大地电磁法在隐伏活动断裂探测中的应用.地震地质，32（3）：442-452.

杜鹏，柴炽章，廖玉华，等.2009.贺兰山东麓断裂南段套门沟—榆树沟段全新世活动与古地震.地震地质，31（2）：256-264.

杜树春.1996.地质雷达及其在环境地质中的应用.物探与化探，20（5）：384-392.

方洪宾，赵福岳，路云阁，等.2007.青藏高原生态地质环境遥感调查研究.国土资源遥感，74（4）：61-65.

方小敏.2017.青藏高原隆升阶段性.科技导报，35（6）：42-50.

方小敏，李吉均，朱俊杰，等.1997.甘肃临夏盆地新生代地层绝对年代测定与划分.科学通报，42（14）：1457-1471.

方小敏，赵志军，李吉均，等.2004.祁连山北缘老君庙背斜晚新生代磁性地层与高原北部隆升.中国科学（D辑），34（2）：97-106.

房建军.2009.宁南盆地沉积构造演化与改造.西安：西北大学.

鄢少英，高锐，龙长兴，等.2011.银川地堑地壳挤压应力场：深地震反射剖面.地球物理学报，（3）：692-697.

符超峰，强小科，宋友桂，等.2008.磁学方法及其在环境污染研究中的应用.东华理工大学学报，31（3）：249-254.

高伟，何宏林，邹俊杰，等.2017.三维图像建模在古地震探槽研究中的应用.地震地质，39（1）：172-181.

高星，李进增，Madsen D B，等.2002.水洞沟的新年代测定及相关问题探讨.人类学学报，21（3）：211-218.

管志宁.1997.我国磁法勘探的研究与进展.地球物理学报，40（增刊）：299-307.

郭增建.1988.中国特大地震研究.北京：地震出版社.

国家地震局.1976.中国活动性断裂和强震震中分布图（1:300万）.北京：地震出版社.

国家地震局地质研究所.1979.中华人民共和国地震构造图和简要说明书.北京：地图出版社.

国家地震局地质研究所.1992.西藏中部活动断层.北京：地震出版社.

国家地震局地质研究所，宁夏回族自治区地震局.1989.海源活动断裂带地质图（1:5万）.北京：地震出版社.

国家地震局地质研究所，宁夏回族自治区地震局.1990.海源活动断裂带.北京：地震出版社.

国家地震局鄂尔多斯周缘断裂课题组.1988.鄂尔多斯周缘活动断裂系.北京：地震出版社.

虢顺民，计凤桔，向宏发，等.2001.红河活动断裂带.北京：海洋出版社.

何宏林.2011.活动断层填图中的航片解译问题.地震地质，33（4）：938-949.

侯连海，周忠和，张福成.2005.甘肃发现中新世鸵鸟化石.科学通报，50（12）：1286-1288.

黄兴富，施炜，李恒强，等.2013.银川盆地新生代构造演化——来自银川盆地主边界断裂运动学的约束.地学前缘，20（4）：199-210.

江新胜，徐金沙，潘忠习.2003.鄂尔多斯盆地白垩纪沙漠石英砂颗粒表面特征.沉积学报，21（3）：416-422.

蒋焜.2016.地质雷达及其在地质探测中的应用.工程质量，（2）：18-20.

乐光禹，杜思清，黄继钧，等.1996.构造复合联合原理：川黔构造组合叠加分析.成都：成都科技大学出版社.

雷启云，柴炽章，杜鹏，等.2011.基于钻探的芦花台隐伏断层晚第四纪活动特征.地震地质，33（3）：602-614.

雷启云，柴炽章，郑文俊，等.2014.钻探揭示的黄河断裂北段活动性和滑动速率.地震地质，36（2）：464-477.

雷启云，柴炽章，杜鹏，等.2015.1739年平罗8级地震发震构造.地震地质，（2）：413-429.

李保生，董光荣，高尚玉，等.1987.鄂尔多斯萨拉乌苏河地区马兰黄土与萨拉乌苏组的关系及其地质时代问题.地质学报，61（3）：218-230.

李保生，靳鹤龄，祝一志，等.2004.萨拉乌苏河流域第四系岩石地层及其时间界限.沉积学报，22（4）：676-682.

李怀良，庹先国，朱丽丽.2012.磁法勘探在浅层断层定位中的应用.金属矿山，438（12）：77-79.

李吉均,方小敏,马海洲.1996.晚新生代黄河上游地貌演化与青藏高原隆起.中国科学(D辑),26(4):316-322.

李吉均,周尚哲,赵志军,等.2015.论青藏运动主幕.中国科学:地球科学,45(10):1597-1608.

李利波.2012.基于ASTER-GDEM渭河中上游流域的地貌量化分析及其构造意义.北京:中国地质科学院.

李孟銮,万自成.1984.1739年平罗8.0级地震的发震构造及其孕育特征.地震地质,6(3):23-28.

李天斌.1999.宁夏南部弧形推覆构造带特征及演化.地质力学学报,5(3):22-27.

李天诏,杜其方,游泽李,等.1997.鲜水河活动断裂带及强震危险性评估.成都:成都地图出版社.

李祥辉,徐宝亮,陈云华,等.2008.华北-东北南部地区中生代中晚期黏土矿物与古气候.地质学报,82(5):683-691.

梁浩,张珂,傅建利,等.2013.青藏高原东北缘牛首山地区新构造运动及黄河演化.地学前缘,(4):182-189.

林秀斌.2009.六盘山地区中新生代构造事件及沉积响应.杭州:浙江大学.

刘蓓蓓,崔之久,刘耕年,等.2017.基于面积-高程积分法的岷山雪宝顶-九寨沟地貌形态分析.第四纪研究,37(2):224-233.

刘德成,王旭龙,高星,等.2009.水洞沟遗址地层划分与年代测定新进展.科学通报,54:2879-2885.

刘东生.1985.黄土与环境.北京:科学出版社.

刘东生,王克鲁.1964.中国北方第四纪地层的某些问题//中国科学院地质研究所.第四纪地质问题.北京:科学出版社:65-76.

刘东生,张宗祜.1962.中国的黄土.地质学报,42(1):1-14.

刘栋梁,宋春晖,方小敏,等.2012.榆木山地区玉门砾岩磁性地层及其对青藏高原东北部变形隆升意义.地质学报,86(6):898-905.

刘高,魏蒙恩,谢裕江.2015.甘肃新近系疏松砂岩成因.地质论评,61(1):139-148.

刘国兴.2003.电法勘探原理与方法.北京:地质出版社.

刘宏,刘东琴,杨轮凯,等.2004.连续电磁剖面法在山前带勘探中的应用.石油物探,43(5):492-496.

刘建辉,张培震,郑德文,等.2010.贺兰山晚新生代隆升的剥露特征及其隆升模式.中国科学:地球科学,40(1):50-60.

刘静,徐锡伟,李岩峰,等.2007.以海原断裂甘肃老虎山段为例浅析走滑断裂古地震记录的完整性.地质通报,26(6):650-660.

刘静,陈涛,张培震,等.2013.机载激光雷达扫描揭示海原断裂带微地貌的精细结构.科学通报,58:41-45.

刘静,张金玉,葛玉魁,等.2018.构造地貌学:构造-气候-地表过程相互作用的交叉研究.科学通报,63:3070-3088.

刘雷,朱良玉,蒋峰云.2017.基于GPS资料分析银川盆地地壳运动特征.地震工程学报,39(1):7-13.

刘少峰,王陶,张会平,等.2005.数字高程模型在地表过程研究中的应用.地学前缘,12(1):303-309.

刘树根,李智武,刘顺.2006.大巴山前陆盆地-冲断带的形成演化.北京:地质出版社.

刘顺, 刘树根, 李智武, 等. 2005. 南大巴山褶断带西段中新生代构造应力场的节理研究. 成都理工大学学报（自然科学版）, 32（4）: 345-350.

罗登贵, 刘江平, 王京, 等. 2014. 活动断层高密度电法响应特征与应用研究. 地球物理学进展, 29（4）: 1920-1925.

罗国富, 贺永忠, 师海阔. 2013. 银川盆地有感地震活动特征及其震感强烈原因分析. 防灾减灾学报, 29（4）: 19-24.

马超, 李勇, 周荣军, 等. 2013. 天宝 VX 空间测距仪在构造形变微地貌测量中的应用——以甘孜—玉树断裂邓柯段为例. 四川地震, 1: 16-20.

马金勇. 2018. 高精度磁法勘探在区域调查中的应用. 世界有色金属, 4: 148-149.

马寅生. 2003. 黄河上游新构造活动与地质灾害风险评价. 北京: 地质出版社.

闵隆瑞, 朱关祥, 关友义. 2009. 内蒙古萨拉乌苏河流域第四系更新统上部萨拉乌苏阶基本特征剖析. 中国地质, 36（6）: 1209-1217.

宁夏回族自治区地质矿产局. 1990. 宁夏回族自治区区域地质志. 北京: 地质出版社.

宁夏回族自治区地质调查院. 2017. 中国区域地质志·宁夏志. 北京: 地质出版社.

牛之琏. 2007. 时间与电磁法原理. 长沙: 中南大学出版社.

邱占祥, 邱铸鼎. 1990. 中国晚第三纪地方哺乳动物群的排序及其分期. 地层学杂志, 14（4）: 241-260.

邱占祥, 叶捷. 1988. 记宁夏同心发现的库班猪头骨化石. 古脊椎动物学报, 26（1）: 1-19.

冉勇康, 邓起东. 1999. 古地震学研究的历史、现状和发展趋势. 科学通报, 44（1）: 12-20.

冉勇康, 段瑞涛, 邓启东, 等. 1997. 海原断裂高湾子地点三维探槽的开挖与古地震研究. 地震地质, 19（2）: 97-107.

冉勇康, 陈立春, 陈文山, 等. 2012a. 中国大陆古地震研究的关键技术与案例解析（2）——汶川地震地表变形特征与褶皱逆断层古地震识别. 地震地质, 34（3）: 385-400.

冉勇康, 王虎, 李彦宝, 等. 2012b. 中国大陆古地震研究的关键技术与案例解析（1）——走滑活动断裂的探槽地点、布设与事件识别标志. 地震地质, 34（2）: 197-210.

冉勇康, 李彦宝, 杜鹏, 等. 2014a. 中国大陆古地震研究的关键技术与案例解析（3）——正断层破裂特征、环境影响与古地震识别. 地震地质, 36（2）: 287-301.

冉勇康, 王虎, 杨会丽, 等. 2014b. 中国大陆古地震研究的关键技术与案例解析（4）——古地震定年技术的样品采集和事件年代分析. 地震地质, 36（4）: 939-955.

任治坤, 田勤俭, 张军龙. 2007. 后差分 GPS 测量则木河断裂地震微地貌特征. 地震, 27（3）: 97-104.

陕西省地震局. 1996. 秦岭北缘活动断裂带. 北京: 地震出版社.

单业华, 李志安, 林舸. 2003. 自动识别多期断层擦痕的一种应力反演算法. 地球学报, 24（2）: 181-186.

申旭辉, 田勤俭, 丁国瑜, 等. 2001. 宁夏贺家口子地区晚新生代地层序列及其构造意义. 中国地震, 17（2）: 156-166.

沈军, 任金卫, 汪一鹏. 2000. 嘉黎断裂带晚第四纪右旋走滑运动研究. 活动断裂研究, 8: 150-159.

施炜, 张岳桥, 马寅生. 2006. 六盘山两侧晚新生代红黏土高程分布及其新构造意义. 海洋地质与第四纪地质, 26（5）: 123-129.

施炜. 2008. 黄河中游晋陕峡谷的DEM流域特征分析及其新构造意义. 第四纪研究, 28（2）: 288-298.

施炜, 刘源, 刘洋, 等. 2013. 青藏高原东北缘海原断裂带新生代构造演化. 地学前缘, 20（4）: 1-17.

宋方敏, 朱世龙, 汪一鹏, 等. 1982. 1920年海原地震中的最大水平位移及西华山北缘断裂地震重复率的估算. 地震地质, 5（4）: 29-38.

宋方敏, 汪一鹏, 俞维贤, 等. 1998. 小江活动断裂带. 北京: 地震出版社.

宋伟健, 刘权斌, 闫涵, 等. 2018. 瞬变电磁法在岩溶土洞发育区的应用. 东北水利水电, 5: 59-60.

宋晓明. 2009. PDA在路基施工检测数据处理中的应用研究. 重庆: 重庆交通大学.

苏琦, 袁道阳, 谢虹. 2016. 祁连山—河西走廊黑河流域地貌特征及其构造意义. 地震地质, 38（3）: 560-581.

苏志珠, 董光荣, 靳鹤龄. 1997. 萨拉乌苏组地层年代学研究. 地质力学学报, 3（4）: 90-97.

孙继敏. 2014. 地球系统科学的研究范例——青藏高原隆升的地貌、环境、气候效应. 中山大学学报（自然科学版）, 53: 1-9.

孙素英. 1982. 宁夏同心地区渐新世孢粉组合. 中国地质科学院地质研究所所刊, 第4号: 127-138.

谭章坤. 2013. CSAMT在深部勘探中的效果研究. 成都: 成都理工大学.

滕志宏, 岳乐平, 蒲仁海, 等. 1996. 用磁性地层学方法讨论西域组的时代. 地质论评, 42（6）: 481-489.

田洪义. 2016. 地质雷达（GPR）超前地质预报系统初步判释解译模型建立. 四川建材, 42（1）: 254-255.

田勤俭, 丁国瑜. 1998. 青藏高原东北隅似三联点构造特征. 中国地震, 14（4）: 27-34.

田勤俭, 申旭辉, 丁国瑜, 等. 2000. 海原断裂带内第三纪老龙湾拉分盆地的地质特征. 地震地质, 22（3）: 329-336.

童国榜, 石英, 范淑贤. 1995. 银川盆地晚第四纪环境特征. 地球科学——中国地质大学学报, 20（4）: 421-426.

万天丰. 1988. 构造应力场. 北京: 地质出版社.

汪品先. 2005. 新生代亚洲形变与海陆相互作用. 地球科学——中国地质大学学报, 30: 1-18.

王伴月, 阎志强, 陆彦俊, 等. 1994. 宁夏海原两个第三纪中期哺乳动物群的发现. 古脊椎动物学报, 32（4）: 285-296.

王承强, 胡少伟, 周惠. 2005. 地质雷达在环境工程中的应用和发展. 地球与环境, 33（1）: 79-83.

王惠民, 陈伟, 余军. 1994. 宁夏同心古生物化石综述及相关几个问题. 宁夏大学学报（自然科学版）, 15（2）: 76-83.

王懋基, 蔡鑫, 涂承林. 1997. 中国重力勘探的发展与展望. 地球物理学报, 40（增刊）: 292-298.

王平, 郑洪波, 刘少锋, 等. 2013. 长江中游反向过程——来自四川盆地东部的构造地貌指示. 第四纪研究, 33（3）: 631-644.

王思雯, 雷媛, 林斐, 等. 2010. 岩石频率的实验研究. 中国科技信息, （9）: 68-69.

王伟涛. 2011. 宁夏南部新生代盆地沉积演化及其对青藏高原东北角构造变形的响应. 北京: 中国地震局地质研究所.

王伟涛. 2012. 宁夏南部新生代盆地沉积演化及其对青藏高原东北角构造变形的响应. 国际地震动态,

10: 40-43.

王伟涛, 张培震, 雷启云. 2013. 牛首山–罗山断裂带的变性特征及其构造意义. 地震地质, 35(2): 195-207.

王伟涛, 张培震, 郑德文, 等. 2014. 青藏高原东北缘海原断裂带晚新生代构造变形. 地学前缘, 21(4): 266-274.

王熙, 王明镇. 2013. 皖北新元古界软沉积物液化变形–塌落叠合构造的古地震成因研究. 地球学报, (3): 318-324.

王一舟, 张会平, 俞晶星, 等. 2013. 祁连山洪水坝河流域地貌特征及其构造指示意义. 第四纪研究, 33(4): 737-745.

吴文裕, 叶捷, 朱宝成, 等. 1991. 记宁夏同心中中新世 Alloptox（兔形目, 鼠兔科）. 古脊椎动物学报, 29(3): 204-229.

肖宏跃, 雷宛, 杨威. 2008. 地质雷达特征图像与典型地质现象的对应关系. 煤田地质与勘探, 36(4): 57-61.

谢富仁, 张世民, 窦素芹, 等. 1999. 青藏高原北、东边缘第四纪构造应力场演化特征. 地震学报, 21(5): 502-512.

谢富仁, 舒塞兵, 窦素芹, 等. 2000. 海原、六盘山断裂带至银川断陷第四纪构造应力场分析. 地震地质, 22(2): 139-146.

徐涛, 杨家喜, 刘源, 等. 2013. 宁夏南部晚更新世沉积物沉积特征及其构造意义. 地学前缘, 20(4): 36-45.

薛建, 贾建秀, 黄航, 等. 2008. 应用探地雷达探测活动断层. 吉林大学学报（地球科学版）, 38(2): 347-350.

薛腊梅, 赵希涛, 张耀玲, 等. 2010. 遥感技术在东昆仑新生代地质填图中的应用. 地质力学学报, 16(1): 70-77.

闫海涛, 胡守云, 朱育新. 2004. 磁学方法在环境污染研究中的应用. 地球科学进展, 19(2): 230-236.

晏华平. 2016. 地下管线探测中地质雷达的应用. 价值工程, 35(7): 200-202.

杨承先. 2002. 第三纪银川断陷主干断裂的活动性. 地壳构造与地壳应力文集, (1): 55-62.

杨景春, 郭正堂, 曹家栋. 1985. 用地貌学方法研究贺兰山山前断层全新世活动状况. 地震地质, 6(4): 25-33.

杨明芝, 马禾青, 廖玉华. 2007. 宁夏地震活动与研究. 北京: 地震出版社.

杨钟健, 周明镇. 1956. 甘肃灵武渐新世哺乳类动物化石. 古生物学报, 4(4): 447-459.

杨子赓, 林和茂, 李绍全. 1991. 东亚和东南亚第四系时间界面的建议. 海洋地质与第四纪地质, (2): 115-128.

姚檀栋, Thompson L G, 施雅风, 等. 1997. 古里雅冰芯中末次间冰期以来气候变化记录研究. 中国科学（D辑）, 27(5): 447-452.

于鹏, 王家林, 吴健生. 2003. 大地电磁场成像方法综述与新进展. 地球物理学进展, 18(1): 59-64.

袁宝印. 1978. 萨拉乌苏组的沉积环境及地层划分问题. 地质科学, (3): 220-224.

曾华霖. 2005. 重力场与重力勘探. 北京: 地质出版社.

曾联波,漆家福.2008.利用岩石磁组构恢复沉积盆地古构造应力场方法的探讨.石油实验地质,29(6):628-632.

曾佐勋,刘立林.1992.构造模拟.武汉:中国地质大学出版社.

张彪.2014.地下管线探测中地质雷达的运用.中华建设,(6):100-101.

张泓.1996.鄂尔多斯盆地中新生代构造应力场.华北地质矿产杂志,11(1):87-92.

张虎才,马玉贞,彭金兰,等.2002.距今42-18ka腾格里沙漠古湖泊及古环境.科学通报,47(24):1847-1857.

张会平,杨农,张岳桥,等.2006.岷江水系流域地貌特征及其构造指示意义.第四纪研究,26(1):126-135.

张会平,张培震,吴庆龙,等.2008.循化-贵德地区黄河水系河流纵剖面形态特征及其构造意义.第四纪研究,28(2):299-309.

张珂,刘开瑜,吴加敏,等.2004.宁夏中卫盆地的沉积特征及其所反映的新构造运动.沉积学报,22(3):465-473.

张克信,王国灿,季军良,等.2010.青藏高原古近纪—新近纪地层分区与序列及其对隆升的响应.中国科学:地球科学,12:1632-1654.

张培震,闵伟,邓起东,等.2003.海原活动断裂带的古地震与强震复发规律.中国科学(D辑),(8):705-713.

张培震,郑德文,尹功明,等.2006.有关青藏高原东北缘晚新生代扩展与隆升的讨论.第四纪研究,26(1):5-13.

张普纲,樊行昭,霍俊杰,等.2003.磁性参数的环境指示意义.太原理工大学学报,34(3):301-308.

张维岐,廖玉华,潘祖寿.1982.初论贺兰山前洪积扇断层陡坎.地震地质,4(2):32-34.

张信宝,张杰.1996.晚更新世以来黄渤海海侵与黄土高原地貌区域分异.中国沙漠,16(4):411-416.

张岳桥,廖昌珍,施炜.2006.鄂尔多斯盆地周边地带新构造演化及其区域动力学背景.高校地质学报,12(3):285-297.

张云翔,弓虎军.2003.甘肃灵台上新世哺乳动物化石埋藏学.古生物学报,42(3):460-465.

张仲培,王清晨.2004.断层滑动分析与古应力恢复研究综述.地球科学进展,19(4):605-613.

赵国华,李勇,颜照坤,等.2014.龙门山中段山前河流Hack剖面和面积-高程积分的构造地貌研究.第四纪研究,34(2):302-312.

赵红格,刘池洋,姚亚明,等.2007.鄂尔多斯盆地西缘差异抬升的裂变径迹证据.西北大学学报(自然科学版),37(3):470-474.

赵知军,刘秀景,任雪梅,等.2001.宁夏南部地区地震活动特征.西北地震学报,23(2):142-149.

郑洪波,Katherine B,Chris P.2002.新疆叶城晚新生代山前盆地演化与青藏高原北缘的隆升——地层学与岩石学证据.沉积学报,20(2):274-281.

郑家坚,徐钦琦,金昌柱.1992.中国北方晚更新世哺乳类动物群的划分及其地理分布.地层学杂志,16(3):171-181.

中华人民共和国国土资源部.2006.区域重力调查规范(DZ/T 0082—2006).

周特先.1994.宁夏自然区划.宁夏大学学报(自然科学版),1:86-91.

周特先，王利，曹明志．1985．宁夏构造地貌格局及其形成与发展．地理学报，52（3）：215-224.

朱光，朴学峰，张力，等．2011．合肥盆地伸展方向的演变及其动力学机制．地质论评，75（2）：153-166.

朱金芳，黄宗林，徐锡伟，等．2005．福州市活断层探测与地震危险性评价．中国地震，21（1）：1-16.

Anderson E M. 1951. The Dynamics of Faulting. 2nd ed. Edinburgh：Oliver and Boyd.

Angelier J. 1984. Tectonic analysis of fault slip data sets. Journal of Geophysical Research（Solid Earth），89（B7）：5835-5848.

Angelier J. 1989. From orientation to magnitudes in paleostress determinations using fault slip data. Journal of Structural Geology（Solid Earth），11（1）：37-50.

Armijo R，Tapponnier P，Mericer J L，et al. 1986. Quaternary extension in southern Tibet：field observations and tectonic implications. Journal of Geophysical Research（Solid Earth），91（B14）：13803-13872.

Armijo R，Tapponnier P，Han T. 1989. Late Cenozoic right-lateral strike-slip faulting in southern Tibet. Journal of Geophysical Research（Solid Earth），94（B3）：2787-2838.

Avouac J P. 2003. Mountain building, erosion, and the seismic cycle in the Nepal Himalaya. Advances in Geophysics，46：1-80.

Bai D H，Unsworth M J，Meju M A，et al. 2010. Crustal deformation of the eastern Tibetan plateau revealed by magnetotelluric imaging. Nature Geoscience，3（5）：358-362.

Baker H W. 1976. Environmental sensitivity submicroscopic surface textures on quartz sand grains：a statistical evaluation. Journal of Sedimentary Petrology，46：871-880.

Bellier O，Mercier J L，Vergely P，et al. 1988. Evolution sedimentaire et tectonique du graben cenozoique de la Weihe（Province du Shaanxi, Chine du Nord）. Bulletin of the Geological Society of France，6：979-994.

Bott M H P. 1959. The mechanics of oblique slip faulting. Geological Magazine，96（2）：109-117.

Bristow C S，Jol H M. 2003. An introduction to ground penetrating radar（GPR）in sediments. Geological Society London Special Publications，211（1）：1-7.

Brown J E. 1973. Depositional histories of sand grains from surface textures. Nature，242：396-398.

Burbank D W，Anderson R S. 2011. Tectonic Geomorphology. 2nd ed. West Sussex：Wiley-Blackwell：198-200.

Burchfiel B C，Zhang P Z，Wang Y P，et al. 1991. Geology of the Haiyuan fault zone, Ningxia Hui Autonomous Region, China, and its relation to the evolution of the northeastern margin of the Tibetan Plateau. Tectonics，10（6）：1091-1110.

Byerlee J. 1978. Friction of rocks. Pure and Applied Geophysics，116：615-626.

Cande S C，Kent D V. 1995. Revised calibration of the geomagnetic polarity timescale for the late cretaceous and Cenozoic. Journal of Geophysical Research，100（B4）：6093-6095.

Cannon P J. 1976. Generation of explicit parameters for a quantitative geomorphic study of Mill Creek drainage basin. Oklahoma Geology Notes，36（1）：3-16.

Celaya M，McCabe R. 1987. Kinematic model for the opening of the Sea of Japan and the bending of the

Japanese islands. Geology, 15: 53-57.

Chang H, Li L Y, Qiang X K, et al. 2015. Magnetostratigraphy of Cenozoic deposits in the western Qaidam Basin and its implication for the surface uplift of the northeastern margin of the Tibetan Plateau. Earth and Planetary Science Letters, 430: 271-283.

Charreau J, Chen Y, Gilder S, et al. 2005. Magnetostratigraphy and rock magnetism of the Neogene Kuitun He section (northwest China): implications for Late Cenozoic uplift of the Tianshan mountains. Earth and Planetary Science Letters, 230: 177-192.

Chen F H, Cheng B, Zhao Y, et al. 2006. Holocene environmental change inferred from a high-resolution pollen record, Lake Zhuyeze, Arid China. The Holocene, 16(5): 675-684.

Chen H, Hu J M, Gong W B, et al. 2015. Characteristics and transition mechanism of late Cenozoic structural deformation within the Niushoushan-Luoshan fault zone at the northeastern margin of the Tibetan Plateau. Journal of Asian Earth Sciences, 114: 73-88.

Choi H, Hong T K, He X B, et al. 2012. Seismic evidence for reverse activation of a paleo-rifting system in the East Sea (Sea of Japan). Tectonophysics, 572-573: 123-133.

Cohen M K, Stouthamer E, Berendsen A J H. 2002. Fluvial deposits as a record for Late Quaternary neotectonic activity in the Rhine-Meuse delta, The Netherlands. Netherlands Journal of Geosciences, 81(3-4): 389-405.

Crone A J. 1987. Introduction to directions in paleoseismology. USGS Open File Report, 1-6: 87-683.

Davis G H, Coney P J.1979.Geologic development of the Cordilleran metamorphic core complexes. Geology, 7(3): 120-124.

Deng Q D, Sung F, Zhu S, et al. 1984. Active faulting and tectonics of the Ningxia-Hui autonomous region, China. Journal of Geophysical Research (Solid Earth), 89(B6): 4427-4445.

Ding G, Chen J, Tian Q, et al. 2004. Active faults and magnitudes of left-lateral displacement along the northern margin of the Tibetan Plateau. Tectonophysics, 380(3-4): 243-260.

Ding Z L, Xiong S F, Sun J M, et al. 1999. Pedostratigraphy and paleomagnetism of a ~7.0 Ma eolian loess-red clay sequence at Lingtai, Loess Plateau, North-central China and the implications for paleomonsoon evolution. Palaeogeography, Palaeoclimatology, Palaeoecology, 152: 49-66.

El-Said M A H. 1956. Geophysical prospection of underground water in the desert by means of electromagnetic interference fringes. Proceedings of the Institute of Radio Engineers, 44: 24-30.

Embleton C. 1987. Neotectonics and morphotectonic research. Zeitschrift fur Geomorphologie, Supplementband, 63: 1-7.

Fagel N, Deb R P, Andr L. 1994. Clay supplies in the central Indian basin since the Late miocene: climatic or tectonic control? Marine Geology, 122: 151-172.

Fossen H. 2010. Structural Geology. Cambridge: Cambridge University Press.

Gapais D, Cobbold P R, Bourgeois O, et al. 2000. Tectonic significance of fault-slip data. Journal of Structural Geology, 22(7): 881-888.

Ge J Y, Guo Z T, Zhan T, et al. 2012. Magnetostratigraphy of the Xihe loess-soil sequence and implication for late Neogene deformation of the West Qinling Mountains. Geophysical Journal International, 189: 1399-1408.

Gingele F X, Deckker D P, Hillenbrand C D. 2001. Late Quaternary fluctuations of the Leeuw in Current and palaeoclimates on the adjacent land masses: clay mineral evidence. Australian Journal of Earth Scieces, 48(6): 867-874.

Gordon R G, Stein S. 1992. Global tectonics and space geodesy. Science, 256: 333-342.

Guo B H, Liu S P, Peng T J, et al. 2018. Late Pliocene establishment of exorheic drainage in the northeastern Tibetan Plateau as evidenced by the Wuquan Formation in the Lanzhou Basin. Geomorphology, 303: 271-283.

Hardcastle K C, Hills L S. 1991. Quick basic 4 programs for determination of stress tensor configurations and separation of heterogeneous populations of fault-slip data. Computers & Geosciences, 17(1): 23-43.

Hare P W, Gardner T W. 1985. Geomorphic indicators of vertical neotectonism along converging plate margins, Nicoya Peninsula, Costa Rica//Morisawa M, Hack J T. Tectonic Geomorphology—Proceedings of 15th Annual Bighamton Geomorphology Symposium. Boston: Allen and Unwin: 75-104.

Haugerud R A, Harding D J, Johnson S Y, et al. 2003. High-resolution lidar topography of the Puget Lowland, Washington—A bonanza for earth science. GSA Today, (6): 4-10.

Hilley G E, Ramón A J. 2008. Geomorphic response to uplift along the Dragon's back pressure ridge, Carrizo Plain, California. Geology, 36: 367-370.

Huang X F, Feng S Y, Gao R, et al. 2016. High-resolution crustal structure of the Yinchuan basin revealed by deep seismic reflection profiling implications for deep processes of basin. Earthquake Science, 29(2): 83-92.

Jiang H C, Ding Z L, Xiong S F. 2007. Magnetostratigraphy of the Neogene Sikouzi section at Guyuan, Ningxia, China. Palaeogeography, Palaeoclimatology, Palaeoecology, 243: 223-234.

Kaven J O, Maerten F, Pollard D D. 2011. Mechanical analysis of fault slip data: implications for paleostress analysis. Journal of Structural Geology, 33(2): 78-91.

Keller A E, Pinter N. 2002. Active Tectonics: Earthquakes, Uplift, and Landscape. 2nd ed. New Jersey: Prentice Hall.

King G C P, Vita-Finzi C. 1981. Active folding in the Algerian earthquake of 10 October 1980. Nature, 292(5818): 22-26.

Kirschvink J L. 1980. The least-squares line and plane and the analysis of palaeomagnetic data. Geophysical Journal International, 62(3): 699-718.

Krantz R W. 1988. Multiple fault sets and three-dimensional strain: theory and application. Journal of Structural Geology, 10(3): 225-237.

Krinsley D, Takahashi T. 1962. Surface textures of sand grains: an application of electron microscopy. Science, 138: 1262-1264.

Lee W, Wu F T, Jacobsen C. 1976. A catalog of historical earthquakes in China complied from recent Chinese publications. Bulletin of the Seismological Society of America, 66: 2003-2016.

Li J J, Fang X M, Voo R V D, et al. 1997. Late Cenozoic magnetostratigraphy (11-0 Ma) of the

Dongshanding and Wangjiashan sections in the Longzhong Basin, western China. Geologie en Mijnbouw, 76: 121-134.

Lies C L, Lisle R J, 2004. Reliability of methods to separate stress tensors from heterogeneous fault-slip data. Journal of Structural Geology, 26 (3): 559-572.

Lin A M, Rao G, Hu J M, et al. 2013. Re-evaluation of the offset of the Great Wall associated with the ca. M 8.0 Pingluo earthquake of 1739, Yinchuan graben, China. Journal of Seismology, 17 (4): 1281-1294.

Lin A M, Hu J M, Gong W B. 2015. Active normal faulting and the seismogenic fault of the 1739 M ~ 8.0 Pingluo earthquake in the intracontinental Yinchuan Graben, China. Journal of Asian Earth Sciences, 114: 155-173.

Lin X B, Chen H L, Wyrwoll K H, et al. 2010. Commencing uplift of the Liupan Shan since 9.5 Ma: evidences from the Sikouzi section at its east side. Journal of Asian Earth Sciences, 37: 350-360.

Liu B J, Chai C Z, Feng S Y, et al. 2008. Seismic exploration method for buried fault and its up-breakpoint in quaternary sediment area—An example of Yinchuan buried active fault. Chinese Journal of Geophysics, 51 (5): 1475-1483.

Liu B J, Feng S Y, Ji J F, et al. 2017. Lithospheric structure and faulting characteristics of the Helan Mountains and Yinchuan Basin: results of deep seismic reflection profiling. Science China Earth Sciences, 60 (3): 589-601.

Liu D L, Yan M D, Fang X M, et al. 2011. Magnetostratigraphy of sediments from the Yumu Shan, Hexi Corridor and its implications regarding the Late Cenozoic uplift of the NE Tibetan Plateau. Quaternary International, 236: 13-20.

Malik J N, Sahoo A K, Shah A A, et al. 2007. Ground-penetrating radar investigation along Pinjore Garden Fault: implication toward identification of shallow subsurface deformation along active fault, NW Himalaya. Current Science, 93 (10): 1422-1427.

Marple R T, Talwani P. 1993. Evidence of possible tectonic up warping along the South Carolina coastal plain from an examination of river morphology and elevation data. Geology, 21: 651-654.

Martinson D G, Pisias N G, Hays J D, et al. 1987. Age dating and the orbital theory of the ice ages: development of a high-resolution 0 to 300,000-year chronostratigraphy. Quaternary Research, 27(1): 1-29.

Métivier F, Gaudemer Y, Tapponnier P, et al. 1998. Northeastward growth of the Tibet Plateau deduced from balanced reconstruction of two depositional areas: the Qaidam and Hexi Corridor Basins, China. Tectonics, (17): 823-842.

Meyer B, Tapponnier P, Bourjot L, et al. 1998. Crustal thickening in Gansu-Qinghai, lithospheric mantle subduction, and obliqu, strike-slip controlled growth of the Tibet Plateau. Geophysical Journal International, 135 (1): 1-47.

Middleton T A, Walker R T, Parsons B, et al. 2016. A major, intraplate, normal-faulting earthquake: the 1739 Yinchuan event in northern China. Journal of Geophysical Research (Solid Earth), 121 (1): 293-320.

Molnar P, England P, Martinod J. 1993. Mantle dynamics, uplift of the Tibetan Plateau, and the Indian monsoon. Review of Geophysics, 31: 357-396.

Morley C K, Haranya C, Phoosongsee W S. 2004. Activation of rift oblique and rift parallel pre-existing fabrics during extension and their effect on deformation style: examples from the rifts of Thailand. Journal of Structural Geology, 26 (10): 1803-1829.

Nemcok M, Kovác D, Lisle R J. 1999. A stress inversion procedure for polyphase calcite twin and fault/slip data sets. Journal of Structural Geology, 21 (6): 597-611.

Oldfield F. 1991. Environmental magnetism—A personal perspective. Quaternary Science Reviews, 10 (1): 73-85.

Otofuji Y, Matsuda T, Nohda S. 1985. Opening mode of the Japan Sea inferred from the paleomagnetism of the Japan Arc. Nature, 317: 603-604.

Pan B T, Su H, Hu Z B, et al. 2009. Evaluating the role of climate and tectonics during non-steady incision of the Yellow River: evidence from a 1.24 Ma terrace record near Lanzhou, China. Quaternary Science Reviews, 28 (27-28): 3281-3290.

Passega R. 1957. Texture as characteristic of clastic deposition. AAPG Bulletin, 41 (9): 152-1984.

Pavlides S B. 1989. Looking for a definition of Neotectonics. Terra Nova, 3: 233-235.

Pérez-Peña J V, Azor A, Azañón J M, et al. 2010. Active tectonic in the Sierra Nevada (Betic Cordillera, SE Spain): insights from geomorphic indexes and drainage pattern analysis. Geomorphology, 119 (1-2): 74-87.

Pinter N, Brandon M T. 1997. How erosion building mountains. Scientific American, 276 (4): 74-79.

Ratschbacher L, Hacke B R, Calvert A, et al. 2003. Tectonics of the Qinling (Central China): tectonostratigraphy, geochronology and deformation history. Tectonophysics, 366 (1): 1-53.

Reches Z. 1978. Analysis of faulting in three-dimensional strain field. Tectonophysics, 47 (1): 109-129.

Rhea S. 1989. Evidence of uplift near Charleston, South Carolina. Geology, 17: 311-315.

Sahu B K. 1964. Depositional mechanisms from the size analysis of clastic sediments. Journal of Sedimentary Research, 34 (1): 73-83.

Schumm S A, Dumont J F, Holbrook J M. 2000. Active Tectonics and Alluvial Rivers. Cambridge: Cambridge University Press.

Seeber L, Gornitz V. 1983. River profile along the Himalayan arc as indictors of active tectonics. Tectonophysics, 92: 335-367.

Shi W, Zhang Y J, Dong S W, et al. 2012. Intra-continental Dabashan orocline, south-western Qinling, Central China. Journal of Asian Earth Sciences, 46: 20-38.

Shi W, Hu J M, Chen H, et al. 2015. Cenozoic tectonic evolution of the arcuate structures in the northeast Tibetan Plateau. Acta Geologica Sinica, 89 (2): 676-677.

Shi W, Hu J M, Chen P, et al. 2019. Yumen conglomerate ages in the South Ningxia Basin, north-eastern Tibetan Plateau, as constrained by cosmogenic dating. Geological Journal, DOI: 10.1002/gj.3510.

Sibson R H, Robert F, Poulsen K H. 1988. High-angle reverse faults, fluid-pressure cycling, and mesothermal gold-quartz deposits. Geology, 16 (6): 551-555.

Silva P G, Goy J L, Zazo C, et al. 2003. Fault generated mountain fronts in Southeast Spain: geomorphologic assessment of tectonic and earthquake activity. Geomorphology, 250: 203-226.

Song Y G, Fang X M, Torii M, et al. 2007. Late Neogene rock magnetic record of climatic variation from Chinese eolian sediments related to uplift of the Tibetan Plateau. Journal of Asian Earth Sciences, 30: 324-332.

Sperner B, Zweigel P. 2010. A plea for more caution in fault-slip analysis. Tectonophysics, 482 (1): 29-41.

Sperner B, Ratschbacher L, Ott R. 1993. Fault-striae analysis: a Turbo Pascal program package for graphical presentation and reduced stress tensor calculation. Computers & Geosciences, 19 (9): 1361-1388.

Stein R S, King G C P. 1984. Seismic potential revealed by surface folding, Coalinga, California, Earthquake. Science, 224: 869-872.

Stern L A, Chamberlain C P, Reynolds R C, et al. 1997. Oxygen isotope evidence of climate change from pedogenic clay minerals in the Himalayan molasse. Geochimica et Cosmochimica Acta, 61 (4): 731-744.

Sugita S. 1994. Pollen representation of vegetation in Quaternary sediments: theory and method in patchy vegetation. Journal of Ecology, 82 (4): 881-897.

Sun D H, Shaw J, An Z S, et al. 1998. Magnetostratigraphy and paleoclimatic interpretation of a continuous 7.2 Ma Late Cenozoic eolian sediments from the Chinese Loess Plateau. Geophysical Research Letters, 25: 85-88.

Tapponnier P, Molnar P. 1977. Active faulting and tectonics in China. Journal of Geophysical Research, 82(2): 2905-2930.

Thirry M. 2000. Palaeoclimatic interpretation of clay minerals in marine deposits: an outlook from the continental origin. Earth Science Review, 49 (1-4): 201-221.

Thompson R, Oldfield F. 1986. Environmental Magnetism. London: Allen & Unwin.

Tong H, Koyi H, Huang S, et al. 2014. The effect of multiple pre-existing weaknesses on formation and evolution of faults in extended sandbox models. Tectonophysics, 626 (3): 197-212.

Udden J A. 1914. Mechanical composition of clastic sediments. Bulletin of the Geological Society of America, 25 (1): 655-744.

Ufimtsev G F. 1999. Morphotectonics of the eastern side of Lake Baikal. Russian Geology and Geophysics, 40: 17-25.

Visher G S. 1969. Grain size distributions and depositional processes. Journal of Sedimentary Petrology, 39(3): 1074-1106.

Walden J, Oldfield F, Smith J P. 1999. Environmental magnetism: a practical guide.Quaternary Research Association, DOI: 10.1016/S0277-3791(01)00077-4.

Wang E Q, Kirby E, Furlong K P. 2012. Two-phase growth of high topography in eastern Tibetan during the Cenozoic. Nature Geoscience, 5: 640-645.

Wang Q, Zhang P Z, Freymueller J, et al. 2001. Present-day crustal deformation of China constrained by global positioning system measurements. Science, 294: 574-577.

Wang W T, Zhang P Z, Kirby E. 2011. A revised chronology for Tertiary sedimentation in the Sikouzi basin: implications for the tectonic evolution of the northeastern corner of the Tibetan Plateau. Tectonophysics, 505: 100-114.

Wang W T, Kirby E, Zhang P Z, et al. 2013. Tertiary basin evolution along the northeastern margin of the

Tibetan Plateau: evidence for basin formation during Oligocene transtension. Geological Society of America Bulletin, 125 (3-4): 377-400.

Willett S D, Slingerland R, Hovius N. 2001. Uplift, shortening, and steady state topography in active mountain belts. American Journal of Science, 301 (4-5): 455-485.

Willis B. 1923. A fault map of California. Bulletin of Seismological Society of America, 13: 1-12.

Winkler A, Wolf-Welling T, Stattegger K, et al. 2002. Clay mineral sedimentation in high northern latitude deep-sea basins since the Middle Miocene (ODP Leg 151, NAAG). International Journal of Earth Sciences, 91 (1): 133-148.

Wood H O. 1916. The earthquake problem in the western United States. Bulletin of the Seismological Society of America, 6 (4): 197-217.

Yin Z M, Ranalli G. 1993. Determination of tectonic stress field from fault slip data: toward a probabilistic model. Journal of Geophysical Research (Solid Earth), 98 (B7): 12165-12176.

Zhang H P, Zhang P Z, Zheng D W. 2014. Transforming the Miocene Altyn Tagh fault slip into shortening of the north-western Qilian Shan: insights from the drainage basin geometry. Terra Nova, 26: 216-221.

Zhang J, Li J J, Guo B H, et al. 2016. Magnetostratigraphic age and monsoonal evolution recorded by the thickest Quaternary loess deposit of the Lanzhou region, western Chinese Loess Plateau. Quaternary Science Reviews, 139: 17-29.

Zhang P Z, Molnar P, Burchfiel B, et al. 1988. Bounds on the Holocene slip rate of the Haiyuan fault, north-central China. Quaternary Research, 30 (2): 151-164.

Zhang P Z, Burchfiel B C, Molnar P, et al. 1990. Later Cenozoic tectonic evolution of the Ningxia-Hui Autonomous Region, China. Geological Society of America Bulletin, 102: 1484-1498.

Zhang P Z, Burchfiel B C, Molnar P, et al. 1991. Amount and style of Late Cenozoic Deformation in the Liupan Shan Area, Ningxia Autonomous Region, China. Tectonics, 10 (6): 1111-1129.

Zhang W, Jiao D, Zhang P, et al. 1987. Displacement along the Haiyuan fault associated with the great 1920 Haiyuan Earthquake, China. Bulletin of the Seismological Society of America, 77: 117-131.

Zhang Y Q, Ma Y S, Yang N, et al. 2003. Cenozoic extensional stress evolution in North China. Journal of Geodynamics, 36 (5): 591-613.

Zheng D W, Zhang P Z, Wan J L. 2006. Rapid exhumation at ~8 Ma on the Liupan Shan thrust fault from apatite fission-track thermochronology: implications for growth of the northeastern Tibetan plateau margin. Earth Planet Science Letters, 248 (1-2): 198-208.

Zheng H B, Powell C M, An Z S, et al. 2000. Pliocene uplift of the northern Tibetan Plateau. Geology, 28 (2): 715-718.

Zhu W Y, Wang X Y, Chen Z Y, et al. 2000. Crustal motion of Chinese mainland monitored by GPS. Science in China (Series D), 43 (4): 394-400.